石元春全集

COMPLETE WORKS OF SHI YUANCHUN

战役记卷

石元春◎著

中国农业大学出版社
China Agricultural University Press
·北 京·

内 容 简 介

自 20 世纪 70 年代开始，针对黄淮海平原旱涝盐碱的综合治理和农业发展，国家组织过一场长达 28 年的科技大战役。由于战役的巨大成功，推动了我国涉及 20 个省份、3.8 亿人口、4.7 亿亩耕地的低产田治理工程，为结束我国千百年的缺粮历史做出了重要贡献。该成果获"1993 年度国家科技进步特等奖"。本书是参加该战役的首席科学家写的一部回忆录，记载了此次科学登攀中真实、动人、跌宕和励志的故事。章回小说体裁和流畅生动的文字将给读者带来轻松愉快的阅读享受。

图书在版编目（CIP）数据

石元春全集. 战役记卷 / 石元春著. --北京：中国农业大学出版社，2022.3
ISBN 978-7-5655-2703-6

Ⅰ. ①石… Ⅱ. ①石… Ⅲ. ①石元春－全集②纪实文学－中国－当代
Ⅳ. ①N53②I25

中国版本图书馆CIP数据核字（2021）第 264077 号

书　名　石元春全集 · 战役记卷
作　者　石元春　著

总 策 划　席　清　丛晓红
责任编辑　丛晓红　郭建鑫
策划编辑　郭建鑫
封面设计　李尘工作室
出版发行　中国农业大学出版社
社　　址　北京市海淀区圆明园西路 2 号
邮政编码　100193
电　　话　发行部 010-62818525，8625
　　　　　　编辑部 010-62732617，2618
　　　　　　读者服务部 010-62732336
　　　　　　出　版　部 010-62733440
网　　址　http：//www.caupress.cn
E-mail　cbsszs@cau.edu.cn
经　　销　新华书店
印　　刷　涿州市星河印刷有限公司
版　　次　2022 年 3 月第 1 版　2022 年 3 月第 1 次印刷
规　　格　170 mm × 240 mm　16 开本　20.5 印张　400 千字　插页　2
定　　价　220.00 元

滴水粒沙集

——代全集序

科教生涯快 70 年了。

前 40 年主要从事土壤地理科教工作。参加过中国科学院黄河中游水土保持综合考察和新疆综合科学考察；参加过土壤地理教学；“文革”后参加黄淮海平原旱涝盐碱综合治理达 20 年之久。

世纪之交，参加过国家高技术研究发展计划（863 计划）、国家重点基础研究发展计划（973 计划）以及国家中长期科学和技术发展规划等三次国家重大科技发展战略的研究。

学术生涯的最后一站，是年过古稀还满怀激情地投入到一个全新领域，倡导生物质科技与产业化。

20 世纪八九十年代，担任过 8 年北京农业大学校长。

自研究生学习以来，养成了一种“随做随总随写”的勤于笔耕习惯。为庆祝中国工程院成立 20 周年，不到一年时间就编撰出版了 280 多万字五卷册《石元春文集》。当了 8 年校长，秘书没为我起草过一篇文稿。因勤于笔耕，70 年积淀了一大箩筐的陈年旧纸。

2016 年夏得短暂性脑缺血症，即小中风，体能明显衰退，毕竟已是 85 岁的人了。于是减少外勤学术活动，增加室内写作，启动了整理编撰《全集》计划。

《全集》包括：文集类 6 卷册，《土壤文集卷》《农业文集卷》《教育文集卷》《生物质文集卷》《杂文文集卷》和《研究报告文集卷》；专著类 4 卷册，《黄淮海平原水盐运动卷》《战役记卷》《决胜生物质卷》《决胜生物质 Ⅱ 卷》，其中《决胜生物质卷》上一版出版后，美国和韩国的两家出版社又分别出版了英文版和韩文版，此次一并纳入《全集》中；其他类 5 卷册，《PPT 选辑卷》《视频选辑卷》《自传卷》《影像生平卷》和《全集总览卷》。《全集》中的部分卷册是新编的，部

分卷册之前出版过，此次在原有版本基础上稍做修改补充，尽量保持原貌。作为科技与教育成果，《全集》内容与资料都已经过时了，但却留下了一些时代印痕。《全集》工程，打算2023年底收官。

感谢一生中鼓励、支持和帮助我的贵人；感谢我的老伴李韵珠教授；感谢中国农业大学出版社席清社长和丛晓红总编辑等同志为出版《全集》所做的巨量工作；感谢王崧老师在《全集》出版过程中提供的种种帮助。

我是新中国培养的知识分子。通过《全集》，将自己一生工作做一番清理，像整理打扫一间老旧住房一样。也想以此作为一种交代，对培养我的祖国与人民的一个交代与感恩，对辛勤一生的自己的一个交代与慰藉。

科学是一条流淌不息的长河，科技工作者是一滴水；科学是一座巍峨雄伟的大山，科技工作者是一粒沙。科技工作者的岗位就是做好滴水粒沙工作。

石元春

识于北京燕园，2021年末

序

近千年里，中国一直过着缺粮的日子，20 世纪 60 年代初还连续三年发生过全国性饥荒。黄淮海平原是中国第一大平原、主要农区，本是个粮仓，过去却因旱涝频繁和治水失误，导致土壤“盐灾”，不仅不能给国家上交粮食，每年还需要国家调运来大批救济粮。

1973 年，根据周恩来总理的指示，当时的国家科委领导在河北省组织了“黑龙港地区地下水合理利用”国家科技大会战，有来自河北、武汉、长春等地 59 个科技单位的 400 余名科技人员参加。同年，一批北京农业大学的老师在河北省邯郸地区曲周县设立旱涝碱咸综合治理试验区，参加了这次科技大会战。

自 1978 年国家发布《1978—1985 年全国科技发展规划纲要（草案）》开始，国家科委继续将黄淮海平原中低产田治理列入了“六五”“七五”国家科技攻关项目。当时，在国家科委、农业部、水利部和林业部共同主持下，相关项目有冀、鲁、豫、苏、皖五省和京、津二市的一百多个科研教学单位的一千多名科技人员参加。这个历时 20 年的国家大型综合性科技攻关项目，曾对我国科技、农业，以至整个国民经济有过一定的影响与贡献，并获得 1993 年度国家科技进步特等奖。“八五”和“九五”期间，黄淮海项目连续被列为国家科技攻关项目。

黄淮海平原中低产田治理在生产和科研上的显著成效，带动了三江平原、黄土高原、北方旱区和南方红黄壤四个地区的中低产田治理，进而促进国家投资 540 亿元，实施了长达 12 年的全国性中低产田治理（1988—2000 年），范围包括黄河河套灌区、河西走廊、沿海滩涂等十大片区，涉及 20 个省（自治区、直辖市）的 3.8 亿人口和 4.7 亿亩耕地。全国性的中低产田治理对扭转我国缺粮的历史，对 1996 年全国粮食总产量超过 5 亿吨，做出了重要贡献。

自 1973—1978 年国家科委组织的“黑龙港地区地下水合理利用”科技大会战，到 1980 年开始的“六五”至“九五”黄淮海国家科技攻关，这是发生在我国的一项持续 28 年之久的、跨领域和学科的大型综合科技攻关项目，即黄淮海科技战役，距今已整整 40 年了。

如今，将封存了二三十年的参加黄淮海项目研究的“故纸”翻找了出来，一些零散的记忆片段被逐渐拼接了起来。于是将它们整理成书，其中一本是学术性的《黄淮海平原的水盐运动》，另一本是回忆性的《战役记卷》。两书虽体裁迥异却能互补相映，主要叙述的都是 1973—1993 年的往事，不含“八五”和“九五”期间的黄淮海项目。

尽管本书作者曾是黄淮海“六五”和“七五”国家科技攻关项目第一主持人，但面对如此恢宏的科技大战役，也难复其全貌之万一。《战役记卷》仅就个人的经历，身边发生的事，以及手头保存的不完整的资料整理出一些记忆片段。以耄耋之年，回忆二三十年前的往事，难免在事、人和时间上出错，诚望读者，特别是曾参与此科技战役的战友不吝指正。

为了力求恢复历史原貌，全书按时间顺序叙述，并将手头掌握的有关文件、史料和照片等随文附上。书文及所附资料和图片中会涉及许多的人与事，如有不当或冒犯处望请原谅。本书是笔者个人的看法与感悟，难免有偏颇甚至错误之处，一并望请原宥。

《战役记卷》是纪实性的，但也要考虑到可读性。

在可读性方面，作者先是按常规分章分节写法编撰，但总觉得前后不好安排。偶以章回小说写法一试，感觉不错，于是以时间为轴，以重要事件为内容，配以图片，像讲故事般地写了下来。作为一个自然科学工作者，对这种体裁没有写作经验，实乃效颦，自娱自乐，引读者一笑罢了。

本书上篇“十年一剑”共计 24 章，写的是 1973—1983 年，由建曲周试验区到建曲周实验站的 10 年，是黄淮海战役的“黑龙港前哨战”中一个“战斗小分队”的“战斗”经历和成长历程；下篇“走向黄淮海”共计 21 章，写的是作者于 1979 年逐渐由曲周试验区走向黄淮海，和作为“六五”和“七五”国家科技攻关项目第一主持人对黄淮海科技战役的记述。

成书过程中，曾参与曲周试验区工作的一些老师和战友对初稿提过许多宝贵意见；张国财老师、曲周县文化馆和胡文英同志等为本书提供了大量图片资料，有些照片的摄影者已难查询。过去的许多纸版的书刊、文章、报告，以及油印稿和手写稿需转换成电子版文稿，这是一项十分繁重和细致的工作，王崧和崔萍两位老师对此付出了许多辛劳。作为“战役”中的战友和老伴，李韵珠教授给予了悉心帮助，中国农业大学出版社汪春林社长和丛晓红总编辑为此次出书做出了很大的努力，在此一并致以谢忱。

石元春

2015 年 9 月

目录

CONTENTS

下篇 走向黄淮海

序幕：结 缘

1960年早春。

北京农业大学校门外，开往西苑的公共汽车车站。

天未亮，马路上的路灯还亮着，行人和车辆稀少。

一个年轻人斜挎着野外考察用的厚帆布背包，包里鼓鼓囊囊地装着些什么，肩上扛着一米多长的洛阳铲，在寒风中等待着头班公共汽车的到来。

汽车来了，车上没几个乘客。年轻人快步登上汽车，找到一个靠窗的座位坐下，将背包放在身边，洛阳铲安静地躺在座旁的地上。

西苑转车到动物园，天开始亮了起来，吃些早点，再转车到永定门。去永定门的车要经过城里，城里车多人多站密，车走得很慢。永定门车站是去南郊的长途汽车总站，来往乘客很多，熙熙攘攘。这个青年人买到车票，登上了去大兴县的郊区车。车行半个多小时，到县城黄村站下车，步行十三四里才到达目的地——芦城公社的一块采取土样和水样的盐碱地。这一路上花了三个多小时。

年轻人到鹿城村已是上午十点左右，连歇脚喝水的时间也不得不省去了。放下洛阳铲，打开背包，取出土袋、铝盒、水样瓶、剖面刀等一应家什后，开始用洛阳铲取土，这就要靠两臂的力气了。每钻20厘米深取一份土样，一直取到2米以下的地下水面。再将一个由绳子吊着的、擀面杖粗细的铸铁小桶放进钻孔里，一桶一桶地采取埋藏在2米以下的地下水样。

取一个样点的土样和水样要用半个多小时，取完两个点，太阳已经当顶。坐在田埂上，吃几口干粮，对着军用水壶喝上几口水。稍事休息，再取三个点。然后取出地形图，在标记好的取样区勾画盐斑图。此时，太阳已经偏西，按原程返校，但这时的挎包里已装满了二三十斤重的土样和水样。负重步行十几里路是这一天最累的活儿，没有了矫健的步伐，只见那疲惫的身躯。

回到家里，已经是万家灯火，一股脑地摊倒在床上，一动也不想动。

如此地每月取样一次，除去冬三月，一年要取9次。每次取的土样和水样都要做8种易溶盐离子的检验，还有土样的含水量测定，这是三四个工作日的工作量，就这样年复一年地干了整整四年。那几年，正是“三年困难时期”，一个30

岁刚出头的小伙子，能量的主要来源是每月的 29 斤粮食、2 两肉和半斤油。

为何做得如此这般的辛苦与执着，是为了项目吗？不是。是为了上级下达的任务吗？也不是。只是因为要回答自己给自己提出的一个问题：黄淮海平原的水分和盐分在土壤和地下水里是怎么周年运动的？

1956 年，他研究生毕业，随导师参加中国科学院新疆综合考察队四年，没少与盐渍土打交道，见识过准噶尔盆地大面积的脱碱化盐土、南疆的蓬松盐土、艾比湖厚达 1 米的盐壳，与苏联专家在塔里木农场一起做过盐碱地改良试验，也见到新疆建设兵团农场开荒不久，因灌溉不当发生土壤次生盐渍化而导致整个农场被迫迁走，只在戈壁滩里留下了一排排无人居住的新房。

1959 年，他回校任教，担任土壤教研组秘书。

时逢黄淮海平原在 1957 年大搞水利化运动中，因重灌轻排和平原蓄水的错误治水方针，冀、鲁、豫三省的盐碱地面积由 2 800 万亩猛增到 4 800 万亩，农作物大幅减产，农民谈水色变、谈盐色变。在一次学术讨论会上，有专家说要停灌大排；有专家说要像南方一样搞河网化种稻；有专家说全面修台田，沟里种稻，台上种麦；有的说……莫衷一是。此时谁也说服不了谁，谁说了也没有用，大家都饿着肚皮，谁还有力气干活。

按理来说，黄淮海平原盐碱地里的盐分比新疆少得太多了，新疆年降水量 200 毫米左右，而这里是 600 ～ 1 000 毫米，盐碱在这里怎么会闹得这样凶？这一番对比启发了他：虽然这里降水多，但过于集中，雨季脱盐而旱季返盐，加以平原地形低洼易涝，所以旱涝与盐碱会同时发生，这在新疆是没有的。显然，这里的自然条件比新疆复杂得多，关键是要弄清楚周年里水分和盐分在土壤和地下水里是怎么运转的。不搞清楚水盐运动规律，就谈不上怎么治理这里的旱涝和盐碱。自己提问题，自己找答案，这才有了上面说的那四年如一日的“苦斗”。

1964 年，北京农业大学到涿州农场搞半农半读，他担任四区队分管生产的副区队长。因此，不可能再去鹿城公社取样了，只好抽空整理过去的观测资料。1966 年 6 月，“文化大革命”开始了，他这个土壤教研组秘书也“滥竽充数”地被土化系“革命小将”宣布为“走资派”，编到了总支书记和系主任等组成的“牛鬼蛇神”队伍里被监督劳动，接受革命群众审查。其实大家心里都明白，除家庭成分高了点外，主要是因为他是土化系走“白专”道路的典型，“枪打出头鸟”嘛，这很正常。再说，那四年如一日地到大兴采取土样、水样就是走“白专”道路的铁证。

记得是 1968 年夏天，一天中午饭后，土化系“革命小将”敲门进他家，严厉宣布：“我们代表革命群众搜查你家！”他和抱着才半岁女儿的妻子站在房间外面，接受“革命群众”的“抄家”。水盐运动的观测资料是打包在一个纸箱里的，也一起被抄走了。原本以为这些资料会还回来，但以后再也没有见到。

四年的艰辛与执着付之东流，一个稚嫩的科学梦想成为“一枕黄粱”。

这个年轻人初战黄淮海，却折戟“文革”中。

北大教授、红学大师俞平伯的力作《红楼梦辩》书稿在送往出版社途中不幸遗失在黄包车上，因而沮丧万分。不想朱自清在逛旧书摊时发现了这包书稿，几文钱就让它物归原主了。俞平伯先生将书稿又做了修改，于1952年以《红楼梦研究》付梓，轰动一时。不料，却引发了一场批判俞平伯红学研究的运动，俞先生成为“名扬全国”的“反动权威”。这倒是应了“塞翁失马”的那则寓言。

这位年轻人的运气比俞前辈好得多，居然十年后再拾研究，旧梦重续。他在睡梦中张开双臂，轻声地呼喊着：

啊，水盐运动！

啊，旱涝盐碱综合治理！

他的梦想成真了！

他参加了黄淮海科技战役。50年后，还写下了《黄淮海平原的水盐运动卷》和《战役记卷》。

俞平伯前辈晚年重提他书稿失而复得之事时，不无感慨地说：“一饮一啄，莫非前定。”这个年轻人能参加黄淮海科技战役和这两部著作的出版莫非也是前定的吗？

上篇

十年一剑

——曲周试验区

在一个多灾多难的年代，在一个多灾多难的平原上组织了一场科技大会战，使曲周试验区出现在黄淮海平原上。

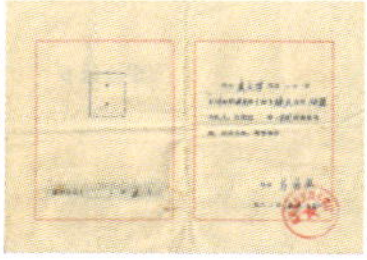

上篇目录

1 难抗命迁校延安，罹“克”疾回京疗养

话说50多年前，那“大跃进”年间。

1958年7月，“大跃进”热火朝天，中央文教小组副组长、中央政治局候补委员康生到北京农业大学视察，在全校师生员工大会上点名批评北京农大农场小麦产量太低，当场质问北京农大教授、我国著名小麦专家蔡旭。

“河南遂平县农民的小麦亩产5 000斤[①]，蔡旭教授，你能打多少斤？”

“我不行！”蔡旭教授非常尴尬地回答。

“你能打多少斤？”康继续追问。

“顶多六七百斤。”蔡说了实话。

“好啊！农民将了教授一军，农业大学的科学宝座、教授宝座已经动摇了，现在发生了农民还需要不需要农业大学的问题，农业大学的牌子应该挂在哪里的问题。”

他还提出今后教授评级、学生评分以产量为标准。亩产5 000斤的评为一级教授，亩产1 000斤的只能当五级教授；农大毕业生能搞到5 000斤的可评特优，2 000斤的2分，1 000斤的1分。

“人有多大胆，地有多大产！”“没有做不到的，只有想不到的！”“人民公社一大二公，吃饭可以不要钱！”“全民皆兵！”“赶英超美！”……“牛”吹得越来越大。随着“大跃进”和“人民公社”的失败，当时也顾不上落实“农、林大专院校，一律迁往农村或林区办学”的指示了。

可是这事儿并没完。刚吃饱饭才几年，1966年又来了“文化大革命”，重拾“农业大学办在城里不是见鬼吗”的最高指示，还加上后来林彪的“一号命令”。

这次，北京农大是“在劫难逃”了。

由校“军宣队”做主，举校迁往革命圣地延安。好几千人的一所大学，还是拖家带口的，安置很不容易。经校“军宣队”与延安地区革命委员会商定，学校被安置在甘泉县清泉沟里的一个被荒弃的劳改农场里。这里有不少劳改犯曾住过

---

① 1亩约等于667平方米；1斤等于0.5千克。

的废弃窑洞，一排一排的，还有劳改犯在沟底和山坡上开出来的几百亩地荒着。

问题是，劳改农场为什么要搬走？

因为这一带是克山病高发区，据说劳改犯因得病，每天要拉出去几个埋了。“文革”中，知识分子是排在地、富、反、坏、右、叛徒、特务、走资派之后的“臭老九”，所以将大学安排在劳改农场也不算受多大委屈，是理所当然的事。

清泉沟是黄土高原上流水切割出的一条中等大小的沟壑，深约百米，中段宽处不过二三百米，两侧山坡树茂林密，上游泉眼在沟底汇成小溪，蜿蜒婀娜地静静流淌，真是一个世外仙境般的好去处。可惜，这么好的一个地方，却暗藏着杀机。克山病是一种地方病，病因不完全明确。据说是因为饮用水中缺硒引起心肌缺血和劳损导致的。畜牧系老师在这里养的鸭子，解剖出的心脏跟豆腐一样，放在手上就能被抖碎，一点弹性和韧性也没有。这种病特别眷顾那些适应能力差的“外来户”和劳动量大的人，这两条我全都能占上。

1970 年夏天，我作为“先遣队”队员第一批来到清泉沟，为全校大队人马的到来做准备。初冬，大家就举家搬到这里来了，有的住在沟口，有的住在沟里。这里没有大学生，只有老师在那里种地和改造思想。土化系有两位一级教授，一位是我的老师李连捷，60 多岁了，在深山沟里学习张思德，扛木头烧炭；一位是土化系系主任黄瑞伦在沟口烧开水，被批判是“一块钱烧一杯开水的资产阶级教授”（当时一级教授月工资高达 360 元）。还有植保系的一级教授、北京农大副校长沈其益在沟里喂驴，经常挨批，说他的动作比驴还慢。

我们这些中青年教师当然是学习“南泥湾”垦荒精神的劳动主力军了。

学校种的地大多在沟底，根据校革命委员会的指示和系革命委员会的安排，指示我负责在清泉沟的中上游段“截溪为库”，引水灌溉，这本也是土化系的专业职责所在。修水库（实际上是个大蓄水池）是个重体力活，我每天都在水库工地上，东奔西跑，挖土推车，填土夯地，凿石垒坝，劳动量很大，人称我是“库长”（与“裤”谐音，不是现在时髦的“酷”）。

那一年时运不济，噩耗不断。一次在水库一侧的黄土坡上用炸药开山，不想被炸飞的一个黄土块落到了沟的另一侧，砸在一个正在凿石的老乡头上，当场毙命；后又传来两位兽医系老师在后山烧山开荒时被烧死的噩耗；几天后，又有三人险些丧命工地。

事情是这样的。一天，在我指挥的水库工地上用炸药炸山，有个炮眼未响，等了半个多小时还无动静。此时大家已经收工回去吃午饭了，我和王坚、曾宪榕商量一起去炮眼看看，并未发现异常。我们说走吧，下午上工时再处理，老曾走在前，我随后，王坚最后。突然一声巨响，王坚一下被抛了出去，我的后背像受到一块门板的猛击，向前冲跌出几大步，一头栽倒在地上（仿佛找到了被炸死的感觉）。过了好一会儿，走在我前面，离爆炸点稍远的曾宪榕先从地上爬起来，

喊道："石元春！""这儿啦！"我答应。他把我扶了起来，两人一起喊："王坚！"没有回应，我们互相搀扶着走回爆炸处，王坚已昏厥过去。这次我们仨险些"为国捐躯"了。

"死罪可免，活罪难饶"。我的挨炸关过去了，克山病关不能幸免，心悸心慌越来越频繁。1972 年冬天到延安医院一检查，一张诊断书给我戴上了克山病的帽子。这在当时叫拿到"延安革命"毕业证书，即不久便可"出沟"异地治疗了。

在沟里，孩子抵抗力最弱，"大骨节病"和克山病双双袭来，家长们忧心忡忡而又不敢言，怕被扣上"不安心扎根农村"和"给革命圣地抹黑"的罪名。1972 年夏天，校革命委员会终于开口，允许家长将孩子送出去"投亲靠友"，于是我赶紧把两个孩子送到武汉他姑姑家。1973 年春节后，校"革委会"批准我可以回京"异地疗养"，但苦的是把妻子李韵珠一个人留在了沟里，真叫人不放心。谁愿意"两地分居"呢？但我也不想韵珠因罹病而出沟，心里着实矛盾。

1973 年早春，北京还很冷，我回到了原北京农大校园，颐和园的北面。

自 1967 年林彪"一号命令"，大机关、大单位纷纷搬离北京，北京农大搬迁到涿县，到这次我重新回到校园，已经过去了五年。这五年里，国家、农大、家庭和自己发生了太多太多事情和太大太大的变化，这个曾经长期工作和生活过的校园也显得苍老和毫无生气。

校园里已经没有了昔日教师执鞭授课、学子琅琅读书的情景，没有了实验室夜间的灯光和体育场上健儿的身影；这里也没有了铺天盖地的大字报，没有了高音喇叭传出的令人撕心裂肺的"通令"和"恐怖"的音乐；没有了戴着高帽子在校园游街的老教授。一切又回归于宁静，这时的校园已经被移交给了一个军事机关，只是暂时留下了几栋楼作"留守处"，负责人是孔繁良。

"留守处"安排了几间教室作为"异地疗养"和因病因事不能去延安的老师的集体宿舍。土化系有秦树国、刘合源、吴金如和我等五六个人住在教学楼一层西头的一间大教室里。在这个"集体宿舍"，沿四墙放着几张单人床，每张床前有个二屉桌，供看书写字和生活之用。房中间还有个比较宽裕的活动空间，爱踱方步的刘合源可以后背着手，凝神思考，来回转圈，不时发出高论。

每天我们三三两两，敲着饭碗，溜溜达达，一日三餐吃食堂。一人吃饱，全家不饿，没有任何家务牵挂，过着好不惬意的单身生活。高兴的时候，也会到西苑餐厅去吃熘肝尖、炒饼什么的，打顿牙祭。其实，食堂饭菜挺好吃的，至今仍想吃而不得。因为校园里特别安静，晚上和中午觉睡得很踏实，其他时间就是聊天、下棋、看小说，悠闲自在极了，大有"春游芳草地，夏赏绿荷池，秋饮黄花酒，冬吟白雪诗"的那种怡然自得的感觉。

我因为患克山病，不时到西苑中医研究院找老中医开个方子，效果不错，心悸心慌好了许多。集体宿舍不许用电炉，煎药是个大问题。借了辆自行车，骑到

肖家河废品收购站买了一些废铁皮罐头，又到西苑买了些小工具，于是在宿舍里自制起煤油炉来。煤油炉有6头、8头、10头和12头的，我做的是8头，叮叮当当地弄了小一个礼拜。后来大家发现煤油炉不仅可以煎药，还有煮挂面功能，在我的启发下，集体宿舍叮叮当当地成了个制作煤油炉的小作坊。

最令人高兴的是，这里没有革命委员会，没有领导，没有文件学习，没有批斗会；不必看大字报，不必写大字报，不必挨整，不必整人，不必说违心话；什么批林整风、中共“十大”、邓小平给毛主席写信、第32届世乒赛、“白卷英雄”张铁生，什么“王、张、江、姚”，什么“王、关、戚”等，都只是我们茶余饭后的谈资而已。好像我们都是些世外高人，每天看着那“江湖水深千层浪，你唱罢来他登场”，过着那谈古论今，海阔天空，与世无争，与人无争的超然生活。

回头想想，只有这半年才是我一生中真正的无任务、无追求、无压力的零压状态。

闲云野鹤般的生活真好！以后再也没有这样的生活了，即便是耄耋之年的现在。

本回书写至此，可谓是：

难抗命迁校延安，受洗礼人皆有份。
罹克疾回京疗养，得清闲终身不忘。

2 来电话七三六一，定未来后半今生

人的一生中总会遇到一个又一个的“拐点”，左右着你的人生旅程，捉弄着你可怜的命运。我的后半生就是被一个电话改变的。

这个来电话的日子很好记，就是1973年的儿童节，所以我把它叫“七三六一”，一个值得纪念的日子。

这天上午，我在集体宿舍看书，学校电话室的小秦推门就问：“谁是石元春？有你电话！”

那时的电话是个稀罕物，不是哪里都有的，至于能接打长途的电话机，只有邮局或首长办公室里才会有，校园留守处的“长途”电话只能到电话室里去接。电话室在老图书馆东侧门的二层，我随着小秦从教学楼北面绕了过去。一路上想，是清泉沟韵珠打来的电话吗？是大姐从武汉打来的电话吗？韵珠和孩子不会有什么事吧！当时，一个家庭分好几处，一有“长途”电话，首先想到的是自己的家人。

一接电话，原来是一个很熟悉的声音，低沉而慢条斯理，带点湖南口音。

“你是石元春吗？”

“我是石元春。”

“我是沈其益啊。”

“沈副校长！有什么事吗？”

“王观澜同志在邯郸召开了一个全国种棉的动员大会，会议期间指示北京农大在邯郸何横城大队搞一个高产点，还要搞一个盐碱地改良的低产点，在曲周县，你能下来看看吗？”

“没问题，我什么时候去？”我不加思考地回答。

“明天就来吧！到邯郸后，到地委招待所找我。”

第二天我坐火车赶到了邯郸，在地委招待所见到了沈副校长，他又仔细地给我介绍了情况。

次日上午，我随同沈副校长会见了邯郸地区农委的常华庭副主任。常副主任个子不高，当地人，地方口音很重，人很和善、稳重，透出长期担任地方领导工作的那种气质和风度。他向沈副校长介绍了邯郸地区的农业情况，我在一旁听着。

6月4日吃过早饭，离开招待所驱车前往曲周县，两个多小时的车程。

一路上，大家看到道路两旁的庄稼长得挺好，村子里的住房也不差。常主任解释说："汽车经过的这一段是永年县，是邯郸地区有名的高产县。"汽车继续向东北方向行驶，进入曲周县境，路两旁农田和农村的景象就明显不如永年县了。

真是，"人比人，气死人""县比县，气死县"。后来听说，邯郸地区有19个县区，在生产和经济上曲周县总是"耍龙尾"，县委书记和县长在地委召开的会议上，总是低着头坐在后排。我们一行到曲周县政府会议室坐定，赵迎副县长介绍了曲周县的农业生产情况和北半部的盐碱地情况。

这是我第一次见到赵迎副县长，这位以后与我们并肩战斗了20多年的亲密战友。他是曲周土生土长的县领导干部，衣着、动作都很朴实，标准曲周口音，不紧不慢，一板一眼，偶尔会揉揉鼻子，哼哼一下。最大特点是香烟一支接一支，很少停手。听赵迎介绍县情后，我们一行由县政府前往县招待所，由赵副县长作陪吃午饭，饭后没有休息，汽车径直向曲周北部远近闻名的"老碱窝"驶去。

6月初，正是麦浪滚滚，准备开镰的季节。

然而，车出县城还能看到几块麦田，长势很差，掀不起麦浪。车向北行驶才十几分钟，车外景色全变了，沟渠纵横无序，田块七零八落，不多的几块麦田里，散落着一些早衰的麦株。麦田里片片白花花的盐霜，像天上浮云，时淡时浓，飘忽不定。渠边路旁，田埂沟旁，到处都被涂抹上了盐霜的白色，地里很少有农民劳作。这里没有麦浪，只有满目的苍凉。

越往北走，景象越差，出现了一种特殊景观。两房多高的土丘星罗棋布，农田只是丘间的一种填充。农田大小形状随土丘而异，庄稼就像秃子头上的毛发，可清可数。汽车一边开着，赵县长一边介绍说，这里的盐碱地不长庄稼，农民把地面上的盐土刮聚成堆，放在淋盐池子里淋洗，再在锅里熬制"小盐"，这些土丘就是淋盐后从池子里挖出的弃土堆积成的。

"小盐"不同于海盐，海盐是海水晒制的，主要成分是氯化钠，而"小盐"里除氯化钠外，还含有氯化钾、硫酸钠、碳酸氢钠等其他盐类。因价格便宜，农村也作食用。

汽车下到小路上，路旁不远处的一座土丘里冒出袅袅孤烟，出于好奇，我们下车过去看了。一个中年农民无精打采地用一个平板耙刮着"地皮"，两个老年农民蹲在熬盐锅旁抽烟锅，炉中有火，锅里卤水翻滚，冒着热气。由于烟熏火燎，两个老汉的满脸满身都是乌黑的，如同"黑人"一般。

"老乡！你们常在这里淋小盐吗？"我们向两位老汉问起。

"是的，我们祖辈就在这一带淋小盐。"其中一个老汉说。

"一方水土养一方人，我们这一带的盐碱地不长庄稼只出小盐，我们只好淋小盐去换点粮食。"另一位老汉很有见地地说。

淋“小盐”的盐土堆和盐地

“用小盐换的粮食够吃吗？”我们问。

“哪够！还要吃半年的国家救济粮。”

当时我们没有带相机，附上的照片是后来请人补拍的。

在我们走回到汽车的路上，常副主任说：“去年我陪北京来的农业部部长沙风同志也来这里看过，他说，这哪里是曲周，倒像是非洲。这句话在县里传得很广。”这里的确是：天苍苍，地茫茫，只出小盐不长粮。

汽车往东北方向行进不远，停在了东陈庄大队，县里说这里是北部的改碱试验点。

这里没有北方农村的鸡犬相闻、孩童成群、碾子转动、房顶上的粮垛、房前挂着的辣椒和大蒜的那般农家景象，显得十分简单和单调。村民的宅基地不小，但住房占地很多，墙是用土干打垒堆砌起来的，足有半米多厚，墙的下部受盐的腐蚀，已斑驳萎缩了进去。大队部的房间不大，只有一张方桌和四个条凳。从曲周县城一路北行到进村坐定下来，我一直仿佛是在“敌后武工队”和“平原游击队”电影里见过的北方农村。

刮地面的盐霜和淋出的盐水在锅中熬制“小盐”

大队支书和队长接待了我们，支书一边介绍，我一边仔细记录，这些文字保留至今。

“东陈庄大队有512口人，900多亩地。1958年修东风渠，浇了两三年地，1963年盐碱就上来了，1964年和1965年亩产不到一百斤。1959年到1966年，政府给咱村放了38万斤救济粮，2万元救济款。穷就穷在这盐碱地上。开始是挖坑种苗，苗活了，一下雨又死了。1966年冬天，组织了一个民兵排，搞了4亩地的换土治碱，上面是沙土，下面是黏土，深耕9寸。上了4车粪、80斤磷肥、10斤尿素，当年一亩玉米收了413斤，这是从来没有过的。就这样，一年改一百多亩，大干了四五年，咱村的面貌大变样。”

村支书还介绍说：“咱这一代是老区，老党员多，民兵靠这些盐土疙瘩作屏障给鬼子打黑枪、打游击战，鬼子始终就进不来。鬼子走了，国民党也不怎么来，这里没什么可搜刮的。”果然！这里真是“敌后武工队”出没的地方。大队长插话说：“咱支书就是当年的民兵队长！”我更增加了对这一带农民的尊敬，更感到日本鬼子被赶走了30年，为什么这里的农民还是这般困苦？

支书和队长领我们到他们改好了的地里看了看，庄稼确实比周边地里长得好许多。当时给我的印象是他们的愚公移山精神实在是令人钦佩，但是投入的劳动量太大了，技术含量太低了，方法太古老落后了。像“老牛拉旧车”，太费劲，太慢了。

上面有人来视察或参访，当地总是要带到比较好的站点上去看，都是这样做

的。这次就没带我们去盐碱更重和毫无建树的张庄一带去看。

汽车从东陈庄出来绕了一段曲周北部的“老碱窝”，景象和前面看过的差不多，三分农田，七分盐场。汽车回到县城，下车与赵迎副县长寒暄和告辞后就一路返回邯郸了。一路上，我脑子里很乱，我在新疆、宁夏、内蒙古等地见过许多盐碱地，我到过和住过不少穷困农村，怎么就没想到也没见过在中原腹地会有如此严重的土壤盐渍化。这么穷的农村，这么困苦的农民，我被我的所见所闻震撼了。

回邯郸的路上，我一句话也没说，还是沈副校长先开了口。

“石元春，你看得怎么样？”

“我们应该来。”我只说了一句，心里很乱，不想多说话。

我们常说，搞土壤改良的是“地球修理工”，如今这里的地球皮肤上生了癣疮，发生“溃烂”，主人痛苦不堪，我们能无动于衷吗？

本回书写至此，可谓是：

破宁静电话声响，访曲周景象骇然。
不忍睹土地罹难，思吾辈当仁不让。

3 仲夏日初探虚实，定大计夜话曲周

自我回京“异地疗养”后，“沟里”（当时北农大老师对清泉沟的一种昵称）发生着一件大事。拿克山病“毕业证书”的教职工越来越多，从根上动摇了扎根清泉沟的民心，“保命”重于“革命”。校革命委员会的高压手段和“大帽子”越来越失去人心，越来越不灵了。

先说校“革委会”主任和党组书记姓张，一位极“左”之人。他曾带领学校一批中层干部，从清泉沟出发，徒步翻过两座山墚到延安时期359旅开荒种地的南泥湾“朝圣”。张书记豪气大发，回校后提出农大在清泉沟也要种出100万斤粮食的宏图大略，于是农大人送给他一个“张百万”的绰号。

一次，他在全校教职工大会上作报告时讲：“有人说清泉沟冬天太冷，这是在动摇军心和别有用心。人多热气大嘛！一个人就是一个火炉，清泉沟会越来越暖和的。”“有人说，清泉沟里有克山病，这是在给革命圣地延安脸上抹黑，人吃五谷杂粮哪有不生病的，清泉沟外面就不生病了吗？”他给校医院下令，以后有这类病人，只能说是心肌劳损，不能说是克山病，这对延安圣地的政治影响不好。

学校司机班每天有班车（解放牌卡车）从清泉沟发车到西安，晨去晚归地来回运送物资和人员。“心肌劳损”的病人越来越多，要离开清泉沟的人越来越多，到了“出沟车票”一票难求的地步。一天早晨，书记亲自出马，截住了出沟的班车，检查是否有没经批准而出沟的教职工。其实，司机班的司机师傅和大伙是一个心思，“能走的赶紧走！”自书记截车以后，司机班改成天没亮就发车，或是不定时发车（暗里通知出沟人时间和地点），弄得书记防不胜防，堵不胜堵。

书记和校“革委会”再也控制不住形势了，出沟大潮如闸之启、雪之崩。沟里的人越来越少了，“大本营”变成了“留守处”，北京的“留守处”变成了“接待处”。

农大人中流传着下面的故事。

话说张书记一次从清泉沟校东部到延安教学点视察工作，食堂刚开完午饭，炊事员就说没饭了。

“剩下的馒头窝窝头有没有？”饥肠辘辘的书记问。

“一个剩的也没有了。”炊事员把门堵死了，存心让书记挨饿。

书记混到这个份儿上也算是到头了。自回北京后，这位书记就不知了去向，农大人再也没见过，是农大群众炒了这位书记的鱿鱼，现在想着也痛快。

1973 年夏天，教职工回京回得差不多了，校园开始恢复了往日的生机与人气儿。尚未交给部队的教学楼和植保楼里，实验室、办公室、教室都住满了人，楼道里摆满了煤饼炉。一个大阶梯教室隔成 8 块，分住 7 家，留下一方作共用厨房，一家炒菜 7 家闻，一家开收音机大家听。像逃难一样，校园成了“难民营”。

我和韵珠住在了土化系仓库过道的一个隔断堵头里，两头是门，一面临窗，放一张床和一个二屉桌就满了，炉具放在门外的过道里。住房虽小，但也“独门独院”，这就是不错的条件了。

老师们回到北京，没有教学，没有科研，不用参加大批判，连学习会都没人召集了。大家一心是要把家安置下来。

趁此大动荡时机，我从曲周回来后，先是找到了林培，说了我随沈副校长到曲周看盐碱地的事，他脱口而出地说：“好啊！反正也没事干。”后来又联系了雷浣群、毛达如、陶益寿几位。辛德惠没住在学校，一天在土化楼门前见到他，我对他说了好多好多，最后他只说了一句：“他妈的（口头语），去看看。”一锤定音。几个人这么一商量就算定下了。“去看看！”此时学校处于“无政府”状态，想请示也不知道找谁，谁也不知道校“革委会”、系“革委会”的领导是谁和在哪里办公。这是个可以自己说了算的“各自为战”时期。

可别小看了我们这几位，清一色的 40 岁上下的“少壮派”，有较好的业务根底，有十多年教学、科研和生产实践经验。林培、陶益寿和我是 1956 届土化系毕业的研究生，师从李连捷教授和叶和才教授；毛达如是 1959 届毕业的研究生，导师是苏联植物营养专家沙哈诺夫教授；辛德惠更有来头，是留学苏联莫斯科大学的洋博士。在专业结构上，辛德惠、林培、雷浣群和我 4 人是土壤专业，陶益寿和黄仁安是水利土壤改良专业，毛达如是植物营养和施肥专业，就土化系而言，主要专业都有了。这些人拉出去，都是“个儿顶个儿”的，能独当一面的“将才”。

这些本应是事业有成的“少壮派”，在“文革”期间，却空有一身本事而无用武之地，憋得难受。另外，大家还窝着一肚子气，因为土化系学生红卫兵团大批“土化系脱离实际！”“没有土壤学农民照样可以高产！”喊出了“彻底砸烂土化系”的口号。且不说老教授们心里的感受，我们这些“少壮派”也暗鸣不平：“你们这些毛头小子懂什么？只会‘开黄腔’”！

好啦！我们的行动口号是：“到曲周去看看。”

7 月天很热，但对我们这批求工作若渴的中年汉子而言不在话下，买好火车票就启程曲周了。别看这齐刷刷的一批讲师，地委和县委领导却很重视，因为是王观澜同志下的任务。到曲周后，县领导待若上宾，先将我们安排在县招待所

住下。

县招待所原本是曲周老县衙的一处审案公堂，院落较大，新中国成立后改建成一排排平房的县招待所。最里面是个小院子，这里的两排房子是过去的老房子，高大些也豁亮些，是安排给领导们住的“上房”，我们也沾光住在了这里。

县里安排了县领导、各有关局给我们介绍情况，陪我们到北部盐碱地区考察。这次看得比较仔细，去了张庄、高庄和王庄，和干部进行了座谈。晚饭后，招待所的房子里很热，人们多坐在院子里乘凉，扇子不离手地扇风和驱赶蚊虫。

一天晚上在屋外乘凉时，与一位60岁上下的退休老干部搭讪起来，他观察我们的言谈举止后问：“你们是从北京来的吗？”我们说明是北京农大的老师，他不经意地脱口而出：“哦！教书先生。”又问我们是来干什么的，我们说：“来改碱的。”这话可把他的话匣子打开了。

“什么？大老远地跑到这里来改碱？

曲周县志上有记载，北部的盐碱地千百年来就是个老碱窝，要是能治，也不用等到现在，还要从北京请人来治。”老同志的话有根有据。

“过去做不到的事不等于现在做不到，过去没电话，现在不是有电话了吗？”我们的反驳也很有力。

“好！远的不说，新中国成立后都数不清来过了多少拨工作组，有地区来的，有省里来的。来的时候都是信心十足，折腾一阵子，不了了之地走了。反正他们是‘飞鸽牌’的，回去继续当他们的干部，拿他们的工资，可是苦了农民。”这老头真是心直口快，真敢说实话。

但这话却是刺激了我们这几个“外地来”改碱的老师，像狠狠地扎了我们一锥子，因为我们也是拿工资的“飞鸽牌”干部。可是，能看得出来，他并无一丝恶意，只是就事论事发表自己看法罢了。

“这些改碱工作组，来的时候是只虎，走的时候是只鼠，灰溜溜的。”他越说越来劲，越说越难听了。以后，我们是不是也会像耗子般灰溜溜地一走了之呢？好尖锐的预言！

他把话锋一转地说：“你们要知道，群众对治碱根本没有信心，宿命论思想很严重。农民认为他们生在这里受穷是老天爷的安排，是命里注定的，改碱工作组来这里挖挖填填白耽误工夫。你们知道北边农民怎么说吗？‘唐修寺，宋修塔，共产党来了瞎挖哒’，啥用也不管，农民对工作组的意见可大了，只是不敢说而已。”

看来，这位老同志不像是在挖苦我们，也不像是在吓唬我们，倒像是在关心我们，奉劝我们这些后生。

“你们是来下放锻炼的，参加些劳动就可以了，回去还是好好教你们的书吧。”说到后来，他是这样规劝我们的。

这是我们到曲周上的第一堂课，终生难忘的一堂课。以后说起此事，真后悔当时没有问这位老同志“尊姓大名”，再也没有见过这位曲周前辈。在他的这番教诲中传递了这样一个信息，曲周北部盐碱地是块硬骨头，确实不怎么好啃，技术因素上、社会因素上和农民心理因素上都是对我们的很大挑战。这番“夜话”虽然没有吓退我们，但确实增添了不小的心理压力。

到曲周已有两三天了，北部盐碱地也看得差不多了。全程陪同我们的小伙子通知我们：“赵迎副县长今天来陪你们吃晚饭。”

赵副县长在饭桌上开门见山地说：“昨天县里几个常委开了个碰头会，非常感谢农大老师能来曲周帮助治碱。县里的意思是建议你们的改碱点离县城近一点好，像白寨公社这些地方。一则是生活条件好些，再则这里碱轻，比较容易看到治理效果。”

“张庄那边呢？”我们问道。

“那边生活和工作条件都很差，碱也难治，连我们曲周县自己的干部都不愿意到那一带去蹲点。”赵县长说得很坦白。

但是，赵迎副县长在谈话中已经听出来，我们有想去张庄设点的意思。为了贯彻县委意图，他又接着说：“是不是可以这样，点可以设在白寨，张庄作为联系点。”赵县长很有谈话技巧。

晚饭后赵县长走了，和这位陪同小伙子聊起县委的意见来，他无意中说出他每天都要向县委汇报我们的活动情况，说我们对张庄一带看得最多，问得最细，似乎是想到去张庄一片设点。他说县委担心我们在张庄一带设点，改碱太难，生活太苦，如果三四年没有明显成果，在上级和王观澜同志那里都不好交代。所以县委提出的“白寨方案”，是从全局考虑，才派赵县长传递县委的这个精神，给我们个底儿。

这回全明白了。

后天就要向县委汇报我们考察的情况和设点意见，白寨还是张庄？张庄还是白寨？这个决策太重要了。

眼前还有个现实的小难题。这位陪同小伙子非常尽职尽责，每天从早到晚与我们形影不离，晚上不熄灯他不走，我们根本没有时间私下开会商量。

雷浣群的点子多，他说：“等晚上关了灯，小伙子走了，咱们躺在床上开会商量不就是了。”我们都说这个办法好。

一连两个晚上都是关上了灯，躺在床上“曲周夜话”的。

我们住的是个套间，三张床在外间，三张床在里间，当中的槅门开着，不影响传音，不过说话声音要大些。有同志开玩笑说：“如果有人听窗根，一定会吓坏了，这些人说梦话怎么这么大的声音。”

“夜话”中有两个主题，一是这里改碱的难度有多大？该作何估计；二是改

碱点设在哪里？

大家都认为，啃这块硬骨头的难度确实很大。从地貌学上看，这一带是滏阳河冲积扇扇缘，是个地下水位浅，补给丰富的盐分强烈积聚带，属原生盐渍化地区。也就是曲周“夜话”时那位退休老干部说的，“千百年来就是个老碱窝”。不仅如此，这里是滏阳河灌区上游，灌溉水源丰富，渠系水渗漏量大，灌排系统不配套，水盐运行失调，人为因素造成的次生盐渍化也很严重。再则，农业生产上，缺肥少管，耕作粗放，技术落后，经济和物质基础极差。更重要的还在于群众对治碱没有信心，可能会像应付地县工作组一样地应付我们。

我们也分析了有利条件。当时正在狠抓河北平原的旱涝盐碱综合治理，河北省委、邯郸地委和曲周县委三级领导都十分重视。再则，国家科委也在河北黑龙港流域组织了地下水合理利用的科技大会战项目，所以大形势对我们有利。我们在曲周的工作不是孤军奋战，是黑龙港科技大会战中的一个分战场。全局会支持和帮助我们，我们如果做出成果也会影响全局。

在“白寨方案”和“张庄方案”的选择上。我们考虑过“先易后难”问题，但很快被否定了。我们来这里不是为应付差事，做点成绩好交差，而是真想在盐碱地上做些实事。即使白寨改好了，张庄那片盐碱地不还是在那里吗？张庄那一片的治理难度确实很大，但只要方法对头还是能解决问题的。再说，这里的改碱和农业生产的起点很低，三两年里有所转变是有可能的。

我作为头头，要多听听大家意见，辛德惠就不一样了。

“他妈的！去张庄！睡觉！”辛德惠就是这么个“嘎嘣脆”的一锤定音者。“他妈的！”特有用，特有权威。我们内部的曲周夜话就这样结束了。

第二天我们几个人向县委常委汇报了我们的考察情况和初步打算。韩琛书记先讲了一些感谢和客气的话，后来表态说：“县委原本是考虑离县城近些，工作生活条件会好些。既然老师们的决心这么大，要将点设在张庄，县委同意，一定会大力配合，做好后勤保障工作。”

韩书记和几位常委和我们一起吃了中午饭。下午我们收拾行囊返邯，次日打道回校了。

回校后，我和老辛向校革命领导小组和系“革委会”作了汇报，得到了首肯。自此，紧张的资料和装备准备工作开始了，打算 8 月底 9 月初进驻张庄。

本回书写至此，可谓是：

仲夏日初探曲周，老干部狠将一军。
需深谋眼光长远，定大计剑指张庄。

4 进张庄涝水相迎，三透房安营扎寨

话说辛德惠、林培、毛达如、雷浣群、陶益寿、黄仁安和我 7 人于 1973 年 8 月 29 日由北京起程，抵达邯郸，由此，紧张的战前部署开始了。这些天我们一直来往穿梭于曲周、邯郸、石家庄与北京之间，一直进行着收集技术资料，考虑作战方案，打通联系渠道等的战前准备工作。

到邯郸地区的第二天，仍是邯郸地区农委常华庭副主任接待我们。他向我们介绍说：“邯郸地区东北部有 70 多万亩涝洼盐碱地，集中在鸡泽县、曲周县和丘县一带。这里自然条件复杂，产量低而不稳，经多年治理，虽有好转，但问题没有解决。”常副主任对我们到曲周建盐碱地改良基点十分关心，提出了具体要求和叮嘱，如同家长般地关怀我们。

按常副主任的安排，31 日由邯郸地区水利及打井指挥部向我们介绍技术方面情况，为我们提供了一批颇有价值的水利和水文地质资料，令人喜不自禁。9 月 1 日，我们继续留在邯郸一天，到农林局收集农林方面资料。

9 月 2 日上午驱车曲周，下午听县有关部门介绍曲周情况。一连几天，都在县里查阅材料，其中水利与水文地质资料最多，技术人员干脆一摞一摞地搬到我们住宿的县招待所，省得我们来回跑。我们住在县招待所，从早到晚，连摘带要，有时干脆请有关技术人员到招待所座谈和当面请教。

收集资料、掌握情况的目的在于思考作战方案。这些天我们的笔头很忙，脑子更忙。

这次在曲周收集资料时有个意外收获，即曲周县档案馆里有一份可以引起众人兴趣的档案——“圣旨”。曲周县有位著名历史人物，叫王一鹗，明万历年间，官封兵部左侍郎，尚书，赠太子太保封号，他是曲周县历史人物中官职最高的一位。除县志中记载他事迹功勋的“正史”之外，传闻更是有趣。在中国，《苏三起解》和《玉堂春》这两部京剧几乎家喻户晓，可是过去曲周县是不准演出的。传说王一鹗就是剧中的“王三公子”。万历年间山西多灾，洪洞一带移民曲周者众，故此有了这段佳话。又云，“文革”初扫“四旧”，挖掘王一鹗墓时的种种神奇，令人不可思议地爱听。陪同我们的工作人员说，县档案馆收藏了明万历皇帝给王一

鹨的圣旨，经县委批准才能看。当然我们是不会放弃目睹“圣旨”机会的。

言归正传。

曲周县志上记载，明崇祯年间“曲邑北乡一带，盐碱浮卤几成废壤”的史料证实了这一带土壤盐渍化的久远历史。常华庭副主任说的邯郸地区东北部的70多万亩盐碱地的中心正是这“曲邑北乡一带”；远近闻名的“老碱窝”，曲周北部的“四大碱”即以张庄为首的张庄、高庄、连珠村和史庄，也称“张高连史”。说到这一片，人们常用“春天白茫茫，夏天水汪汪，只听蛤蟆叫，不见粮归仓”来描述。

我们将旱涝碱咸综合治理试验区设在了张庄，可谓是“中心开花”之举。

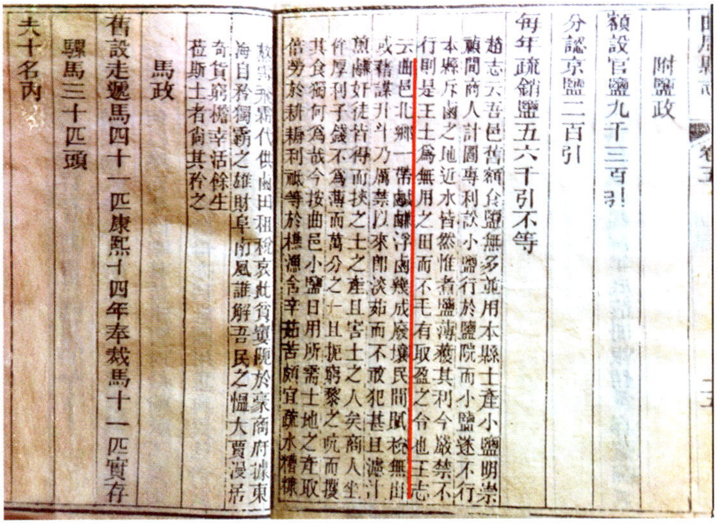
附鹽政
額設官鹽九千三百引
分認京鹽二百引
每年疏銷鹽五六千引不等
趙志云吾邑舊額食鹽無多兼用本縣土產小鹽明崇
禎間商人計圖專利設小鹽行於鹽院而小鹽遂不行
本縣斥鹵之地近水皆然惟煮鹽薄獲其利今嚴禁不
行則是王土為無用之田而不毛有取盈之令也王志
云曲邑北鄉一帶鹼滷浮鹵幾成廢壤民間賦稅無出
或藉諜升斗乃屬禁以來即淡茹而不敢犯甚且濾汁
煎鹻奸徒皆得而挾之土之產且害土之人矣商人坐
倖厚利子錢不為薄而萬分之一且挽窮黎之吭而攫
其食獨何為哉今按曲邑小鹽日用所需土地之產取
偕勞於耕耨利藏等於樵漁含辛茹苦頗宜疏水潛湊
熬鹽飛霜代供幽田租稅京[illegible]貨竇脫於豪商府隷東
海自矜獨霸之雄財阜而風謹解吾民之慍大賈漫居
奇貨窮檐幸活餘生
莅斯土者尚其矜之
馬政
舊設走遞馬四十一匹康熙十四年奉裁馬十一匹實存
騾馬三十匹頭
夫十名內

曲周县县志（明）

我们进驻张庄恰逢一特别年份。

据1997年编撰的《曲周县志》记载：“1973年7月28日，下午2点半到晚上10点钟，连降暴雨，最大降雨量达500毫米以上，大面积积水一尺至二尺，深处三尺，房屋倒塌，电话中断，道路不通。”看来，曲周和张庄对我们几位是毫不客气，以水相迎了。

辛德惠、林培、毛达如、雷浣群、陶益寿、黄仁安和我7人是9月5日下午三四点钟正式入驻张庄村的。赵迎副县长和县办公室赵金钟主任陪同，一辆吉普和两辆上海牌轿车，浩浩荡荡地出县城往北，一路驶向了张庄。

经过一个雨季，曲北景象与6月来时很不一样。大雨洗涤后的9月，秋庄稼长起来了，荒地的草木也多了一些生机与绿色。当雨水将土壤上层最易溶解的氯化钠淋洗到下层，溶解度较低的硫酸钠在土表相对地积聚得多了，秋干气燥，轻风一吹，以硫酸钠为主的结晶在地面显得白净蓬松，毛茸茸的，远看出去，如初

冬早雪。

从县城到张庄不到20公里，雨季后的大路，车辙压出的深沟，道道犹在，不时还有退水后的片片泥泞，汽车走得很慢。

“前面就是张庄村了！”赵迎副县长说话有些急促，还带几分欣喜。

“我是从张庄出来的，这个村的大队长赵文是我的胞弟。”看来，县长的欣喜是有原因的。

从车上看出去，张庄是个中等大小村落，土墙黑瓦，一色平房，因树木稀少而显得生机不足。汽车驶近张庄村西口，刚下大路就停了下来，一大片积水将张庄村着实地围成了一个水寨。

赵迎副县长下得车来，从容地脱下鞋袜，卷起裤腿就下了水，嘴里还嘟囔着说：“每年秋天都这样！”我们也如法效行，赤脚淌水进村，每人手里还多提着一个装着脸盆和洗漱用具的网兜，行李铺盖只好让社员来帮着搬运。记忆中的这幕场景太深刻难忘了。

大队支书和大队长在村口迎着我们，没有围观的孩子。进村后，将我们引到大队部，一排坐北朝南的六间平房，中间是个三间大小的大队部会议室，还有三个单间。一张方桌和几个条凳是大队部的全部家私，县长和我们坐条凳，支书和队长蹲在门槛上。坐定后，赵副县长向我们介绍了支书赵俄和大队长赵文。赵俄一米七五左右的个头，壮实，脸上露着自信，讲话嗓门很大，心直口快，典型的北方农民形象。此处所附照片上的赵俄正与农业部杨立功部长谈笑风生（1978年）。赵文个子稍矮，说话不多，内向，见人有些腼腆。

村支书赵俄与原农业部部长杨立功谈笑风生

“你们这会儿来还行，早来几天，这屋里的水还没退尽哩！”赵俄的话匣子打开了。

他一边指着墙上的水印一边说：“你们看，十天前这屋里的水还齐腰深，刚把水撤下去。县里为迎接老师还拉来了几捆油毡，铺在地上隔隔潮气。”

稍事休息后，赵副县长把我们几个“移交”给了赵俄和赵文，交代嘱咐一番，随后就回县城里去了。

“我们这里条件不好，老师们将就地住着。这间大队办公室大些，你们平时办公开会用。”赵俄开始给我们安排住处。

“这两侧的三个单间房，原本是会计室和库房，老师们就住在这里。以后老师来得多了，可以在村里社员家安排住处。”赵俄领我们去看单间房时如是说。

每个单房里，已经满满地放好了四张铺板，一边两张，中间留个行走通道，再也没有空余地方了，地面都铺上了厚厚的隔潮油毡。在这排北房的南面，新盖了坐南朝北的三间南房，是厨房、仓库和大师傅住的地方。

张庄的房屋和东陈庄一样，大块土坯垒砌的墙壁厚达半米。盐蚀风吹水浸，墙根已缩进不少，土坯间也有漏出缝隙，室外光线可以透进屋里，插根树枝就能挂衣物。

“这房子住起来冬暖夏凉，通风透光空气好，就是有些漏雨。”赵俄很有幽默感，一边带我们看房，一边调侃着。后来我们叫这里是“三透房”。

此处所附照片上的这排房子是我们当时进驻，1975 年搬出后重新修葺过的，你看，照片中测量用的标杆还晾上了汗衫。下面的一张照片是老师们在村里的住房。

张庄大队的原大队部，我们进驻后的最早住房

北京农大老师在张庄村里的住房

旱涝碱咸综合治理的大船就是从这几间土房起航的，6 年后走向了黄淮海；10 年后全国三结合经验交流会和 12 年后盐渍土改良国际会议曾到这里参观；15 年后李鹏总理莅临视察；20 年后黄淮海项目获国家科技进步特奖。这几间房是“起点”。

此时，我想到了刘禹锡的《陋室铭》，并仿学如后：

苍穹虽阔，“神舟”可攀。海沟虽深，“蛟龙”可探。斯是陋室，唯赛①德馨。风雨无遮拦，台前映盐霜。旱涝又盐碱，同心治理忙。可以搞科研，求增产。无名利之所累，无案牍之劳形。西北地窝子，东北干打垒。吾等云：“此又如何？”

（“陋室铭”原文是：山不在高，有仙则名。水不在深，有龙则灵。斯是陋室，惟吾德馨。苔痕上阶绿，草色入帘青。谈笑有鸿儒，往来无白丁。可以调素琴，阅金经。无丝竹之乱耳，无案牍之劳形。南阳诸葛庐，西蜀子云亭。孔子云：“何陋之有？”）

言归正传。

房陋，而餐食供应标准却高。试验区的粮、油、肉、菜等一干物品都是由县里直接供应，据说大师傅也是从县城里请来的。我们的粮、油供应仍按北京的标准，每人每月 30 斤粮食（50% 的面粉）、3 斤大米、半斤食油，比县委大院标准要高。

此时已是傍晚时分，每人领了两个大碗和一双筷子，到伙房打了饭菜端回自己房间里吃。晚饭是白面馒头、粉条豆腐熬白菜，还有红薯面汤。每个人都会有这样的体验，饭菜是否好吃，与你当时的环境和胃口关系很大，当时吃着这里的粉条豆腐熬白菜和馒头，真是很香很可口。

几个小学生放学路过这里，用奇异的眼光看着我们几个和村里人不一样的人，吃着他们过年才能吃到的白面馒头。他们在想什么？我们又该想些什么？

这些天一直很忙很累，现在总算到了行程的终点站和事业的起点站了。晚饭后各人打开和整理自己的行李、书籍和杂物，因为灯光很暗，早早地睡下了。

躺在床上，一时睡不着，看着透过墙缝和门缝投进房里的弱光，想着从此就和张庄结下不解之缘；想着人生新的一页终于揭开；想着未来会怎么样；想着明天该干什么，想着想着就睡着了。

进驻张庄村不几天，县水利局局长王文勉把行李铺盖搬来了。他高个子，大块头，声音洪亮，一脸霸气。“试验区改碱，水利工程是‘大头’，县委让我到张庄和农大老师一起蹲点，老师们说怎么干就怎么干。哈哈！”真豪放，他这一句

---

① 赛指“赛先生”，意“科学”。

话，就把我们初次见面的距离感给消除了。

过了两天，县农机局局长王成文也把行李铺盖搬来了。这位个子不高、满面风趣的局长一到我们驻地就高声说："我是来和王文勉做伴的！"原来这两位王局长是好朋友，是"斗嘴"的"老冤家"。冬季农田水利工程施工在即，"机械化部队"少不了，所以把农机局局长也调来了。有了这两位"施工部队首长"一起蹲点，试验区的农田工程岂不是可以呼风唤雨，大干一场啦，县委想得真周到。

没想到的是，两天后，县公安局局长刘东杰也搬着铺盖卷，到试验区蹲点来了。刘局长腰板挺直，一看就是行伍出身。他方脸浓眉，皮肤黝黑，仪表堂堂，相貌威严，不苟言笑，恐怕那些不肖之徒一见到这位局长的尊容就会心慌腿软。刘局长有关云长般的容颜，为人却十分谦和。

一次他打外面回来，从腰上解下皮带和手枪放在桌上，连声说对不起："刚执行完任务，没回单位换衣服就来张庄了。"后来听说，县委派公安局局长来蹲点是为保曲周试验区这一方的平安，如同是为试验区请来门神秦叔宝和尉迟恭，生怕这里有什么闪失。

还有一个人物很重要，就是试验区和张庄大队所在的河南町公社副书记胡文英，30 岁上下，个子不高，精干灵活，办事能力特强，大家都亲热地叫他"小胡"。他年轻，与农大老师来往十分密切，综合治理试验中的许多大事小情都是通过他去沟通、去办的。

当时曲周县领导对农大老师在曲周蹲点真是工作上支持得无以复加，生活上照顾得无微不至。每每想起县领导的那份真诚和心意，总是不能自已。在曲周县委领导下，农大老师和地方共同取得了一些成绩，曲周县领导总是一口一个"感谢农大老师"，还为北京农大立碑入（县）志。其实，农大更应当感谢曲周，是他们为农大创造业绩提供了太多太好的机会与支持，农大对曲周应该有更多的感恩与报答，读者往下看就会知道了。

到张庄快两个星期了，9 月 17 日我们正式向县委汇报试验区的今冬农田工程，提出了"双灌双排，一渠多用，三级配套"的工程设计思想。县委同意了我们的想法，也提出了指导性意见。带着修改后的方案，20 日由曲到邯，21 日向邯郸地区除涝治碱指挥部汇报，听取意见；23 日回北京，24 日向沈其益和朱振声两位副校长及土化系赵镶副主任汇报了这一个月的工作进展。

"兵马未动，粮草先行。"在北京的这几天，我们抓紧准备地形图、简单的土壤调查、制图测绘，以及取样用的土钻、铝盒、土袋、地下水取样瓶之类的"轻武器"，这都是要"随军"带到张庄的。

国庆节后，即 10 月 6 日我们由北京返回到河北省会石家庄。7 日我们见到了河北省黑龙港地下水合理利用领导小组办公室主任许铁城，向他汇报我们的工作进展情况和初步考虑。他很满意我们的进展和想法，还请我们到他家里吃面条，

一次地道的山东面条。

许铁城，山东人，个子不高，但很壮实，皮肤白净，说话很快，性格直率，为人热情，对我们这几位从北京来的部下还多了几分客气。他思维敏捷，批评人毫不留情，不给面子。一次他到曲周检查工作，看到一处排水沟被堵，上面还长满青草，他一下子就拉下脸来问：

“石元春，你不是说试验区的田间工程已经完工，标准如何如何好吗？这是怎么回事？”

“许主任，我们不是刚走出试验区吗？这里已经不是试验区了。”

“哈哈！算我眼拙，别往心里去啊，老弟！”他亲切地拍了拍我的肩膀，笑声爽朗。

为什么这里要多说几句许主任的事呢？因为他是我们参战黑龙港大会战中的一个重要人物，以后还会在本书多处出现。

这次到石家庄收获颇丰，最大收获是拿到了几份特有参考价值的资料，如“河北平原地下水储量估算”“河北地下水资源”“对河北省南皮县乌马营大队浅层地下咸水淡化问题的初步调查”等。“兵不在多而在精”，拥有一大箱资料，不如有几份非常有参考价值的资料；拥有一大书架的书，而经常翻阅和最有价值的往往只是那少数的几本。这次到石家庄收集资料就有这种体会。

10 月 8 日我在石家庄参加了河北省抗旱工作会议，10 日返回曲周，开始了第二阶段工作。

在很多人，以至像我们这些农业科教工作者的认知中，对“农民”这个词更多是概念性的，比较抽象，只有当我们和他们生活在一起时，才会有完全不一样的感受与理解。共同生活在一个村子里，天天都在打招呼、交谈、嘘寒问暖、讨论工作，农大老师与张庄社员之间的陌生感和距离感在渐渐淡去。当我们之间了解越多，就越是多了那割舍不去的情愫。

一次与赵俄商量完工作后，他来了兴致，谈了张庄的过去。

“新中国成立前的张庄是被三条自然沟割切成的一片高低不平的盐碱滩，地碱水咸。新中国成立后，全村有 3 400 亩地，能种的只有 1 780 亩，其他都是盐碱荒地。这里是‘只听耧声响，不见粮归仓’，‘秋三麦二斗，种麦不还家’，顶好的地也只打百十斤粮食。生活靠啥？ 40 多人扛长活，20 多人推车卖豆腐，有 36 口熬小盐的锅。一遇天灾，农民就四出逃荒，卖儿卖女。1943 年发大水，460 多口人的张庄饿死了 270 多口，景象非常凄惨。听一位上辈人说，他的爷爷临死时想喝一碗玉米糊糊也未能如愿。”

说到张庄，赵俄常挂在嘴上的话是：“在我们这里，用碗盐不用还，喝碗水

还得给，张庄喝的是三町村与高庄村的水”“这一带是兔子不拉屎的地方，走出十里地也见不到一棵树”“张庄村里的姑娘都想往外嫁，外村的姑娘不愿嫁到张庄来，张庄先是组织‘光棍排’，后来发展成‘光棍连’”。有这样一句顺口溜：“要想富，不在盐滩住；要想好，挑起担子往外跑。”

这些都是在他讲话时，我在笔记本上记下来的，让这些话永远教育和激励着我们。

农大老师在村里住得久了，认识的人多了，串门聊天的机会也多了。农民家里实在太穷太苦，除一铺土炕，一张灶台，能有一张桌子和两个条凳就不错了，真个是“家徒四壁”。和妇女们聊天时才知道，女人生孩子前要做好两件事，一件是缝制几个小麻袋，二是从地里挖来沙子，洗净晾干。孩子出生后，沙子在灶台上温热后放进麻袋里，赤条条的婴儿就放进沙袋里，拉屎撒尿后将沙子倒掉，换进新的沙子便是。一位中年妇女说到此时哽咽起来，一个人家的孩子大了，能在炕上自己爬动，当大人不在屋里时，孩子爬到锅台上，掉进滚烫的粥锅里活活被烫死了。

张庄村的社员说，麦收本是农村最忙最累的季节，可是这一带却很悠闲，不紧不慢地。收麦子不用镰刀，只需背着一个大布口袋，在稀稀拉拉的麦地里，东揪一把、西揪一把地将麦穗放在布口袋里就完成了。这里也不需要打麦场，将布袋里的麦穗拿到自家院子里，用旧鞋底碾巴碾巴就算完成打麦场的任务了，一年收的麦子，只够年节包饺子吃。这个场景我在 6 月的初次考察时就亲眼见过。

1973 年我们进村的时候，张庄每年要吃七八万斤救济粮，领两三万元救济款。有社员说：“我们是种地的，不能给国家交粮食，还要吃国家的粮食，我们心不安啊！但又有什么法子呢？”有社员说：“我们离不开救济粮本，纸皮的揉烂了，政府后来就改发塑料皮的，有的社员干脆加上了铁皮，好像我们世世代代都要靠救济粮为生似的。”

我们进村的头一两年，农民一天三顿吃的是“三红”，就是“吃红高粱面窝窝头，就红辣椒，手里捧着一大碗红薯面汤，面汤清亮得可以当镜子照”。秋收后，马上就是男女老少齐上阵地大搞水利化，11 月的天已经开始冷了，可是在渠道旁玩耍的孩子还穿着单衣，小脸小手冻得发紫，靠蹦蹦跳跳取暖。问起妇女们时，她们无奈地说：“谁不疼自己的孩子？地里的活家里的事忙都忙不过来，孩子春天换下来的棉衣来不及拆洗就上大堤（指修水利）了。”

在此有感而写下了《苦张庄》七言一首：

年年旱涝处处碱，地不生粮长小盐。
一日三餐捧三红，家徒四壁少炊烟。

这一带的农村青年就是在如此恶劣环境条件下长大的，体质好得了吗？一次在河南町公社偶遇公社武装部长，他说："这一带的征兵任务总是完不成，不是青年人不愿意当兵，而是身体合格的太少。即使出去当上兵，到现在连一个特种兵都没有，体质太差。"

这是新中国成立 30 年，中原大地上的一幕真情实景，每一个有良知的中国人能无动于衷吗？每一个有良知的中国知识分子能旁贷其责吗？每一个党和政府的官员能问心无愧吗？

因为有了穿上军装的农民，有了车轮滚滚地运送军粮军鞋的农民大军才有了新中国；是农民支援了新中国的工业化和城市化，可是他们依然承受着极贫的煎熬。

嗟乎！中国农民！

科技大会战在即，难道这不是对我们这些科技战士临战前的一次极好的思想动员吗？

为什么要治理旱涝盐碱？我们在为谁治理旱涝盐碱？这还不清楚吗？

本回书写至此，可谓是：

进张庄以水相迎，三透房扎寨安营。
四大碱张高连史，不堪言地瘠民贫。

5 苦思索作战方略，精谋划首份蓝图

曲周旱涝碱咸综合治理试验区。

旱涝碱咸怎么综合治理？自 8 月决定接受任务后，满脑子想的都是它。

这还要从 20 世纪 50 年代的黄淮海平原说起。

中国最大的平原，能生产全国 1/3 的粮食和 1/2 的棉花的黄淮海平原，又是国家政治、经济、文化的中心，地位还不够显赫吗？

新中国成立之初，为了抗旱增粮，在河北沧州建了水月寺灌区，可是一年增产、二年平产、三年减产。却未引以为戒，再建滏阳河灌区、石津灌区等更大规模的引水工程，打破了平原的区域水盐平衡，土壤次生盐渍化开始扩大，已经危机四伏。更有甚者，1957 年全国大搞水利化运动，大搞"一块地对一块天"，"满天星（平原小水库），葡萄串（沟渠河网）"平原蓄水。如同强行让一个心率紊乱、高血压的人跑 200 米冲刺，不猝死才怪！

果然，一场史无前例的"盐灾"来临了。河北、河南、山东三省的盐碱地面积由 2 800 万亩激增到 4 800 万亩，田园荒芜，农业凋敝，民不果腹，一时间农民谈水色变，谈盐色变。"屋漏又遭连阴雨"，1963 年河南板桥水库崩坝，海河流域发生特大洪灾，水漫天津市。这才惊动毛主席，写下了"一定要根治海河"的最高指示。

在人力与自然力周旋缠斗中，每次都是以人力小胜而换来自然力的十倍报复。正如恩格斯所说："我们不要过分陶醉于我们人类对自然界的胜利。对于每一次这样的胜利，自然界都对我们进行了报复。"

当人们冷静下来，开始根治海河，挖深骨干河道，重视田间工程配套，土壤次生盐渍化面积才有所控制。不料，1969 年开始，北方又连续三年大范围的大旱。一些骨干排水河道上又开始建闸蓄水，排水排盐条件重新恶化，盐灾涝害回弹。

是"老天"弄人，还是人不懂"老天"？

黄淮海平原的水分与盐分，多变莫测，致使人们顾此失彼，屡战屡败，显得何等地笨拙与脆弱。专家们议论纷纷，莫衷一是；实践者环顾左右，无所适从，

这才有“张书记来了挖，李书记来了填，王书记来了不知怎么办”，以及“水利局门前一块牌子两面翻，春天抗旱指挥部，夏天防涝指挥部”之类的民传。

积20年之教训，黄淮海平原上的这场旱涝盐碱之仗输在了哪里？

输就输在“人定胜天”思想和不尊重科学；输就输在对黄淮海平原复杂的水盐运动心中全然无数，“既不知己又不知彼”地蛮干；输就输在“头痛医头，脚痛医脚”的“单打一”战术。

这才使刚从新疆盐渍战场转移到黄淮海盐渍战场的我，有了如本书“序幕”中所说的，在京郊大兴进行了四年的水盐动态观测和资料在“文革”中被抄的故事。红卫兵小将可以抄走资料，却抄不走脑子里的科学思想。十年后我重返黄淮海盐渍战场时，这些科学思想在脑子里又被重新激活。

旱是水少，涝是水多，土壤盐渍化是地下水位太高，旱涝盐碱和地下咸水是一个复杂的水盐运动系统，一定要摸清水盐运动规律，进行科学的调节与管理，这就是被激活的科学思想。

十年后重返黄淮海，建立曲周试验区，重拾故念，再做资料收集，走访名家与深入思考。下面是当时对我们影响较大的几位高人和几条信息。

一位是北京地质大学水文地质与工程地质系的蒋姓副教授，他从水文地质学观点出发，指出当时河北省的“深井运动”后患无穷。他说：“现在是衡水漏斗、沧州漏斗和石家庄漏斗，以后就会是河北漏斗和华北漏斗了！”言之凿凿。看来，深层地下水只能作为补充性和战略后备性水源。

另一位是中科院熊毅教授，1963年，他考察巴基斯坦管井工程后，撰写了名为“巴基斯坦防治土壤沼泽化和盐碱化的情况及管井抽水的经验”的报告，介绍了浅井群既可灌溉，又可以降低地下水位和防治土壤盐渍化的新思路。

还有一位是沧州地区南皮乌马营试验区的贾春明，他们做了一个抽出浅层地下咸水，补进地上淡水（主要是大气降水），以降低地下咸水矿化度的大胆实验，他们称之“抽咸换淡”。

“思虑熟则得事理，得事理则必成功。”（《韩非子》）

那一段时间里，真是腿没少跑，口没少问，书没少看，脑子没少动。连夜里做梦想的也是它，真想能如程咬金，梦中学得那“三板斧”的本事。

终于在水盐运动及其调节思想基础上再获新鲜营养，形成以下四条基本认识：

——旱涝碱咸是个复杂的水盐运动系统，不能“头痛医头，脚痛医脚”，必须实行综合治理；

——旱是水少，涝是水多，要灌要排也要蓄，灌排蓄要协调一体才不致引起土壤次生盐渍化；

——开采利用浅层地下水兼有抗旱、防涝、防治土壤盐渍化和促进地下咸水淡化四重功能，是调节区域水量与地下水位的中心；

——在浅层地下水为矿化度较高的咸水的地区，还要突破咸水利用和利用中逐渐淡化的这道“瓶颈”。

正确的认识与理念是成功的基石，但还必须通过工程与技术实现。

1973 年 10 月 15 日，我从曲周赶到石家庄向省地下水项目办主任许铁城汇报工作。在宾馆里得有半日空闲，在笔记本上将多时构思的理念，或作战方略转化为曲周试验区的旱涝碱咸综合治理工程设计，在笔记本上勾勒出了曲周试验区的工程设计示意图。虽嫌粗浅，但终于由理念脱胎为工程图像，此处所附照片即是。40 年后重睹此图，仍压抑不住内心的激动，因为在它的背后，闪动着土丘散布、盐碱遍地、禾苗稀弱的昔日惨景；闪动着人喧马嘶、机器轰鸣、战天斗地的施工场景；闪动着田方渠直、林路纵横、麦浪滚滚、亩产吨粮的现代化农田。而今这些已成过去或今日之现实。

10 月下旬开始，试验区的农大老师、县水利局的袁工和两位技术员紧张地进行试验区综合治理的工程设计及施工准备工作，华北水利水电学院的田园和朱老师也来支援。

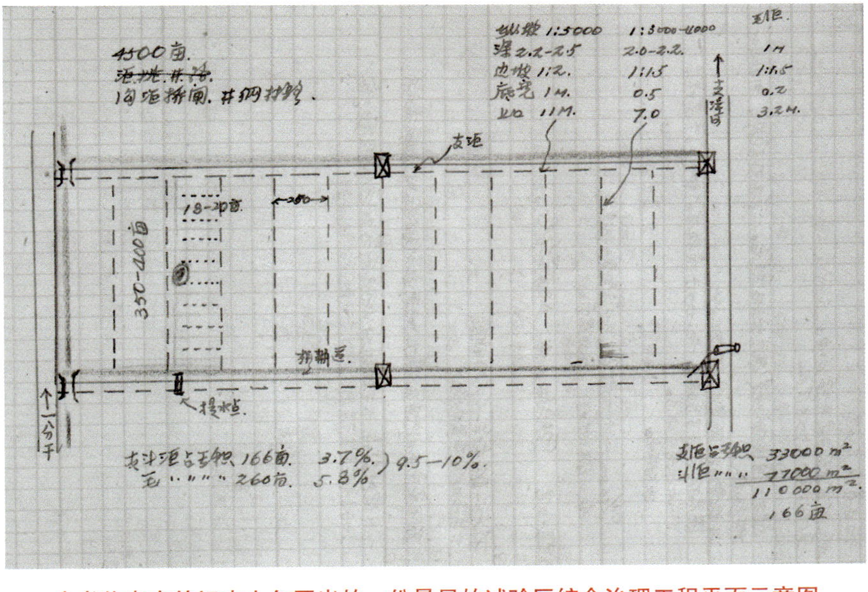

本书作者在笔记本上勾画出的一份最早的试验区综合治理工程平面示意图

（1973 年 10 月 15 日）

下面是我在这三周的活动：

16 日　上午在石家庄与省打井指挥部征询他们对机井及观测井布局的意见；下午向省科委李主任汇报，寻求省里对试验区机械施工的支持。

17 日　返邯郸打听和购置灌排渠系的电测水位仪、分层水样采取器等设备。

18 日　返回曲周和张庄。

19 日　到河南町和马兰头调查试验区的灌排系统、机井现状、柴油机等机械动力装备和油电保障情况。

20 日　到试验区史庄调研蓄水工程和连珠村的台田工程。晚上试验区全体开会，汇总大家分头调研的情况，部署进一步调研内容。

21—22 日　继续分头调研，听取意见。

23 日　上午全组二次开会研究施工方案，下午到河南町公社参加由公社王书记主持的试验区汇报会，会上我们汇报了施工设想，听取试验区各大队支书和队长的意见。田、朱二位老师参加了施工方案讨论并提出了很好的意见。

24 日　上午全组老师开会，讨论公社和大队的意见。中午田、朱二位老师离开张庄，下午农机教研组胡鸿烈老师到来做机械化施工准备。

25—27 日　同曲周县水利局技术人员共同编制施工图和文字报告。

28—29 日　参加邯郸地区在曲周召开的平原 9 县的今冬明春农田基本建设工作会议。大会提出要从备战到作战，从纸上到行动；要发动群众和组织群众，要组织民兵营、连、排、班作为施工中的突击队等。

11 月 1—7 日　继续修改和编写施工设计与报告。

也许有人会问，以上日期与内容何以记得如此翔实？这要得益于此处所附照片上，我在曲周试验区 10 年记下的 19 本笔记，几乎大大小小的事情都有记录。

作者在曲周试验区 10 年里记下的 19 本笔记

“十月怀胎，一朝分娩。”曲周试验区旱涝碱咸综合治理工程的第一份报告——《邯郸地区曲周县旱涝碱综合治理样方规划草案说明书》（以下简称《说明书》）于 1973 年 11 月 8 日诞生了，即进驻张庄村后的两个月。

这份万言书是深入思考和大量调研的结晶，是曲周试验区综合治理旱涝碱咸的第一份蓝图，是对旱涝碱咸的宣战书！

《说明书》对基本情况的介绍是：治理样方（当时叫“治理样方”）处在黑龙港地区中上游的滏阳河东侧。东沿支漳河，西沿一分干，南起三町村南支渠，北抵马兰头村南支渠。土地面积 28 000 亩，区内耕地 14 976 亩，枸杞地 1 399 亩，林地 1 070 亩，重盐三荒地 2 118 亩，分属于张庄、高庄等 14 个生产队，人口 5 024 人，男女整劳力 1 968 人。

《说明书》中写道：历史上这里就是一个旱、涝、碱危害严重的地区，1949 年新中国成立以后，较大的水旱灾害就有七次之多（1949 年、1956 年、1958 年、1960 年、1961 年、1963 年和 1973 年），盐碱地占总面积的 71%。样方区中心就设在远近闻名的“四大碱”村，这里“三天无雨苗发黄，下场小雨苗死光，到了夏天水汪汪”；“春天种，夏天补，秋天白辛苦”。

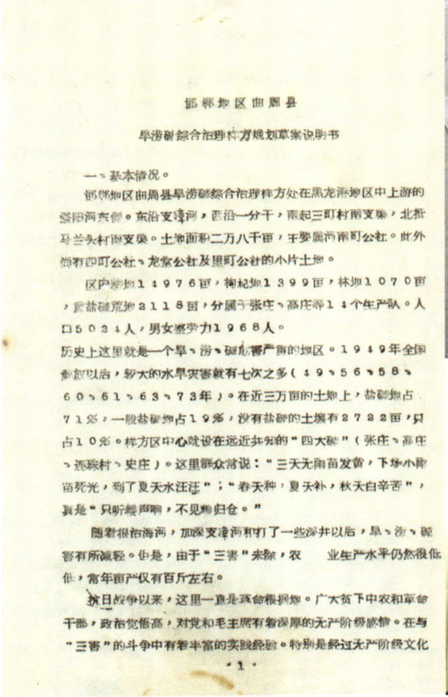
邯郸地区曲周县

旱涝碱综合治理样方规划草案说明书

一、基本情况。

邯郸地区曲周县旱涝碱综合治理样方处在黑龙港地区中上游的滏阳河东侧。东沿支漳河，西沿一分干，南起三町村南支渠，北抵马兰头村南支渠。土地面积二万八千亩，主要属于南町公社。此外尚有四町公社、龙堂公社及里町公社的小片土地。

区内耕地14976亩，枸杞地1399亩，林地1070亩，重盐碱荒地2118亩，分属于张庄、高庄等14个生产队。人口5024人，男女整劳力1968人。

历史上这里就是一个旱、涝、碱危害严重的地区。1949年全国解放以后，较大的水旱灾害就有七次之多（49、56、58、60、61、63、73年）。在近三万亩的土地上，盐碱地占71%，一般盐碱地占19%，没有盐碱的土壤有2722亩，只占10%。样方区中心就设在远近共知的“四大碱”（张庄、高庄、连琮村、史庄）。这里群众常说：“三天无雨苗发黄，下场小雨苗死光，到了夏天水汪汪”；“春天种，夏天补，秋天白辛苦”，真是“只听楼声响，不见粮归仓。”

随着根治海河，加深支漳河和打了一些深井以后，旱、涝、碱害有所减轻。但是，由于“三害”未除，农业生产水平仍然很低低，常年亩产仅有百斤左右。

抗日战争以来，这里一直是革命根据地。广大贫下中农和革命干部，政治觉悟高，对党和毛主席有着深厚的无产阶级感情。在与“三害”的斗争中有着丰富的实践经验。特别是经过无产阶级文化

·1·

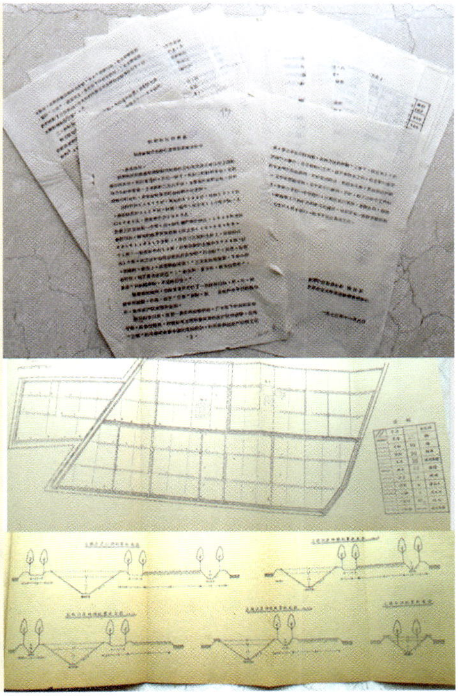
邯郸地区曲周县旱涝碱综合治理样方规划草案说明书

《说明书》提出的旱涝碱综合治理的设计思想与原则，一是治理旱涝碱咸的中心和前提是水的调节与和控制，做到“要水有水，水多能排”，因此在积极和合理地开采深层淡水的同时，十分重视对浅层咸水的利用和改造；二是综合治理的要求，将潜水位控制在返盐的临界深度（随条件的变化而有所改变）以下、土体脱盐到非盐化程度、培肥土壤和淡化潜水。

《说明书》的旱涝碱综合治理规划内容有灌排渠系规划、井灌规划、林带道路配置、坑塘和沟渠蓄水、平地和深翻、绿肥有机肥和化肥、机械化施工、科研项目以及开办技术训练班 9 个方面。对每个方面规划的设计思想、项目与内容、标准与布局、工程量与施工要求等都有详细说明。工程期三年。

《说明书》还提出了实施过程中需要解决的四个问题，以及 1973 年冬季工程的内容、要求与进度等。

本回书写至此，可谓是：

苦思索治理方略，求秘籍水盐运动。
将理念转化工程，精谋划首份蓝图。

6 设样板四百亩地，前哨战打响试区

在完成首份施工蓝图和说明书后，有一件大事是必须提到的。

在那"农业学大寨""战天斗地"的年代里，每年冬季的农田水利工程，省、地、县领导都会作为重要政治任务来抓。临战前，各级首长都会下到一线视察准备工作。

邯郸地委李书记到曲周县检查工作时，专程到了张庄，听取我们对试验区综合治理的规划和1973年冬季农田工程施工方案的汇报。听取汇报过程中，他提出了一个重要建议，即在综合治理试验区内设置一个试验小区，以样板带动全局的设想。想必是李书记已经意识到我们的方案虽好，但2.8万亩样方的摊子大了些，需要集中优势兵力，在试验小区打个漂亮的歼灭仗。

一个战役，一项任务，往往一计千金。正是李书记的这个建议，为曲周试验区的综合治理试验与成效设置了一个靓丽的展示橱窗，至少使综合治理成效提前两三年得以对外彰显，起到了重要示范和推进作用。40年后回头看，这个建议太重要、太好了。

试验小区面积400亩，就设在张庄村南，站在我们住房门口就能一眼看到。有时我们端着饭碗，一边吃饭，一边欣赏施工现场，吃完饭就去"溜达"一趟，感觉非常好。试验小区不是在我们身边，而我们是在小区之内，与她朝夕相依，我们给她的昵称是"400亩地"。

在"400亩地"的工程规划设计中遇到一个难题。

靠近五支渠有块重盐碱地，刮出的盐多，淋出小盐的质量好，是张庄村最好的一块盐场，村里人称它是"刮金板"。赵俄向我们反映，社员担心如果盐碱地没改好，"刮金板"也被毁了，两头落不着。这件事可把老辛和我难住了。

雷浣群想出个妙招，"干脆把这块地留下来作'教育田'，如果盐碱地改好了，这块地可以作历史见证，教育后人；如果盐碱地改不好，'刮金板'也毁不了。"妙招一出，赵俄好向社员交代了，我和老辛的围也解了。

试验区农田工程规划设计出来了，"400亩地"的工程设计也出来了。县水利局的袁海峰工程师和两位年轻技术人员不仅参加了整个试验区的工程设计，还担当起施工现场测量、放线、打桩工作。农大老师主要是参加"400亩地"施工

前的各项技术准备。

一切就绪，只等施工了。

可是，张庄大队的施工大军迟迟没有上阵，我们心里直着急，因为工程量大，时间太紧。如果今冬冷得早，土地封冻前的压盐工序不能进行，对来年春庄稼长势和整个冬季工程效果的影响太大了。

这天下午，辛德惠、林培、黄仁安和我约了支书赵俄和大队长赵文到“400亩地”北头，铺开图纸，我又将整个工程及准备工作介绍了一番。

“老赵，时间已经很紧了，社员什么时候能进场？”我着急地问。

“石老师，有句话不知道该问不该问？”赵俄说。

“老赵，你怎么啦！挺爽快的一个人，说吧！”我接上了话茬。

“农大老师在这里能待多久？”赵俄不紧不慢，心中无底却带着几分笑容地问。

“老赵，你问这话是什么意思？”我反问道。

“过去工作组来过很多拨，这个说这么挖，那个说那么挖，来年开春就走人，什么问题也解决不了，社员很有意见。所以我才问你们能待多久。”赵俄道出心中的疑问。赵文在一旁微笑不语。

“治不好碱，我们不走啦！”我也是个敢作敢当的直性子。

“对！治不好碱不走！”辛德惠附和着说。

“石老师，我们等的就是这句话，今天晚上就开支部大会，明天上工！”直性子碰上了直性子，碰亮出火花，真有劲儿！

果然，第二天天刚亮，村里的社员推车的、扛锹的、使镐的，浩浩荡荡的施工大军进入村南的“400亩地”。农大老师们拿着图纸、标杆和测量仪器一同进入了工地。老师中最忙的是负责施工的黄仁安，他嗓门大、性子急，在地里跑得比兔子还快，东西南北地在地里指挥着，着急、发火，时而还骂人。

沟、渠、路和平整土地是主体工程，必须抢在土地上冻以前完成，以迎接“一分干”来水和进行“400亩地”的冬灌压盐（注：此处“一分干”指水渠的一个支渠）。沟、渠、路施工队就是按图纸和标桩将凌乱的田块分隔成整整齐齐的方田。支排沟和斗排沟的深度是2～3米，土方量大，特别是见地下水后的水下作业更加艰苦，主要靠民兵连施工队，不让妇女参加。

土地平整施工队的任务也非常艰巨，因为不仅地块零散，而且因过去淋小盐的盐池和土堆将地形弄得十分零碎，高低起伏很大。施工办法是根据测量的标高，先上推土机粗平，然后上铲运机起高垫低，最后由人工用土筐和小车运土找平。老师们大多参加到平地施工队劳动，特别是要按事先测好的标高检查平地质量。

“400亩地”施工中遇到的另一个难题是，其中的几小块小麦地最难伺候。因为重新规划的田块不得不将原来的麦地一分为二、为三，或是切掉一块补上一角的。这里老乡有句农谚：“发妻不可休，青苗不能毁。”于是施工中定下了一条

“不毁一株麦苗”的纪律，凡在沟渠路林放线施工的地面上有麦苗的，必须一株不少地移栽到邻近田块，田间管理环节一样都不能少。施工中对待这几块麦地，真像摆弄瓷器古董一样，就怕磕着碰着。

工地上除人力劳动大军外，那几台红旗 100、东方红 75 和铁牛 55 拖拉机牵引着的开沟犁、推土机和铲运机在工地上轰鸣着，时而大步地来回奔驰，时而力不从心地喘气冒黑烟，真能营造工地气氛。

此处所附的 3 张照片中，第一张是民兵突击队在挖四支渠时的水下作业，看他们干得多么带劲，最前面右侧第一人是大队长赵文在用锹扔土；第二张是完工后的五支渠，以及“400 亩地”北头的斗、农、毛渠施工和土地细平的现场，看这场面多么壮观和有条不紊；最下面一张是刚完工的支漳河骨干排水渠，整个试验区的主要排水通道，已经是有模有样，开始走水了。

民兵连施工队在挖五支渠进行水下作业，前排右一是大队长赵文

新完成的“400 亩地”田间工程，正在进行平地

试验区的主要排蓄水工程——支彰河骨干排水渠

平整土地的工程量很大，特别是要对付那星罗棋布的淋盐土堆，主要靠机械化施工。此处所附的平地照片组合的上面通幅照片是施工前原貌；右下是 5 台推土机在推平淋盐的土丘；左下是推掉淋盐土堆后，一台铲运机正在起高垫低地进行粗平。

机械化平地施工组图（1973 年冬）

农田的土方工程基本完成了。

如赤壁之东风，“一分干”来水了！我们赶紧部署二期工程——冬灌和盐碱

地冲洗压盐。大大小小的机泵均已整修完毕，电力到位，柴油充足，按位进入阵地。赵俄、赵文一声令下，马达轰鸣起来，沟水、渠水滚滚流入刚刚平整过的田间。低处开始上水啦，水快要漫上高处，“水漫金山”啦，几天前耸立的那些盐土小丘已是水下世界了。水层越来越厚，达到设计要求即刻停水，开始让水有充分的时间入渗淋盐，落干两天后再上“二水”，按设计使上层土壤达到非盐化要求，以备明春播种。

此处所附照片是平整后的田块正在放水冲洗压盐，这是1973年冬季农田工程的最后一道工序。

盐碱地压盐冲洗

当农大老师全力投入“400亩地”施工的时候，整个4 500亩的试验区大工地也是红旗招展、奋战正酣。这里是总指挥、县水利局王文勉局长等亲自督阵，他们太有经验了，指挥若定，有条不紊，全当是“小菜一碟”。我和老辛不时去转转，感受这里的动人场面。和我们一起去的黄仁安则不然，对工程观察入微，走到哪里都会提出一堆问题和意见，拉着一张脸，时而露出怒气，但工地上的指挥员和战斗员都服他，听他的，笑着叫他“黄老总”，王局长和河南町公社胡文英副书记总是在一旁点头微笑着。

试验区冬季农田工程正进行得热火朝天时，接到“河北省黑龙港地区地下水合理利用”科技会战办公室电话，通知我12月11～16日到衡水参加工作会议。这是我第一次正式代表曲周试验区参加工作会议，会上“各路诸侯”汇报了各课题组的工作进展和明年打算，多数人的面孔都很陌生。在此科技大会战中，曲周试验区是个“新兵”，我们起步比他们晚了半年。会上我只是简单地汇报了工作

进展和来年打算，笔记本上的发言提纲才写了四页。

我是从曲周试验区火热的作战一线直接赴会的，满身的泥土，满脑子的战斗场面，满心底的激情，人身在会上，心仍留在工地上。在我准备发言提纲时心里想：“曲周试验区的好戏刚开场，等着瞧好吧！”

会议一结束，立即赶回张庄。

1973 年冬季，试验区和“400 亩”样方的农田工程按设计如期完成，通过了邯郸地区改土抗旱指挥部的验收。两个王局长，文英、老辛、老雷、黄仁安和我一同巡视了整个试验区工地，像一场战斗结束后，指挥员巡视战场和胜利果实一样，这种感觉真好。一些正在大水压盐的地块，社员还在忙着看水、改口子。

这一年的冬天很冷，气温已经降到 -10℃，水面已经结冰，二期工程已近尾声。冬灌压盐的指挥是那个极端负责、遇事较真、一丝不苟的黄仁安。还有几天就是春节，老师们商量着回京过年的事了。老黄说：“我的事没完，你们先走一步吧。”

不想除夕当晚，老黄的爱人找到我家里：“石老师，怎么老黄还没回来？”

果然是曲周试验区的渠道决口了，为了堵住决口，老黄第一个跳进了冰冷的水里，随之几个民兵也跳了下去才把口子堵上，人人都冻僵发抖。老黄是除夕之夜，乘坐夜车回京的，少不了会有一阵埋怨等着他。

在整理三四十年前的故纸时，无意中发现了一张《400 亩样方 1974 年现状、规划与 1975 年施工示意图》，真是如获至宝。这张图记录了“400 亩地”39 年前的状况，看字迹，这份历史档案是林培的佳作。

“400 亩地”属五支渠四农渠，由三条东西向的毛渠将它截为四段，每段等分出南北向的 6 个条田，一共 24 块。经 1973 年冬季施工和 1974 年半年多的改造，轻、中、重度盐渍土及改好了的非盐渍土跃然纸上；24 块条田的每块地里种的何种作物（一年两季）都有标记，有春麦、冬麦、玉米、高粱、水稻、旱稻、枸杞 7 类。前面说到的“教育田”赫然图上，最北段自西而东的第二块地，被涂成黑色以标示仍为重盐土。

在 1975 年的施工计划中，用坐标纸规规整整地画了 5 个断面图，标注每个断面上的沟渠林路的尺寸。在 8 段文字中说明，哪里该埋涵管和修翼墙，尺寸多少；哪里该起土，哪里该填土，厚度多少；哪里该补一眼深井；枸杞地应该移走等，按图索骥即可。这张图反映了林培一丝不苟的工作作风。

这是以图纸形式记录下的1974年综合治理战果，一份珍贵的试验区历史片段。

林培，与我 1954 年一同师从李连捷教授，因为年龄比我大几岁，我一直称他“师兄”。

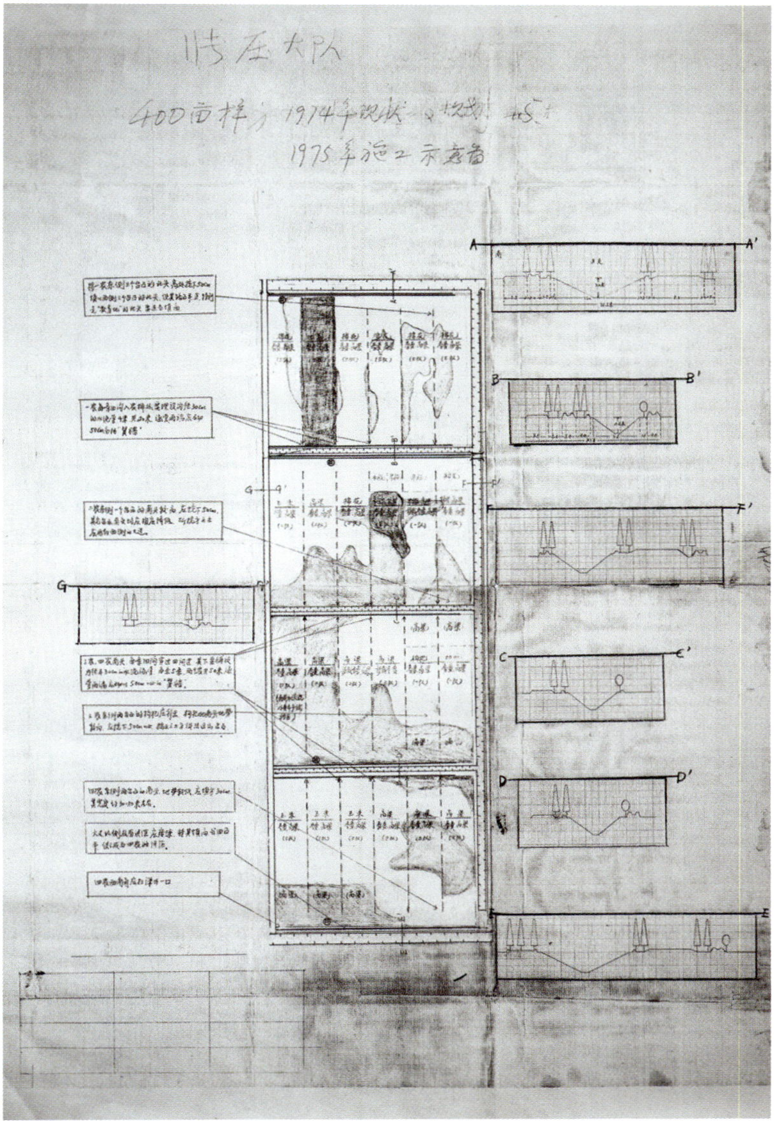

林培绘制的“400亩地”早期规划与状况图

1973年完成试验区首份工程设计后农大老师讨论分工时，说到谁负责与大队联系生产时，发言稍有停顿，因为都是土化系老师，不熟悉作物栽培和农业生产。一时间，林培抢着说：“我负责去和大队联系生产。”从此，几年下来，农业生产上的事都是由他出面。面对一个陌生的业务领域，凭着责任感与热情，林培很快就进入了角色，讲起种麦植棉，一套一套的。

“林培，这些东西你是从哪里偷学来的？”有人开玩笑地问他。

“用不着偷，向老乡学，看书本嘛！”其实有一点他自己没说，就是他的那股子责任心和钻研精神。

本回书写至此，可谓是：

试验区战斗打响，立样板四百亩地；
人畜机纷纷上阵，试牛刀豪情满怀。

7 开局年百事待举，王观澜视察督阵

1974年是曲周试验区的开局年，是我们全面组织综合治理战役的头一年。

1974年元宵节次日，我和辛德惠就登程石家庄，向黑龙港项目领导小组办公室汇报试验区去冬工程与今春打算。随即赶到曲周，参加预先约好的2月10日在张庄召开的试区全组成员会，讨论制订1974年工作计划，这可是件大事。

离开张庄才半个多月，好像已经过了许久，脑子里老是念想着这里。到了张庄，放下行囊，第一件事就是去“400亩地”。

春节刚过，天很冷。“400亩地”还是灰沉沉的，有一股冷肃之气。但是，看到那笔直规整、纵横成方的沟渠路田，平平整整的土地，我们的心马上热乎了起来。想起一个多月前，这里的人欢马啸、机器轰鸣，将一份施工图纸活脱脱地刻印在了大地上，眼前的灰沉沉景色也成了一幅隽秀的彩照。

请看，这幅照片就是1973年冬季工程后的1974年年初在“400亩地”北头拍的。有的地块麦苗出露，有的地块还被银白色的冰层覆盖，远处是深机井房，左侧是为机井房送电的电线杆。当时的天灰蒙蒙的，大地还未苏醒。

新开挖的五支渠沟底的明水结成了一道直直的白莹莹的冰线，修整平滑的沟坡被冻得紧邦邦的。一眼望去，地面上的那些大大小小的盐土“山头”不见了，土地一片平展，倒觉着有些不自然起来。压过盐的地块上，有的还覆盖着一层厚厚的冰凌，晶莹剔透，有的如浮云般的片片薄冰散布在坚实的土面之间。

陶益寿分工管压盐工作，他说：“多数盐碱地都上过两水，基本达到压盐要求；有的只压过一次水，土地化冻后还得加一水。”“如果河里有水，有的盐碱地最好压盐冲洗一次，赶上种棉花、高粱就行。”

林培是分工管大田生产的，给我们介绍了这里麦情。当时小麦尚未返青，看上去冬前是苗全苗壮，现在长势外相也不错。但是林培说：“这几块麦地都是轻盐碱地，也有中度的，虽能保住苗和上过冻水，但水量不大，今春的保苗任务很重。”

“400 亩地”透出一股冷肃之气（1974 年 2 月 10 日摄）

晚上，赵俄、赵文和几位熟识的社员来看我们，带来一些他们的春节吃食。

次日上午，文英来看我们，少不了相叙别情。随后就是下地，拜访别后的“4 500 亩”试验区的工程现场。徐街、大街、康街三个大队有 1 500 亩盐碱地，这是文英的战区，一路上他如数家珍地介绍着去冬工程以及冬灌压盐和小麦管理情况。

这天下午，我们开始坐下来讨论 1974 年工作计划，次日又讨论了一整天。

大家意识到，去冬的前哨战打得不错，但这只是个开始。1974 年是开局年，百事待举，以后更有百里之遥。下面是讨论工作时我在笔记本上记下的内容：

“沟、渠、路、田有了个轮廓，但井、机、电和田间建筑物都没到位。”

“我们的战略思想是开采浅层地下水，现在一眼浅井也没有。”

“不将咸水利用起来，开采浅层地下水就是一句空话。”

“我们的措施上去了，水盐情况如何？没有一套土壤和地下水的监测系统，我们就是聋子和瞎子。”

“有了监测系统，大批的土样、水样到哪里去化验，还得先建化验室。”

“说到底，产量上不去都是白搭！这里的农田管理太粗放，农业技术水平很差，农业生产技术必须跟上。”

“这么多事，光靠当地干部和我们这几块料哪行，还得培养当地农民，他们才是‘永久’牌的主力军。”

……

“今年是我们到张庄的第二个年头，如果没有些显著性成效，会影响群众和领导的信心和积极性的。”我们每个人心里都有着这份沉重的压力。

会上你一言我一语，现在也记不得哪句话是谁说的，但句句箴言重如千斤我都记下了；条条意见都要必办、快办和办好。

即景生情地写下了：

意气风发书生情，句句千斤论乾坤。
莫道他日蹉与跎[①]，敢为人先缚蛟龙。

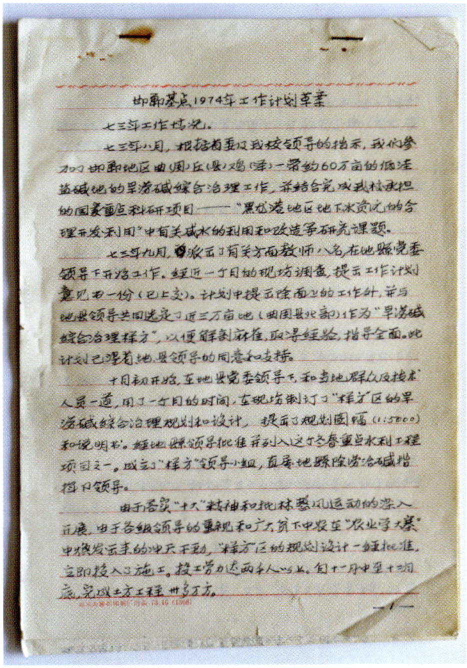
邯郸基点1974年工作计划草案

七三年工作情况。

七三年八月，根据省委及我校领导的指示，我们参加了邯郸地区曲（周）丘（县）鸡（泽）一带约60万亩的低洼盐碱地的旱涝碱综合治理工作，并结合完成我校承担的国家重点科研项目——“黑龙港地区地下水资源的合理开发利用”中有关咸水的利用和改造等研究课题。

七三年九月，派出了有关方面教师八名，在地县党委领导下开始工作。经过一个月的现场调查，提出工作计划意见书一份（已上交）。计划中提出除面上的工作外，并与地县领导共同选定了近三万亩地（曲周县北部）作为“旱涝碱综合治理样方”，以便解剖麻雀，取得经验，指导全面。此计划已得到地县领导的同意和支持。

十月初开始，在地县党委领导下，和当地群众及技术人员一道，用了一个月的时间，在现场制订了“样方”区的旱涝碱综合治理规划和设计，提出了规划图幅（1:5000）和说明书。经地县领导批准并列入这个冬春重点水利工程项目之一。成立了“样方”领导小组，直属地县除涝治碱指挥部领导。

由于落实“十大”精神和批林整风运动的深入开展，由于各级领导的重视和广大贫下中农在“农业学大寨”中焕发出来的冲天干劲，“样方”区的规划设计一经批准，立即投入了施工。投工劳力达两千人以上。自十一月中至十二月底，完成土方工程卅多万方。

—1—

这是作者整理写下的《邯郸基点
1974 年工作计划草案》

在弥漫着强烈责任感与百废待举的气氛中，笔记本上最后记下的 1974 年工作要点如下。

- 1974 年是旱涝碱咸综合治理张庄试验区的关键年。
- 1974 年工作的重中之重是全面和全力推出综合治理措施和试验。
- 试验区小麦多种在盐碱地上，去年因渍涝和种麦时阴雨，播期推迟，播种质量差，小麦保苗是今春的第一场硬仗，一定要打好。
- 抓紧抓好化验室和田间水盐运动监测网的建设。
- 抓紧创办曲周农民学校。

会后由我起草了《邯郸基点 1974 年工作计划草案》，上报到各有关领导部门。这份手写稿保存至今，此处所附照片是它的首页。《计划草案》的开始有三小段回顾 1973 年工作，这是对建立曲周试验区的背景和过程的最早和最准确的记述，兹摘录如下。

“七三年八月，根据省委及我校领导的指示，我们参加了邯郸地区曲（周）丘（县）鸡（泽）一带约 60 万亩的低洼盐碱地的旱涝碱综合治理工作，并结合完成我校承担的国家重点科研项目‘黑龙港地区地下水资源的合理开发利用’中

① “文革”中的知识分子对国家和自己的前途感到两茫然。

有关咸水的利用和改造等研究课题。

“七三年九月，派出了有关方面教师八名，在地县党委领导下开始工作。经过一个多月的现场调查，提出工作计划意见书一份（已上交）。计划中提出除面上的工作外，并与地县领导共同选定了近三万亩地（曲周县北部）作为‘旱涝碱综合治理样方’，以便解剖麻雀，取得经验，指导全面。此计划已获得省地县领导的同意和支持。

“十月初开始，在地县党委的领导下，和当地群众及技术人员一道，用了一个月的时间，在现场制订了‘样方’区的旱涝碱综合治理规划和设计，提出了规划图幅（1∶5 000）和说明书。经地县领导批准并列入这个冬春重点水利工程项目之一。成立了‘样方’领导小组，直属地县除涝治碱指挥部领导。”

《邯郸基点1974年工作计划草案》中包括生产、科研和开门办学三个部分，内容颇详细和具体，在此不作详述。

开局年，大事连连。说大事，大事就到。

接邯郸地委通知，王观澜同志3月1日要到曲周试验区视察工作，这可是件顶顶重要的大事。

王观澜，何许人也?

前些年，高校议论的一个热门话题是高校的“级别”。司局级？副部级？其实，将高校与行政级别挂钩，百害而无一益，因为它在污染着高校的本质与精神。20世纪50年代的高校，无人提过级别问题，而由于中央的重视，当时派到大学当校长的人的行政级别都很高。

且不说清华大学与北京大学，北京农业大学的校长孙晓村，以及陈漫远、王观澜当时都是省部级干部。陈漫远从中共广西壮族自治区第一书记调到北京农大当党委书记兼校长，离任北农大后又到农垦部当部长。王观澜在党内地位更高，1926年入党，1927年赴莫斯科东方大学学习，曾任中央苏区《红色中华》总编辑、中央土地委员会副主任。1934年长征中任中国工农红军第一、三军团地方工作部科长，中央工作团主任，中华苏维埃农委主任等职。新中国成立后，历任农业部党组书记、中共中央农村工作部副部长、国务院农林办公室副主任兼北京农业大学校长和党委书记，是我们非常崇敬的一位党的高级干部和农业问题专家。

“文革”期间，国务院的正常工作几近瘫痪，后成立由周恩来总理主持的国务院业务领导小组，管理全国政务，观澜同志在领导小组中分管农业，也就是当时全国农业的最高主管官员。

1972年，观澜同志协助周恩来总理主持我国北方17省抗旱工作会议；1973年5月代表国务院主持在河北邯郸召开的全国种棉工作会议。正是此会期间，他指示参会的北京农大沈其益副校长：“北京农大可以在邯郸地区的何横城搞一个

高产点，再在邯郸东北部盐碱地区搞一个盐碱地改良低产点。”这才有了沈副校长6月1日给我的电话和随后建立的曲周试验区。

高层领导到下面视察工作，一般是来看成就与经验的，而曲周试验区刚建，这两项都没有，那就别有寓意，是老校长看我们来了！给我们鼓劲来了！

3月1日观澜同志到邯郸，3日上午到曲周。

这天天气阴沉，气温很低，还刮着阵阵小风。我随同曲周县委领导一行，在离县城三四公里的曲周县界迎候。不到10点，由地委书记等陪同的车队到了曲周县境。车队停下后，我随同曲周县委韩琛书记迎到观澜同志车旁，问是否到县里休息一会儿。观澜同志说不用了，直接去张庄吧。他坐的是一辆高级小轿车，县委的车队在前面开道，后面是从邯郸来的车队，车队很长，浩浩荡荡的，这可是这片盐碱滩上从未有过的大场面。

张庄最体面的房间，也就是去年秋天迎接我们的大队部，现在是农大老师的工作室。两三天前我们就开始“打扮”起来，简陋倒是无妨，难的是这间房子与室外四通八达，室内外温度一样，太冷。最后是从村里找来两个大火盆，紧靠观澜同志座椅，一边一个，将炭火烧得红旺旺的。因为农大老师都知道，观澜同志体弱多病，当年已是68岁高龄，一定要照顾好他。

观澜同志的精神很好，很高兴，我们仍叫他“王校长”，习惯了。他与我们一一握手，嘘寒问暖：“生活得怎么样？苦些吧！”

大家坐定后，邯郸地区农委常华庭副主任和沈副校长先后汇报了试验区筹建和去冬工作情况。观澜同志询问了不少问题，最后讲了话。我主动承担了记录工作，希望一字不漏地把每句话都记下来，因为这是历史性的一刻。以下是根据我的笔记摘录的几段。

“河北省的潜力很大，有庞大平原，其中一部分是低洼盐碱地区，也就是黑龙港地区。主席提出了一定要根治海河，国务院讨论过几次这个问题。一方面是河搞得宽些把水送出海，但是工农业用水又不够，必须要蓄，还有低洼盐碱问题，这个矛盾怎样解决？”（观澜同志开门见山地把旱涝盐碱问题点出来了。作者注）

“听说张庄一带，‘冬春白茫茫，夏秋水汪汪，只听蛤蟆叫，不见粮归仓’。但是这样的地区有画美丽图画的条件，机械化、修公路，什么都方便，搞好了人不是往外走而是往这里流。产量不是四百斤、五百斤、六百斤，而是过长江的问题，这个地方的潜力大得很。”（作者注：试验区三年就实现了观澜同志提出的“过江”指标。）

“地种不完荒了多可惜，有的地方不一定种粮食，可以发展一些适宜的东西，如种树、枸杞、枣树、吸碱的沙枣等。畜牧也要发展，粮食充足了，资金解决了，

富裕一些了，畜牧业就更有基础发展了。农林牧副渔一定要全面发展，要综合利用。”

“农大的同志是来帮助工作的，不是把棋子拿过来自己下，必须要让走棋的人自己下。低洼盐碱地区怎么搞？要搞个典型，但是要他们自己动手。开门办学，培训技术干部都是必要的。”

“农大在这里大有前途，要努力工作，这是真正为群众为国家谋福利。你们好好地搞一搞，作一个总结。这个地区大得很，还有邢台、衡水、沧州……下个决心好好搞，把人的力量、机械的力量都充分发挥起来。”

观澜同志走后，大家激动的心情一直平静不下来，都说观澜同志真是来给我们鼓劲、雪中送炭的，嘱咐我们协助曲周工作。

次日，农大老师全组学习讨论观澜同志讲话，谈感受。辛德惠的发言有代表性，他说：“关键是我们要摆正我们的位置，就是接受再教育和当好参谋。但是也要有主人翁态度，克服临时思想，下决心完成这个大事业。”林培说：“要注意处理好几个关系。学校与基点的关系、参谋与主人翁的关系、生产科研教学三结合与以生产为主的关系、长远与当前的关系。”发言的还有黄仁安、戴汝良、周长海、蒋以超、常月帆、周斐德等，在我笔记本上都有一一记录。

为了落实观澜同志讲话精神，邯郸地区和曲周县于 3 月 13 日召开了曲周试验区的社队干部会，研究试验区的田间工程及麦田管理；地委还召开了邯郸地区东北盐碱低产 5 县的汇报和工作会议。

好雨知时节，润物细无声。

曲周试验区刚建立，观澜同志就来视察，反映了他对这个试验区的重视与期望，及时雨般地给曲周试验区和邯郸东北部 70 万亩盐渍土地区的综合治理工作以鼓舞和力量。

本回书写至此，可谓是：

开局年百事待举，重中重组织战役。
王观澜视察督阵，亲叮咛辅佐曲周。

8 情报网建设在即，化验室刻不容缓

一会儿抗旱，一会儿防涝，一会儿出盐碱，在黄淮海平原，为什么人们总是顾此失彼，如此被动呢？

因为“对手”活动频繁，变化无常，人们又缺失情报搜集系统，更不掌握水盐活动的动向与规律，怎能不被动挨打。

前面刚说到去冬“前哨战”里的重盐碱地冲洗压盐，问题就来了，灌了多少水？淋走了多少盐？哪种盐类淋得多，哪种盐类淋得少？多少盐分被淋到土壤下层？多少盐分又进了地下水？冲洗压盐对地下水水位与水质会产生怎样的影响等。要说清楚这些问题，就必须有一套搜集水盐运动的情报系统，专业术语叫“水盐监测系统”。

在曲周试验区，每上一个治理措施，如冲洗压盐、咸水灌溉，浅井抽水等，都必须分别建立水盐监测系统，了解该措施产生怎样的水盐动态效果，和应采取的下一步措施。为了掌握在无人为干预条件下的自然态水盐运动规律，还需要另建一套监测网点，进行长期定位观测；为了掌握排灌蓄三结合的深沟及灌渠的水状况，需要另建一套地上水定位监测系统等。

如果要了解整个试验区旱涝碱咸综合治理的整体效果，并做出客观分析与评价，就需要采取地块的“水盐平衡法”建立一套更加复杂的监测系统，即先用2米以上的深沟将监测区与区外分开，切断与区外土体的水盐来往。然后在平衡区内按要求布置土壤（分层）水盐监测点和浅层地下水位和水质观测孔，每月观测一次，雨季和上重大措施时还需加密监测。这种方法如同是切出一块方方正正的豆腐或蛋糕放在案上，观测自然状态及综合治理措施影响下整体的水量变化和运行状况；易溶盐的盐量和盐分组成上的变化，增加了多少或是减少了多少？哪里增了或是减了？哪些盐类多了或是少了？原因是什么？最后还要算出总账，作出综合评价。

曲周试验区的水盐运动观测场东西长3 600米，南北宽1 000米，有504个足球场大小，如果按2米厚的土层质量是1 000万吨计算。这可是一块巨大巨重无比的“豆腐”或“蛋糕”啊！

为了监测这块巨型“蛋糕”的水盐动态，我们每年春 4 月和秋 9 月两次到现场将不同程度的盐斑画在图上，再按要求设点取 2 米深的分层土样，化验其含盐量与盐分组成。实地画一次盐斑图和取样约需 10 天时间，还要给化验室送去大批的土样和水样。1974 年、1975 年和 1976 年连续三年，一年两次的现场画盐斑图都是我亲力亲为的，后来才有助手可以依靠。为了与张庄一代试验区对照，我指导的研究生陈焕伟于 1978 年以同样方法与标准，在第二代的王庄试验区作了对照和检验性的地块水盐平衡研究，这是对另一块巨型“蛋糕”的水盐平衡的再研究。这两块巨型“蛋糕”水盐平衡研究的技术性成果在《黄淮海平原的水盐运动》一书中设有专章介绍。

只有建立了情报搜集系统，才有可能掌握到水盐动态的可靠情报，做到“知己知彼，百战不殆”。越是现代化战争，情报搜集越重要，搞科学研究也是如此。

观测员在做麦田气象和地下水水位水质监测

此处所附照片是观测员在麦田测空气干湿度，可提供干热风预报数据；此照片右上角照片是观测员观测地下水水位及采水样以了解地下水水质及化学组成，请注意田埂旁的地面上有一个埋在地下的深达 3 米以下的地下水观测孔。

下面说说建化验室的情况。

上面说到搜集水盐活动的情报需要定点定时采集土样和水样，而土样和水样只是水盐信息的载体，必须转化为数字才能解开信息密码。如何转化为数字？非化验室不可为。

再好的枪支，没有子弹就是废铁。子弹就是数字，再好的作战方案，没有充足的子弹就是纸上谈兵，化验室就是生产“数字子弹”的“军工厂”。

建化验室是1974年开年的第一件大事。要建化验室，离不开一个人——周斐德，土壤教研组的土壤分析课老师。这年春节，对周老师的敦请得到了她的首肯；后又见到教无机化学课的戴汝良和教物理化学课的蒋以操两位老师，他们也对曲周试验区的工作感兴趣，乐意参与。

“我能去吗？”没有想到的是有机化学课的周长海教授也来问我。

“周老师，我们求之不得，太感谢您了！”我赶紧抢着说，好像怕他改变主意似的。

“不过，张庄那里的生活条件太差了。”我补充了一句。

“你们能过，我就能过！”周教授当时快60岁了，是我们的师辈，给我们讲授过物理化学和胶体化学课。

有了这几位老师，化验室就算成了。他们开了一大张需要准备的仪器设备和试剂清单，我拿去求助土化系副主任赵襄，经他批准后，就到土化系仓库里去挑去选，不够的到石家庄或邯郸去买。

周斐德是春节后2月9日和我们一同第一批到张庄的，其他三位化学老师将家事安排停当后，于2月28日也到了张庄。四位化学老师一到张庄就紧张地忙起了化验室筹建工作。

化验室的房间在哪里？想来想去，只能是原来的大队部，当时我们的工作室。这是张庄最大的房间，仪器设备勉强能摆得下，化验人员勉强能活动得开。

难题是这间透雨、透风、透光的“三透房”，人尚可住，作化验室不行。

化验室化验的重要项目是盐分，而吹进屋的尘土里也含盐分，这样测定的结果可信吗？另外，房间顶棚的落土问题更大。这里盖房的房顶处理一般是在椽子上铺一层秫秸，再糊上一层厚厚的掺有石灰的含盐泥土，再铺上瓦片。石灰和含盐泥土都是化验室的大忌，平时落在人的头上、身上和饭碗里倒也罢了，而落在化验室的任何一个地方都是绝对不可以的。

和大队干部商量的结果是，房间的内墙、外墙重新用泥浆抹上一遍，凡门窗有缝处都用胶纸糊上，门上挂厚布帘子；房顶用塑料布吊个顶棚，接住掉下的盐土粒子，隔一段时间清理一次。有同志风趣地说，这房子下铺油毡，上覆塑料顶棚，如同“未央宫”一般，连韩信都不敢进来。试验台是用县里专门批拨下来的木材，从县里请来的木匠高手打造的，尽管远远达不到化学试验台的要求，但已经能让我们开展工作了。

下一个问题是谁来化验？化验的样品很多，工作量极大，靠几位化学老师是做不过来的，他们是教练员而不是运动员，所以培养当地化验员成为当务之急。

挑选当地化验员的消息像引爆的彩花弹，附近公社和大队的多少青年人都在仰望着它的光彩，希望能有一天到张庄化验室里，穿着白大褂和农大老师一起摆弄试管和三角瓶，这是他们多么向往和梦寐以求的事情啊！当然，选拔条件很

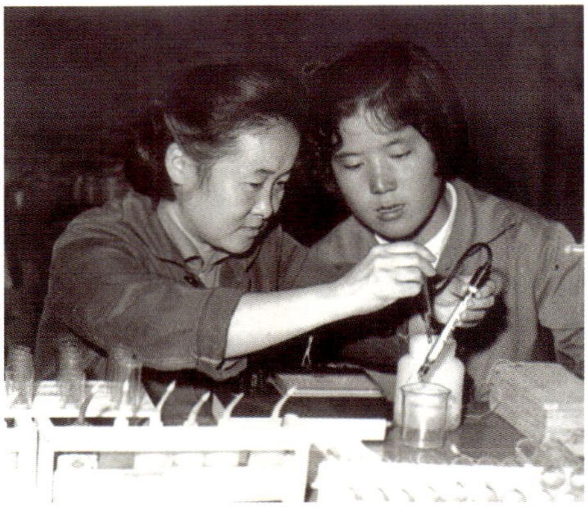
周斐德老师手把手地教新招收来的化验员

严格，如文化程度、年龄、家庭情况等。农大老师两眼一抹黑，还得靠公社副书记胡文英帮我们物色和把关。

试验区大街大队的大队长沈凤岐，50多岁，曾是南下解放广西的四野部队的一位连级干部，娶了一个广西姑娘，复员后回村当大队长。一天我们正吃着午饭，老沈带着当时才16岁的儿子沈广成来见我。他拉着我的手说："公社同意我家广成跟农大老师学治碱、学化验。石老师，我把广成交给你们了，他要不听话，你们打得骂得，打断他的腿，我不会说一句话。"我们的农民就是如此地朴实和真挚。广成在曲周实验站工作了近40年，后来成为中国农大的一名正式员工，现在快退休了。前文观测取样组合照片右上角小照片中取地下水样的就是沈广成。

此处所附照片，是周斐德老师正在手把手地教从村里招来的化验员，看她们两人多么的认真。下面一张照片是1976年新建的化验室，已经像点样子了。照片上从左到右的8位土化系老师是李韵珠、林培、陆锦文、石元春、黄仁安、雷浣群、邵则瑶和周斐德。因为这几位都是长期和多年驻守曲周试验区的，故自称"常委"。

农大老师们和1976年的新化验室

本回书写至此，可谓是：

善战者知己知彼，情报网建设在即。
为战者重在军工，化验室刻不容缓。

9 办农校培训农民，育人才千秋基业

“农大的同志是来帮助工作的，不是把棋子拿过来自己下，必须要让走棋的人自己下。”观澜同志叮嘱我们的话时刻记在心中。

“让走棋的人自己下”的长远之计是办农民学校，培养当地人才，组建一支“地方武装”。

办农民学校是1974年开年后的又一件大事。经过反复讨论，我们写了一份《邯郸基点开门办学的初步意见》，上报给地区、县和学校领导。

办学的主导思想是以2.8万亩“邯郸地区曲周县旱涝碱综合治理试验区”为田间课堂，教学、生产和科学研究结合，做到出产量、出科研成果、出人才。办学的体制是在邯郸地区和曲周县党委统一领导下，由地、县主持，地、县和北京农大老师组成的办学领导小组主持日常工作。培养对象是县以下不脱产或半脱产的“赤脚”农业技术人员，使之成为农业战线上有社会主义觉悟、有文化的劳动者。

主要办学形式是一年制长训班与专题短训班相结合。以旱涝碱综合治理为主要内容的一年制培训班，要求学员学习期间不脱离本队生产劳动和工作，离队学习时间约占1/4，离队学习期间给以适当补助。要求做到既是学校的学员，又是公社社员、生产和科学实验活动中的技术员。

1974年招生地区以试验区所在大队为主，照顾曲周县北部四个公社，之后逐步扩大招生范围。教师除北京农大老师外，还聘请农民教师及有实践经验的技术人员授课。

1974年的旱涝碱综合治理培训班招收学员30名，学习时间为1974年3月至1975年3月。主要学习内容如下：

1. 在当前农村开展的“批林整风”、批判资本主义倾向的阶级斗争第一线，开展阶级教育和路线教育。

2. 学习盐碱土方面的基本知识以及土壤调查和土壤盐分、地下水水质简易化验技术。

3. 学习盐碱土上几种主要作物的保苗增产技术和其他农业改良措施，并结合学习土壤养分速测技术。

4. 学习旱涝碱综合治理中水利措施方面的有关设计和施工方法，并结合学习有关田间测量技术。

5. 学习土壤水分方面的基本知识以及查墒验墒、抗旱保墒技术。

6. 学习衡水小王庄及其他“少用水、夺高产”的先进灌水技术。

曲周农民学校 1974 届教学计划安排（草案）

	天数	次数	主持人	参加人
（一）三月上旬				
☆ 小麦返青调查及保苗	10	2	毛、林	贾业、常、周
（二）三月中下旬	20			
☆ 1. 样方规划及施工		1	辛、石	贾
2. 土壤调查（盐碱地播种方法）			林、石	常、辛、贾、陶
☆ 3. 小麦拔节调查及增产措施		1-2	毛、林	贾业、常、周
（三）四上—五月中，春播保苗，抗旱保墒阶段	40			
☆ 1. 春作保苗（高粱、棉花）		2		
2. 土壤水及抗旱保墒		2	常	林
3. 灌溉技术与制度（小王庄经验）		1	陶	贾仁
（四）五下—6下，三夏阶段	30			
☆ 1. 麦收及小麦保苗增产经验总结		1	毛、林	
☆ 2. 绿肥（夏季）		1	毛	贾
3. 田埝蓄淡和排咸换淡		1	常、辛	辛、石、常
（五）7上—8上，雨季阶段	30			
☆ 1. 春作保苗抗旱总结		1	林、毛	
2. 除涝标准及排水系统的设计及清整		1	陶	贾
（六）8中—9上	30			
1. 水平排盐除涝效果的调查和小结		1	陶	贾
及田埝蓄淡结合科研项目			常	石、辛
2. 排咸换淡效果的调查和小结		1	辛	常、石
3. 绿肥产草量的调查		1	毛	贾
（七）9中—10中，旱涝碱综合治理规划设计阶段	30			
1. 规划设计的原理和方法		2	陶	贾、辛、石
2. 施工现场设计规划，（集中）实习性质			陶	贾、辛、石
☆ 3. 小麦播种		1	毛、林	贾
4. 学习测量及施工放样		1	贾	陶
（八）10中—11中				
☆ 1. 小麦冬前调查及管理		2	毛、林	
2. 全面总结				

主要内容：①小麦及春作的保苗增产

②绿肥的种植和改土培地（学习氮分类及速测技术）

③盐碱土及改良基本知识，学习土壤调查技术（有集中实习）

④旱涝碱综合治理的规划设计及施工，学习测量技术（有集中实习）

⑤土壤水分知识和抗旱保墒，学习查墒技术。

有☆号者，可结合现场会教学进行，共九次。

自三月上旬至11月中旬共260天，教学活动21次，约12天一次，另有土壤调查及旱涝碱综合治理规划设计施工，二次集中活动，二次共约10-15天。

曲周农民学校 1974 届教学计划安排（草案）

为一年制培训班学员开设了盐碱土的诊断、盐碱土保苗增产及农业改良、水利土壤改良、抗旱保墒四门课程，随生产及科学实验的进程安排。备课采取专职教师、兼职教师、老农和社队干部相结合的方法；教学采取启发式、讨论式、“兵教官、官教兵”的方法。

这么多学员来上课，集中教学期间还有吃住等问题，张庄村肯定不具备这些条件。县委的意见是把学校设在离张庄村南3里多地的原劳改农场。

“文革”之初，邯郸地区公安系统要建一处劳改农场，曲周北部的大片盐碱荒地区当然是最好选择。反正劳改犯有的是劳动力，打多少粮食并不要紧。即便如此，这片盐碱地还真“不给面子”，无论劳改农场和那些劳改犯怎么折腾，地里就是不长庄稼。公安系统不得已将劳改犯人迁走，地仍是白花花的盐碱地，却留下了一大片八九成新的房子和一个大院落，此处不是办农民学校的最佳去处吗？

1974年的3月20日，曲周农民学校开学了（当时叫曲周农民大学）。

邯郸地区农委常华庭副主任主持了开学典礼，他在讲话中说：

“办学要为无产阶级政治服务，与生产劳动相结合。现在是老师送学上门了。过去在北京办学，现在在农村生产第一线办学，这本身就是执行毛主席革命路线。所以，从邯郸地委、曲周县委、公社党委和大队党支部一定都要大力支持。”

“由于旱涝盐碱的危害，这里的农民祖祖辈辈受穷。三町村有两千多亩地，最高产的1967年才打了1万斤粮食，主要靠淋小盐卖钱买粮食。这一带的农民政治上翻身了，经济上还没翻身，我们一定要把地改好。为什么过去老是改不好？不是群众没有经验，而是缺少科学知识。现在农大老师给我们送科学知识来了，一定要好好学习。”

“要选拔懂政治、有文化、爱科学的又红又专的青年来学习。公社一定要派一名副书记或副主任参加学习和带好队，让每个学员都能认真学习。”

事后，大家都说常副主任英明，有了一位公社副书记或副主任带队，肯定能将学员管理得井井有条，个个都会认真刻苦地学习。

另外一种办学方式是专题性的短训班，如农机手和农村机电人员短训班、果树管理员短训班、植保员短训班、畜牧兽医员短训班等，学习时间一般在一周左右，规模有大有小，灵活机动。1974年，共办班22次，参加学习达2 063人次。先后有19位有关专业的农大老师参加授课。

在1974年创办农民学校之初，有一件事是值得我们铭记的。

我和林培读研究生时的导师李连捷教授，中国科学院最早的学部委员（后改称院士），于1974年2月24日与沈其益副校长一同到了张庄，后来在张庄蹲点，参加试验区各项活动。令人难忘的是，李教授以66岁高龄，始终坚持参加田间劳动，在平整土地中一人推独轮车运土。农民学校开学，主动担任教学，下面的照片就是他在田间指导学员观察麦情。这几个学员如果知道指导他们的是全国著名的一级教授、中国科学院学部委员，该会感到何等的荣幸！下面的另一张照片是学员在田间学习土壤养分速测方法。

李连捷教授给培训班学员现场讲授如何分析麦情

培训班学员在田间练习土壤养分和盐分的速测技术

曲周农民学校经过一年的试运行，受到学员、县社队领导及老师们的普遍称赞。

1975 年的 4 月 8 日正式召开了校务会的筹委会，推选了曲周县委副书记马洪宾为主任，王文勉（曲周县水利局局长）和石元春为副主任，委员有张子平（丘县领队）、杨洪业（鸡泽县领队）、毛达如、冯生俊、张俊民和赵俄；管理人员有张玉民（曲周县文教局）、王秋山（曲周县委办公室）、孙朝先（曲周县农林局）和关爱琴（曲周县水利局）。日常工作挂靠在曲周县水利局和文教局。

新成立的校务委员会上，马洪宾主任在总结发言中指出："这是按毛主席教育思想办的一所新型学校，一定要当大事来抓。"这是当时地方领导在会议上的

一种表态和向下面布置工作时常用的一句话，在基层很管用，说与不说大不一样。

老师和工作人员这几天一直在紧张地准备着，包括教室、宿舍、食堂、篮球、排球、乒乓球等。

1975 年 4 月 13 日，第二期旱涝碱咸综合治理班开学了。开学典礼后的第一堂课是毛达如老师讲小麦栽培，讲到了小麦的品种和生长特性，从出苗、拔节、孕穗、扬花、灌浆讲到籽粒形成；讲到了如何辨别小麦的旺苗、壮苗、一般苗和弱苗，如何用"样方调查法"科学测产等。内容丰富，深入浅出，有理论，能实用，可操作性强。下午带学员到麦地实习。学员们听得非常认真，带队干部反映强烈，说这样的课过去只有在北京才能听到，现在送到我们家门口来了。至今，毛老师的讲课提纲还被保存着。

林培讲玉米栽培，黄仁安讲农田水利，黄业海讲肥料和施肥，常月帆讲盐碱土，我讲旱涝碱咸综合治理，马洪宾副书记讲政治课，常华庭副主任讲形势课，等等。此外，随着一年中旱涝碱咸综合治理和农田作物管理过程的需要，邀请了地县技术人员和北京农大在校的有关课程老师讲课。二期班的第一次集中教学到 4 月 25 日结束，共两周。结束前布置回队后的"实践学习"任务，下次集中教学时要交回队实践学习的作业。

1975 年的"五上五下"教学中的第四次集中学习的重点是冬季农田基本建设，是综合治理旱涝碱咸的核心课。学员带着问题来学，回队要做本队农田水利施工的技术员。县水利局局长和技术员是此次集中学习的主讲教师。

第五次集中学习是全年总结与结业，于 1975 年 12 月 27 ～ 31 日进行。先用两天时间，由十多位学员汇报交流了他们按第四次集中学习的布置，参加本大队今冬农田基本建设实践学习的情况和收获。29 日去临西参观，30 日传达邯郸地区科技工作会议精神后，学员交流学习心得。

最后一天，31 日是结业式。先是由我做全年教学工作总结，我在笔记本上记下的开场白是这样的：

"老师们！同学们！我们的第五次集中学习开始了。同学们从 40 个大队又回到了学校，济济一堂。你们来自三大革命运动第一线，带来了你们在农业学大寨中的丰硕成果，在你们的交流中喜报频传。"

然后概括和总结了临西、大言寨、温庄等外县，以及曲周县的张庄、高庄、大街、袁庄等学员报告的成果。总结的第二部分是回顾全年教学内容和教学方法；第三部分是谈收获、讲不足和明年的设想。

最后是邯郸地区农委常华庭主任讲话。他再次强调这是一种新的办学模式，是学习延安抗大办学思想和精神的结果。学员一定要从政治思想、业务技术和生

产实践三方面认真总结自己的收获。今天向你们颁发了邯郸地区曲周农民大学的结业证书，这是一件非常有意义和值得纪念的事。各个县社带队的同志回去后要写一份总结报告报县委。1976年的办学规模还要大些，初步定在正月初十开学。

结业式后照了一张集体照，照片上端写着“邯郸地区曲周农民大学除涝治碱班合影留念，1975.12.31.”，这是1975年最后一天的一次值得留念的合影。自下而上的第二排左起第7人是常华庭副主任，他的两侧是曲周县长赵迎和我，第10人是林培，第12人是黄仁安，第13人是李韵珠。照片的背景即原劳改农场给这所学校留下的教室。摄影后，中午饭打牙祭，饭菜丰盛，学员们其乐融融。

第二届一年制培训班结业时的合影（1975年12月31日）

照片上写的是“曲周农民大学”，这里还有个小故事。

在张庄，老师们端着饭碗，凑在一起吃饭时最热闹，是聊天抬杠的好机会。

“我认为叫大学不合适，这样就与传统观念中的大学混淆了。”此话颇有些道理。

“为什么不能叫？不是明明指的是农民大学而不是农业大学吗？”此话也有道理。

在谁也说不服谁，在辩论难分难解时，戴汝良老师一语定乾坤：“按现在的观念，什么叫‘小学’，就是小孩来学；什么叫‘大学’，就是大家来学。”一言既出，众人再无高论可言。

按此方式，1976年、1977年及以后每年一直办了下去，不过随着形势变化，办学方式和内容也在不断改变和提高。学校名称改为了“曲周农民技术学校”，校长仍是曲周县委书记马洪宾。下面的照片是1985届的合影，此照已大不同于

7 年前的那张，背景墙依旧，照片已由黑白进步为彩色，女学员的穿着也花俏得多，表情丰富得多。照片中前排座左起第 6 人是黄仁安老师，第 5 人是马永良老师，第 4 人是翟志席老师，后来任中国农业大学党委副书记。

第 12 届一年制培训班学员合影（1985 年）

下面照片的左边是 1982 届的一位学员袁文学的结业证与成绩单。结业后的袁文学爱上了农民教育，于 1984 年以民办形式在曲周办起了三年制的“河北农民中等专科学校”，右半部是该校 1987 年给学员陈洁发出的毕业证书。

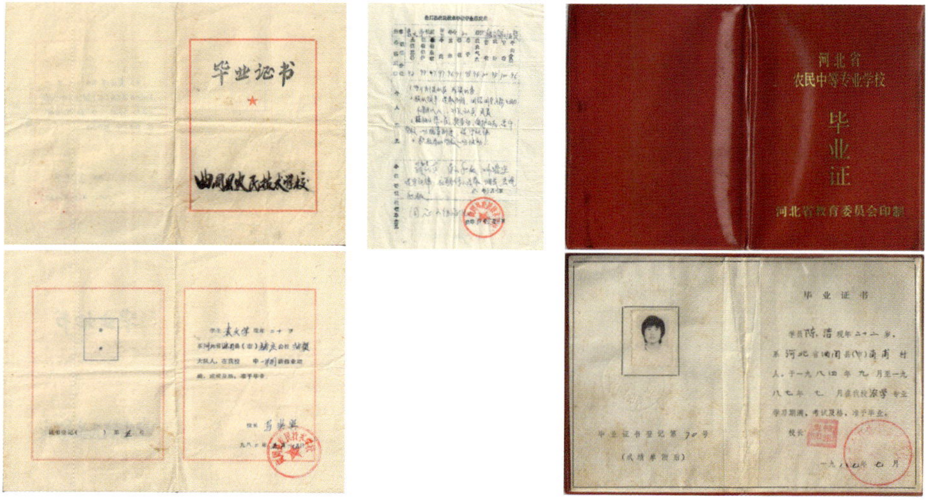

曲周农民技术学校及河北农民中等专科学校结业证和毕业证

“江山代有才人出，各领风骚数百年。”

本回书写至此，可谓是：

办农校培训农民，逾十载持之以恒。
深改革民办中专，育人才千秋基业。

10 抖秘籍综合治理，摆阵势以正相合

1973年冬打响了前哨战、1974年上半年组建化验室、部署水盐情报网、创办农民学校等等，都是围绕一个中心任务——综合治理旱涝碱咸！

1974年是曲周试验区向旱涝碱咸全面开战的一年。

在《黄淮海平原的水盐运动》第4章按语中有这样一段叙述：

“如果说1973年秋进驻曲周试验区后的冬季农田基本建设工程的设计与施工是一次‘前哨战’的话，那么1974年的旱涝碱咸综合治理试验就是我们打响的第一个大战役。现在重读38年前的这份技术总结报告，运用浅井－深沟体系，综合治理旱涝碱咸，稍显粗浅，但却是非常实在，非常壮阔。它是一份最早的，按照我们的总体试验设计思想进行的，真正意义上的，书写在4 500亩大地上的一次大规模旱涝碱咸综合治理试验的技术报告，是一份具有保存价值的历史科技档案。此次试验全面体现了‘突破咸水禁区，以浅井深沟为主体，农林水并举’的旱涝碱咸综合治理的指导思想。第一年就将主要措施全部投入试验，不想当年就显出了如此骄人的成效。”

与文艺工作者一样，科学工作也需要激情，有时甚至需要“狂热”。

面对黄淮海平原旱涝碱咸对人们的作弄与困扰，当时我们就曾下过这样的决心，只要将旱涝碱咸视为一体，通过科学调节水盐运动就一定能把旱涝碱咸给镇住。这已是一股强烈的激情与冲动，驱动着我们1974年的大胆试验与实践。

为什么说是对旱涝碱咸的全面开战呢？

因为当时在河北以至黄淮海平原其他地方从事灌溉、除涝，治碱、改土的试验点不少，因囿于专业领域与门户之见，有的重灌溉，有的重排水；有的重地上水，有的重地下水；有的重水利改良，有的重农业改良。我们来自高校，比较超脱，只凭认知与理念，该咋办咋办，该上啥措施上啥措施。再说，综合治理不是把各种措施加在一起的“什锦炒饭”，而是将旱涝碱咸视为一个有机整体，抓住水盐运动这个病根，进行“辨证施治”的。

本书第 5 回“苦思索作战方略，精谋划首份蓝图”中已经介绍了我们的综合治理的理念和作战方略，即“旱是水少，涝是水多，土壤盐渍化是地下水位太高，旱涝盐碱和地下咸水是一个复杂的水盐运动系统，要摸清水盐运动规律，进行科学调节与管理”。

水盐运动如何实行科学调节？科学理念如何转化为实践措施？作战方略如何成为作战方案？

黄淮海平原春旱夏涝，季节性水少和水多，需要作水量调节，要灌要排也要蓄，做到灌排蓄协调还不致引起土壤次生盐渍化，这是个很大的难题，过去就是因为“头痛医头，脚痛医脚”，所以总是走不出顾此失彼的怪圈。

曲周试验区旱涝碱咸实行综合治理的系统工程设计方案如下。

试验区处在滏阳河灌区上游，冬季与早春有渠水过境，要抓紧边灌（冬灌和早春灌）边蓄。但水蓄在哪里？平原蓄水万万不可，我们设计了一套灌排蓄三用的深沟系统（2.5 ～ 3 米），冬季和早春以蓄水灌溉为主，春灌结束立即退水，将地下水位降下来，减少土壤返盐，深沟更可用于雨季排水。为了提高排除雨季农田沥水能力，另布深 1 米左右的浅沟系统，统称为调节试验区地上水量的“深浅沟系统”。

系统工程设计方案的中心环节是布置浅机井群，开采利用浅层地下水，可增加灌溉水源，更重要的是在抽取中降低地下水位，起到抑制春季土壤返盐、预防雨季渍涝与接纳蓄存雨季降水的作用，它是调节区域水量与地下水位的中心与枢纽。曲周试验区是浅层咸水区，需要进行咸水利用与淡化试验。由于总体灌溉水量尚不能满足农田高产需要，需合理布局深机井以补充，且与浅井配合进行咸淡水混灌轮灌。统称为调节试验区水量与地下水位的“浅深井系统”。

系统工程设计方案中的重要环节是农业技术措施，包括平地、压盐、施有机肥、培肥土壤、良种、耕作、化肥、植物保护和田间管理等，对巩固工程措施效果和较快提高作物产量具有重要作用。此外，为改善农田生态环境和多种经营，农田防护林网建设不可或缺。

综合治理旱涝碱咸的系统工程设计方案中，浅井与深沟是核心与骨干，故概括为“浅井深沟体系，农林水并举”11 个字。方案中，治理对象是综合的，治理措施也是综合的，是一场“海陆空立体战”。

此外，为了对复杂的综合治理体系和水盐运动的科学调节与管理，还必须建立水盐监测系统，要打好“信息战”。

以上是科学理念向实践措施和作战方略向作战方案的转化，还必须有具体的工程设计，如干支斗农四级沟与渠的平面布局、间距、深度、边坡；深浅机井的合理数量、井深与平面布局，还有田间道路、桥涵、护田林带、电力网等，这些就是我们的“首份工程设计书”的任务了。

对旱涝碱咸全面开战中剩下的最后一个问题是战术问题，具体怎么个打法。

《孙子兵法》有云："凡战者，以正合，以奇胜。"意即以正兵对阵交合，以奇兵取胜。

下面是按综合治理的作战方案，我们在曲周试验区摆开的"以正合"阵势。

一是深机井5眼、浅机井27眼，深浅机井结合构成的井组，可提高抗旱、防涝、治碱和改咸能力；二是挖深沟7 000米，动土15万方，深沟间距1 000米，深3～4米，具灌、排、蓄三种功能；三是修灌渠8 000米，兼灌溉排咸双重功能；四是修浅排沟18 000米，可及时排除地面沥水；五是平地和压盐2 500亩、亩施有机肥2～3车、良种良法、精耕细作等农业技术措施。

完善的深沟系统，可以提高蓄积支漳河水的功能，加以深浅机井组的咸淡水混灌轮灌，并通过防渗处理的灌溉渠系和土地平整以提高灌溉水利用系数，从而保证了试验区农业高产用水的需要，旱的问题解决了。深浅沟排水系统的设计足以预防30年一遇的渍涝；浅井可以将地下水位调节到最有利的抑制土壤春季返盐和雨季脱盐的状况；农业技术措施体系可巩固田间工程效果和尽快将农业产量搞上去。

以此阵势对付旱涝碱咸，应有七成胜算。

如果再有一支"奇兵"成功出手，可获以少胜多、速战速决、牵一发而动全身之奇效。

"奇兵"在哪里？突破咸水禁区！开发浅层咸水！

以"浅井群"这支奇兵，去突破咸水禁区，唤醒那千年沉睡于地下的咸水，可增水源、控水位、抑返盐、促脱盐、防渍涝与自身淡化，以带动综合治理战役的全局。如果没有这支奇兵，"以正合"的战斗就会打得非常艰难，战局会推进得很慢，战绩会大打折扣。

这支奇兵是否能"成功"出手，还需天助加人勤。

什么是"天助"？如果水文地质条件不佳，抽取浅层地下咸水不能有效调控地下水位，"奇袭"计划只能作罢。

1974年早春，地还没有开冻，打第一眼浅井的钻机就拉上去了。井位就设在"400亩地"西北角的"刮金板"旁，我们躺在床上就能一眼看到井架。县水利局派来的打井队，过去都是打三四百米的深井，这次打40米深的浅井，"小菜一碟"。

雷浣群负责做抽水试验。出水量多少？单位储水量的地下水位降深多少？矿化度多少？易溶盐的离子组成和酸碱度如何？一切都要等待成井后的抽水试验，特别是出水量和对地下水位的影响的试验结果。

结果是令人满意的，矿化度低于7克/升，水为微碱性，属微咸水或轻度咸水，每小时出水量30～40立方米，这是1974年春天的第一个大喜讯。第一尊"红

衣大炮”造出来了，随后又打了两眼，结果相近。于是按 4 500 亩试验区的布点，一气打了 27 眼，可以满足通过浅井调控地下水位的要求了。我们的战略武器，即由 27 门“红衣大炮”组成的浅井方阵部署上去了。

什么是“人勤”？如果抽出的咸水不能被利用，就只能为降低水位而抽排，群众接受程度就差，会像综合治理蓝天上飘动着的一片阴云。

对！咸水利用问题一定要解决。

试验区布置了棉花、小麦、玉米、高粱、田菁 5 种作物的咸水灌溉试验，还有咸水种稻与咸水压盐试验。从灌进多少咸水？带进多少盐分？到原来土壤里有多少水和盐，咸水进入土壤后，土壤里的水盐走势和变化如何？不同作物的耐盐极限，同一作物不同生育期对咸水灌溉的反应如何？等等，都做了仔细观察和监测。

咸水利用试验连续进行了 5 年，在 1983 年出版的《黄淮海平原的水盐运动和旱涝盐碱的综合治理》一书中，周斐德、黄仁安和我合写了一章“地下咸水的利用”。该章中我提出了咸水灌溉中的“三看”诊断法，很实用。在 1976 年春天，邯郸一带大旱，曲周试验区的这一套咸水灌溉技术被地区性推广应用。

下面的平面图是曲周试验区的农田工程概貌。东边是排灌蓄结合的支漳河；西侧是引水的一分干灌渠，北南以深沟 5 支渠和 6 支渠为界，面积 4 390 亩。试验区所在的 5 支渠含 6 个斗渠，部署深井 5 眼和浅井 27 眼。6 支渠以南，设有无任何综合治理措施的对照区。

组图中，上部两张是深井和浅井抽水时的照片。你们看，深井与浅井出水量的大小多么不同，分别是每小时约 120 立方米和 30 立方米。下部的照片形象地介绍了这套综合治理工程系统中的深浅机井群、深浅沟与灌溉排水系统，用于人工调节试验区的水盐运动。

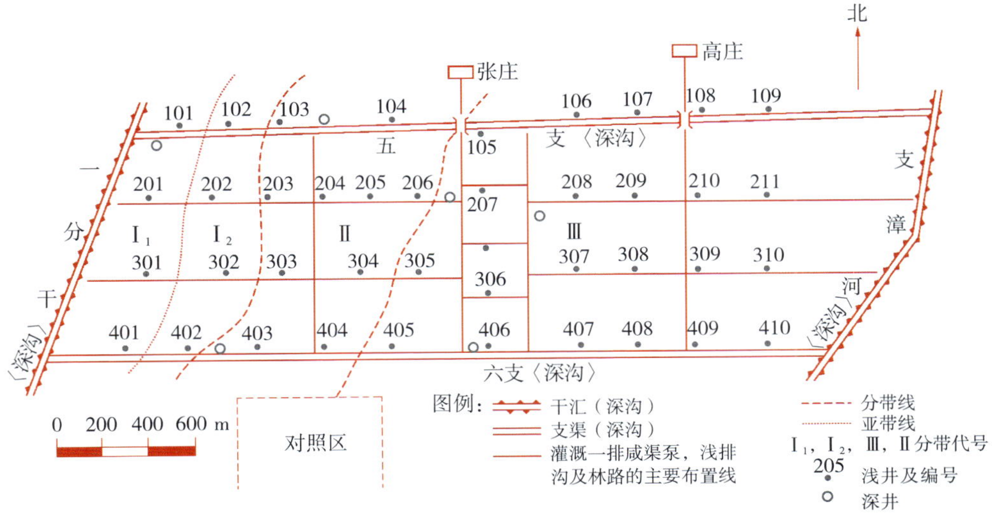

旱涝碱咸综合治理曲周试验区田间工程（深浅沟系统与深浅井系统）平面布置概图

深浅井群、深浅沟以及灌排系统均用于调节试验区水盐运动

本回书写至此，可谓是：

下战书旱涝碱咸，摆阵势全面开战。
以正合工程严整，布奇兵红衣炮阵。

11 出奇兵战绩喜人，靠科学镇住老碱

1974年综合治理的战况如何？

先说“红衣炮阵”。

1974年部署了两次“出击”，第一次在雨季前抽水17天（6月29日到7月15日），第二次是在雨季中抽水35天（8月1日到9月4日）。浅井群中的24眼群炮齐鸣，24条水龙翻舞了52天，很是壮观。

雨季前抽出的咸水多用于抗旱抢播和压盐灌溉；雨季期间抽水是为了观察浅井抽水调控雨季地下水位、提高土壤脱盐及防涝能力的效果。为此，在试验区外的同样条件下设置了雨季不抽水的对照区，看看两者在地下水位和土壤盐分方面表现有何差异。

先看“红衣炮阵”在调控地下水位方面的战绩。

1974年雨季，7月10～30日的20天里，自然降水160毫米。未抽水的对照区W_{15}观测孔的地下水位由3.02米很快上升到1.71米，直至雨季后的9月上旬，水位始终维持在1.4～1.6米，这正是自然状态下雨季产生渍涝、土壤脱盐率低下以及雨季后迅速返盐的危险地下水位。

浅井群抽水试验区则是另一番光景。第一期17天的抽水中，地下水位下降了0.6～1.06米，地下水位深达3.2～4.1米，土壤返盐近于停止（土壤返盐的临界地下水位深度约2米）。7月中旬降雨160毫米后，距抽水井50米的E_6和E_9两个观测孔的地下水位由3.2～3.5米回升到2.6米左右。8月1日第二期抽水8天后，地下水位又迅速回落至3.5米以下。也就是说，整个雨季都能将潜水埋深稳定在3.5～4.0米，即试验区整个雨季里的地下水埋深都处在有利于防涝、土壤脱盐和雨季后不会产生返盐的状况下。这是个成功的数字，是个令农大老师们兴奋无比的数字。

按这样的潜水埋深状况，即使月降水量400毫米，农田也不会产生渍涝。整个雨季里，试验区和对照区的地下水位一降一升，地下水位相差1.6～2.5米，调控效果太明显了。可见，“红衣炮阵”在强制性控制地下水位上的威力是何等强大，这次“奇袭”的效果非常好。

雨季里，一次正下着滂沱大雨，我和雷浣群商量，去巡查浅井抽水现场（查哨。我们穿着雨衣雨靴，一路泥泞，来到现场。浅井管理员对我们说："石老师、雷老师，24 眼井没有一个'趴窝'的，水出得可欢啦！你们快回去吧。"

下面看看"红衣炮阵"在雨季土壤脱盐方面的战绩。

"红衣炮阵"是通过调控潜水位来促进土壤脱盐和抑制土壤返盐的，水盐动态监测网及时传来所需信息。在未抽水的对照区，雨季初期土体上部出现脱盐，但 7 月下旬后到整个雨季，随着地下水位上升和顶托，土体就不再继续脱盐了。而在有浅井抽排的试验区内，整个雨季始终保持深地下水位和土体持续脱盐状况。根据 1974 年雨季后的 9 月 9 日观测资料，曲周试验区的两个土壤监测点的 2 米土体脱盐率分别是 54.9% 和 10.1%；而对照区的两个土壤监测点分别是 1.9% 和 –13.1%（即积盐）。浅井抽排对土壤脱盐的效果如此突出也是我们始料不及的。

再看"红衣炮阵"在地下水水质方面的战果。

安静沉睡了千百年的地下咸水，1974 年被"红衣炮阵"搅醒了。在这块 4 500 亩面积的试验区里，24 眼浅机井抽了 52 天咸水，又接纳了自天而降和经土体进入到地下水的水分和盐分，这么大的动静，它能安然不醒不变吗？

浅井抽水的水化学变化监测资料是辛德惠负责整理的。他在报告中详细记载和描述了试验区群井抽水全过程中，咸水在矿化度和离子组成（碱含量、Cl^-/SO_4^{2-} 比、Cl^- 含量、钠吸附比）的动态资料。老辛在报告中写道：

"这一带咸水面的坡降约 1/6 000，近乎停滞状态。每年雨季，雨水将盐碱土中的部分盐分淋至咸水层的表部，使之矿化度增加。旱季，咸水又通过土体蒸发浓缩。由于这种频繁的交换作用，使咸水层上部形成了一个矿化度较高的水层。据多点观察，咸水层表部的矿化度多在 10 克 / 升左右，而以下的咸水矿化度多为 5 ～ 7 克 / 升。群井抽水时，每个井都形成了一个降落漏斗，井管中动水水位和周围潜水位之间的落差，使得咸水层上部的高矿化水层在抽水时，首先向井中移动，故而抽水初期矿化度较高，随着这个高矿化度水层的逐渐消失而井水开始变淡。"

"24 眼井经两期抽水后，19 眼井水矿化度已降至 5 克 / 升以下，表现了淡化趋势。另 5 眼仍维持在 5 ～ 7 克 / 升。"

"这个长期沉睡地下，近于停滞的咸水，一经浅井抽取，加速其运动，打破了原来的平衡状态，它就迈出了淡化的第一步。在今后进一步的抽咸和大量补淡过程中，定能更加快其淡化步伐。"

（《黄淮海平原的水盐运动》第 4 章）

以上是"红衣炮阵"在防涝、土壤脱盐和咸水淡化三方面的战报。数字告诉我们，在综合治理初期，浅井群抽水无疑是一种大强度、高效率的脱盐防涝措

施，是一支综合治理旱涝碱咸的“奇兵”。

完善的深浅沟及灌渠系统，使支漳河水得以充分利用，加以5眼深井和27眼浅井的咸淡水混灌、轮灌和咸水压盐，使整个旱季里试验区用水无虞，“干旱”在试验区开始远去。1974年七、八两月降水（283毫米）近于曲周县多年平均值而无渍涝，按计算，即使达丰水年的400毫米以上仍游刃有余，“渍涝”在试验区开始远去。通过浅井对地下水位的调控，2米土体脱盐率为10%～55%，比自然态提高10～50倍，还有80%的浅井水质开始淡化。曲周试验区已全面开始和以较快速度进入旱涝无虞、土体脱盐与咸水淡化过程。

科学观测数据向我们报告：“旱涝碱咸综合治理1974”之战的战绩骄人。

可是，地里的庄稼长得怎么样？这很重要。

1974年春天，曲周试验区和“400亩地”在利用一分干和支漳河来水又进行了一次大水春灌和补充压盐的同时，狠抓了麦田保苗、春耙追肥等农田管理措施。待小麦返青拔节时，张庄盐碱地小麦已保苗八九成，随即每亩追施拔节肥20斤尿素，绿油油的麦苗茁实硕壮，张庄和大街村社员的眉头舒展开了，心里美滋滋的。这也惊动了四邻八村的老乡，来观者众。

麦收时的震动就更大了。

这一带盐碱地区麦收时有这样习俗，因为自家麦地没有多少麦子可收可打，妇女和孩子们常到附近村好麦田的地头蹲着，等主人收完后进到地里拣拾麦穗（这是允许的）。过去张庄社员是去外村拣拾麦穗的常客，今年变了，张庄麦地地头却围着许多外村来的拾麦者。

这是一种象征和宣示。原来，盐碱地是可改的，改好的盐碱地照样能长出好小麦，这是对盐碱滩农民的一种无声的宣传与动员。

麦子收割后，套种的玉米露出了身影。由于土壤里盐分不多，地力充足，墒情也好，几天后就齐刷刷、绿油油地向上拔高，看上去令人喜不自禁。村民也不用再担心雨季受涝，做好田间管理，就等着秋粮丰收吧。

看看1974年的技术总结报告里是如何记录农业生产方面战果的：

“试验区的张庄大队粮食总产由历史最高水平31万斤（1971年）增至60万斤，单产达到463斤。1970年以前，张庄大队平均每年需国家供应商品粮食约4万斤，1974年向国家交售商品粮食11万斤。皮棉也由单产20多斤提高到57斤。试验区的大街大队粮食总产也由历史最高水平的13万斤增至24万斤，单产450斤。这两个大队的粮食产量当年就翻了一番的变化对这一带产生了良好影响。”

粮食产量当年翻番，好大的气派！

田间工程及旱涝碱咸综合治理措施与指标具有基础性和长远性意义，而庄稼

长势和产量则更加直观和对农民有很大影响力。过去这里盐土堆林立，草稀苗不长，而现在沟渠路纵横，田方地平可以产生很大感染力；过去这里“种一葫芦打一瓢”，而现在的庄稼苗壮籽满，产量当年翻番“上纲”，更能给农民以震撼和冲击。

过去这一带老乡们常说的是：

“碱是天生的，盐是地长的，能治早就治好了。”

“碱有根，盐有源，是改不好，治不完的。”

现在却流传着：

“那可不一定，听说从毛主席身边派来了高人，把张庄千百年的盐碱地给镇住了。在祖祖辈辈都不长庄稼的老碱地上，长出了可好的麦子，不信你们去看。”

传言里的“高人”，指的就是“科学”。

试验区，特别是那“400 亩地”开始热闹起来。试验区附近三村六屯的农民来这里看麦子和玉米的很多。有的老乡还问：“我们村是不是也可以参加试验区？”

张庄村里也有件趣事。

上面曾写道，“400 亩地”施工中保留“刮金板”作“教育田”的事。后来“教育田”两旁地里的麦子和玉米绿油油，齐刷刷的，很是亮丽抢眼，而“教育田”里仍是白花花的盐碱和凌乱的土丘，怎么看都别扭。

“社员们说，这块教育田搁在村前，太扎眼，不如种上庄稼，怎么样？”赵俄又来找农大老师反映民意了。

“‘刮金板’不要啦？”我问道。

“现在谁还想那‘刮金板’了，想的就是多打粮食。”赵俄有些不好意思地笑着说。

这些且按下不表，就说这一年里的措施和整理出的数据可是派上大用场了。

“石老师，刚才县里来电话，问你这两天有没有时间，立身书记想找你谈谈。”一天，和我们一起在张庄蹲点的水利局王文勉局长向我转达县里来的电话。

“王局长，你知道要谈什么内容吗？”我问道。

“行！我给你再问问。”王局长大大咧咧地说。

“要你谈谈张庄改碱的经验和科学道理。”不一会儿，王局长又传来补充的信息。

李立身当时是曲周县委副书记，次年任书记，40 岁上下年纪，高高个子，文质彬彬的。

我本打算给县委汇报试验区情况，正是时机，于是在笔记本写了汇报提纲，记下的日期是 1974 年 9 月 25 日。汇报提纲是这样写的，先是介绍盐碱地成因、演变、特性和治理的基本思路，随之介绍张庄试验区的“浅井深沟体系，农林水并举”，最后是汇报 1974 年的进展和粮食产量。这是老师讲课用的常规套路。

9 月 29 日，我和王局长一同到县里汇报，除立身书记外，还有副县长赵迎、

县委办公室主任赵金钟等在座。

“石老师，张庄试验区改碱的影响很大，你能给我们讲讲是怎么做的吗？”

既然书记让我讲，我就按笔记本上拟好的提纲，打开话匣子，讲课般地说了起来。幸亏立身书记原本是管文教工作的，他不仅不烦，还津津有味地提了不少问题。

立身书记最后说：

“石老师，今天你给我们上了一堂盐碱地改良课。此前水利局的同志也能向县委汇报一堆的数字，但是他们讲不出个道理，理不出个头绪来。”

原来，我们当老师的这点优势用在了这里。

“下个星期县里开水利工作会议，部署今冬明春的农田水利工程。你能不能在大会上做个报告，就照你刚才那么讲。”看来，我的汇报被立身书记面试通过，给我下达任务了。

1974 年 10 月 4 日，曲周县召开水利工作会议，县、社、队三级干部参加，好几个分会场，有一千余人。我在大会上讲了个把小时，水利局的小李做了速记，整理出长达 2 万字的记录稿在案。现在看看这些内容，确实起到了对“浅井深沟体系，农林水并举”的汇报、介绍和宣传作用。

大凡在农村搞科学实验的同志都知道，你的成果能得到地方领导的认同非常重要，因为他们是“司令员”，推广与否和力度如何都决定于他们。那时总结工作经验时常用的一句套话“领导是关键”，确实没错，可以不算套话。

1974 年的小试牛刀，证明这把刀是管用的、锋锐的。如果说成功，主要是这套综合治理理念和措施的成功；如果说收获，主要是收获了“信心”，农民的信心、领导的信心、农大老师的信心。

1974 是开局年，试验区有了一个好的开局；1974 年是关键年，试验区取得了关键性的成功。在整个过程中，试验区曾频频向曲周县委和邯郸地区发出“战报”。

7 月 6 日发出了上半年的“邯郸地区曲周基点‘咸水改造利用’科研项目进展情况汇报”；9 月 2 日发出的“曲周县咸水改造利用试验研究工作简报”，报道了咸水利用及浅井群抽水试验情况和阶段成果；11 月 12 日发出的“利用改造咸水，综合治理旱涝碱咸试验工作初报”，报告了全年咸水利用改造试验及在综合治理旱涝碱咸中的作用。

试验区在《初报》结束语中写道：“旱涝碱咸综合治理的中心是地下水的调节与控制，而浅井是调节控制浅层地下水的最有力的工具和手段。”这是我们最早根据科学试验和治理实践结果提出的重要思想和观点。

此处所附三份报告都是我手写原稿，也许熟悉我笔迹的同志会问：“这是你写的吗？”没错！在“文化大革命”期间，我的一项重要革命工作是刻写钢板，习惯写“钢板体”，不同于以后的手写体。

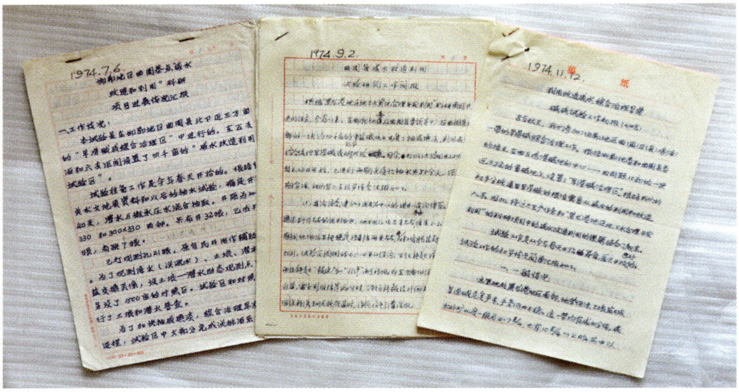

1974 年我手写的三份报告

1974 年底和 1975 年初我们就开始全面整理 1974 年战役的正式报告和技术总结了。1975 年 1 月写了“运用浅井－深沟体系，综合治理旱涝碱咸”的初步总结；4 月 15 日正式向省、地、县及学校递交了“运用浅井－深沟体系，综合治理旱涝碱咸科研课题 1974 年度工作汇报”；6 月 9 日代曲周县委起草了向邯郸地委的报告，即“关于曲周县北部‘旱涝碱综合治理区’工作报告”，报告最后提出了“治理区”1975 年农田工程初步计划。

1975 年春节后，我和老辛等驻点农大老师就根据去年整理的试验材料，以论文形式撰写最后的技术总结，于 5 月交稿，7 月发表在华北农业大学（“文革”期间北京农业大学改名为华北农业大学）《教育革命通讯》1975 年 1 期上，题目仍是“运用浅井－深沟体系，综合治理旱涝碱咸”。此处所附照片是 1975 年上半年的两份报告（左侧）和该杂志封面及该文首页（右侧）。这是曲周试验区将已经写在大地上和农民心中的“文章”，转录成的文字论文，也是曲周试验区正式发表的第一篇论文，作者是土化系曲周基点。

1975 年的两份报告和曲周试验区正式发表的第一篇论文杂志封面及论文首页

本回书写至此，可谓是：

除四害辨证施治，学兵书以正相合。
布奇兵战功卓著，靠科学镇住老碱。

12 论成败产量为上，种麦场人机比武

如果旱涝碱咸四项治理指标都有上佳表现，但庄稼长得不好，产量没有显著增长，是美中不足吗？非也！是综合治理的战略目标未能实现。旱涝碱咸的表现只是综合治理的战术目标，而农业产量才是战略和终极目标。同样，如果飞机、大炮和信息化战果骄人，但步兵与刺刀冲不上去，达不到攻城略地目的，能算取得最后胜利吗？

故而，论成败最终以产量为上，曲周试验区始终是这么认为的。

从 1973 年冬季农田工程到 1974 年收秋，也就是试验区的第一年，张庄和大街两个大队（其他大队仅部分田块在试验区，不好统计产量）的粮食产量就能翻番“上纲”，主要应归功于综合治理旱涝碱咸基础上的农业技术措施，是“步兵”攻城略地的“斩获”。

曾记得，1974 年 2 月 10 日农大老师返回张庄讨论 1974 年工作计划时，虽百事待举，但首先讨论了林培提出的盐碱地小麦保苗计划；3 月 6 日专题讨论了毛达如提出的作物障碍诊断和营养诊断工作计划；3 月 16 日全组听林培传达了邯郸地区盐碱地小麦保苗工作会议内容，一起制订了试验区的小麦保苗措施。保不住麦苗，其他成果数据都会显得苍白。

全面抓农业生产技术措施是曲周试验区的一个法宝。

下面是 1977 年汇集 1974—1977 年的试验和实践总结出的，适应于盐渍地区的一套农业技术体系，或称“攻城略地十招式”。

（1）平整土地。拳家有云：“未习打，先站桩。”同理！无论是综合治理或是农业生产，必先平地。地不平就谈不上灌溉、压盐、改土、施肥，更谈不上机械农作。平地不是一蹴而就，要从粗平、细平到精平，是多年练出的基本功。

（2）播前压盐。盐渍地区作物生产的一大难关是保苗，保不住苗一切无从谈起。要保苗，一定把盐分消减在播种之前，即播前压盐。即使雨季后种麦，如盐化程度较重，仍需播前压盐。

（3）深耕和增施底肥。这是改善作物根系主要活动层（土壤上部约 30 厘米的土层）的物理和化学状况的基本措施，且有助于土壤脱盐和抑制返盐。增施底

肥以有机肥为主，辅以化肥。

（4）选用良种。品种是农业生产的基础，试验区初期的小麦、玉米等作物品种多而杂，经与当地农民讨论，根据土壤肥力及盐渍状况选定了几个当家品种。忌盲目追求高产和需高水肥条件品种，选用品种可随土地和生产条件变化不断调整。

（5）种植密度与种植方式。科学的种植密度与种植方式是重要的增产环节，这一带农业生产力和技术水平较低，对种植密度与种植方式很不讲究。通过曲周农民学校等形式对科学种植方式和合理密度做了大量宣传和普及工作。

（6)播种防虫。盐渍地区土温一般较低，既影响幼苗生活力，又降低耐盐性，故春播宜晚，秋播宜早。此外，盐渍土肥力低，宜用种肥；蝼蛄为害重，需药剂拌种。苗全苗壮是下一步田间管理与增产的基础。

（7）田间管理。必须做到坚持补苗，力保全苗；及时“开苗”，中耕定苗；适时追肥，力促壮苗；以氮为主，重视补磷；治虫防病，全年植保的全套田间管理措施。这一带盐碱地区的田间管理相当粗放，这套措施的增产空间很大。

（8）冬灌与春灌。盐渍地区的灌溉，不仅为满足作物的水分需要，还可稀释土壤溶液和调动上层土壤盐分。冬灌和春灌十分重要，但掌握不好也会造成多种负面作用，要特别注意适地、适时、适量。

（9）土壤培肥。综合治理的本质是消除农业生产的各种障碍因子，土壤贫瘠是重要障碍因子之一。在综合治理的同时，必须种地与养地，治理与培肥结合，使土壤越种越肥。在提高施肥质量与数量中，注意突出有机肥和绿肥。

（10）机械农作。机械农作不仅是为了适应这个地区人少地多的需要，也是提高传统农作质量的需要，是发展现代农业的需要。不能因当地生产与产量水平低而忽视积极推行机械农作。

以上 10 个招式的内容很丰富，如能像太极高手一样，高质量和连续运作这些“招式”，当季当年准能立竿见影地让作物产量大增。

为了使这套“招数”建筑在更为科学的基础之上，试验区推行了一套田间诊断技术，像医生作出确诊和开处方前需要做什么血常规、透视、CT、核磁之类的诊断项目一样。盐渍地区田间诊断的主要内容是土壤盐分及养分，含播前诊断、作物各主要生育期诊断，以及盐分与养分引起的障碍性诊断三个部分。具体诊断方法亦可见于《黄淮海平原的水盐运动》书第 3 章。

此处一组四幅照片是 1974 年拍摄的，可从中得到一些现场印象。

宣传和推行各项农业技术措施，社员都比较好接受，而推行机械农作的难度则比较大。下面说说 1974 年秋天推行机械化播麦的故事。

1974 年麦季丰收了。麦收结束不久，赵俄和赵文就时不时地和农大老师讨论秋后种麦的事。种麦一时成为我们热议话题，中心人物是林培，他是负责联系

试验区部分农业技术措施摄影

大队大田生产的。从麦田的底墒、底肥、犁耙等土地准备到小麦品种、播量、行距、播种方法等我们都讨论得很仔细，其中对机播的争议最大。

我曾经在北京农大涿县农场四区队当过几年分管农业生产的副队长，什么播种机、中耕机、收割机、推土机、平地机都上过，对小麦机播是深信不疑的。但这次讨论中有老师提出，我们刚建试验区不久，立足未稳，这里又从未用过机播，万一失败了，影响很不好。这种想法不无道理。

一次，我向赵俄、赵文提出挑几块地试试机播小麦，二赵没有反应。在我二次提出时，赵俄沉不住气了，说："石老师，去冬今春大搞农田水利基本建设时，我们用了推土机、铲运机、平地机和开沟犁，效果很好，社员没意见，因为那是粗活。种麦子可是细活，播种摇楼是要靠楼把式（指有专门掌握摇楼技术的老农）的，不是谁都干得了的，祖祖辈辈都是这样。这活儿连一般人都干不了，机器能干吗？"

"老赵，人干不了的，机器不一定干不了。我们学校涿县农场的小麦都是机播的。"我顶上了一句。

"你们那里不是盐碱地。咱村里的楼把式，知道地里哪里盐轻，哪里盐重；哪里该播深点，哪里该播浅点；哪里该多下籽，哪里该少下籽，全靠楼把式的经验和两只手抖落那张楼，机器能行吗？"赵俄越说越来劲。他讲得很有道理，我

也有点懵！是啊，机器包的饺子就是不如手工饺子好吃。

“老赵，你看这样行不行，挑一块地试试？”我的信心没有开始那么大了。

“行！试试！出不好苗重新补苗，再不成毁了明年种春玉米。”赵俄不好太驳我面子，但脸上又露出了他那自信和带着几分狡黠的笑容。

我的外号是“石头”，是个不撞南墙不回头的主儿。

但这事非同小可，赶紧回校搬兵。先是找到农机教研组主任施森宝，他选派了周旺兴老师出马，因为农机教研组的每个老师都有自己的“专精”，机播小麦可能是周老师擅长的。她亲自到农大涿县农场挑了一台满意的小麦播种机，带着各种工具和应急备件直奔张庄而来，助手可以从大队拖拉机手里现挑。

学校已经安排涿县农场将播种机运送到张庄。周老师也来到了张庄。我和林培又详细介绍了情况，带她到地里看了一遍又一遍，讨论了一次又一次。

几天后，周老师对我说，准备得差不多了，可以试播了。

这是一个秋高气爽的下午。

这一带老乡头次见播种机，非常新奇，开始时是围观播种机，有的议论说：“用这个大家伙播麦子行吗？”多数人都投下了怀疑的目光。

不一会儿，老乡围观的重点变了。

周旺兴是位女老师，不到40岁的年纪，精干、壮实、爽朗，说话底气十足，带湖南口音。当一切就绪后，她对助手说：“发动机器。”机器突突响了几声，随后就不停地轰鸣起来。周老师英姿飒爽地一步登上了“铁牛55”，推动启动杆，拖拉机带着一个偌大的播种机徐徐地行走了起来。此处所附的第一张照片就是拖拉机牵引的小麦播种机。周老师在前面驾驶拖拉机，英姿飒爽。播种机后站立的两个小伙子负责掌控播种机，播种机后是覆土镇压和轻耙。下面一张照片是林培和大队长赵文在及时检查机播小麦的质量。

周旺兴老师在机播小麦试验

林培和赵文在检查机播小麦的质量

围观的老乡中，一些竟舍观播种机而眼睛盯着周老师开拖拉机的英姿。很快，周围四里八乡传开了一条新闻："老婆开拖拉机啦！"

"老婆"在当地是泛指中年妇女，重音在"老"字上，而且拖音很长，"婆"音短促，发出即收。在农村，开拖拉机向来是男人的专利，哪有妇女，更何况是"老婆"开拖拉机的？这股冲击力比机播小麦还大，也算是额外收获吧。

当时心情最紧张的应当是我。试播完的周老师刚下拖拉机，还在掸着身上的尘土，我就凑了上去。

"行吗？"

"还行。"

晚饭以后，全组开会，听周老师讲试播情况。

"这里的土壤是沙壤质，播前的平、耕、耙、耱的土地准备质量达到了要求，所以播种质量应该能够保证。"

"地里盐碱程度不同，是不是会影响播种质量和小麦出苗？"林培迫不及待地问。

"如果有很重的盐斑，机播没法解决，我看耧播也解决不了。如果是中轻度盐碱地，问题不大，可以适当加大播种量。"

"你觉得机播与耧播比较，有什么优点吗？"林培又盯着问。

"与耧播相比，机播的行株距和播深能控制得很好，开沟、点籽、覆土、镇

压、耙耱是连续作业，出苗后的镇压、中耕、松土都可以用机械作业，从整体上看会比耧播要好。”

“周老师，能与耧播比试一下吗？这样对社员更有说服力。”我小心翼翼地问。

“为什么不可以？”周老师回答很不经意，显得信心十足。

我去找了赵俄。

“老赵，昨天机器试播你看怎么样？”

“我看还行。不知道出苗情况会怎么样。”

“如果出苗还行，可不可以选几块条田，每块条田耧播一半，机播一半，做一次机播、耧播的对比试验。你看怎么样？”

“这个主意好。”赵俄是个很能接受新鲜事物的人。

事情就这么定下来了。

老辛、林培、赵俄、赵文和我一起到“400 亩地”去选 3 块条田，要求是土地平整较好，盐碱较轻，记得当时选的是 4 农靠马路的西头的那 3 块条田。在周老师亲自指导下，把播前的土地准备工作做好，整地质量一定要高。

这个上午，天气很好，来观看的人很踊跃。大队干部全来了，河南町公社也来了人，当然不会少了胡文英副书记。张庄挑了两位扶耧高手，年龄都在 50 岁上下，很精神，也是信心满满的。周老师的拖拉机和播种机早做好了准备。越接近准备就绪，气氛好像越加地紧张起来。两部耧和一架播种机已经在最西边那块条田南面的地头摆好了架势，现场观看的人多集中在这里。

“准备好了吗？”赵俄问了一声。

“准备好了”回答说。

“开始吧！”

比试开始了。周老师开着拖拉机，一定要走直、走稳、走匀；播种机后面站着两个播种手，注意种子箱的下籽情况，不时用手搅动，以保证下种均匀和防堵。从耧播这边拉耧的是村里最壮的骡子，由一名年轻社员牵着，后面是耧把式扶耧，根据地情、土情将耧下得深点、浅点，摇动得轻点、重点。耧把式对一旁的拖拉机和播种机似乎没有感觉，显得十分潇洒自信，并不把大机器放在眼里。

个把钟头就先后播完了。机播地的土面平整细匀，十分受看，因为在开沟播种后，有覆土、镇压、轻耙三道工序联合作业。而拉耧的牲口很难走得很直，远看上去总是有些弯弯曲曲的，播后的覆土镇压工具简陋，又无轻耙工序，所以地面远不如机播地平整好看。但这不重要，因为比试的不是好看，而是出苗质量。

播种后，周老师没事人似的干别的去了。林培和我却像兜里揣着只小兔子，上下直扑腾。天天到地里扒土看种子发芽情况，顶土会有困难吗？比对孕妇产前胎检还精心。

几天后，麦苗陆陆续续地钻出了地面，一天比一天多，已经看出机播麦地

里，行直、棵匀、苗壮，出苗率9成以上。眼见尚不为实，必须用教科书上规定的“样方法”分别测定机播与耧播的苗情才能得出最后结果，林培兴奋地忙了起来。测定结果是机播显著优于耧播。

从此，试验区种麦再也离不开播种机了。

“老婆开拖拉机”的周老师在这一带已声名远扬。

本回书写至此，可谓是：

论成败产量为上，显秘籍十招制胜。
种麦场人机比武，驾铁牛不让须眉。

13 起风波封杀浅井，辛德惠单刀赴会

正当我们为1974年的辉煌战绩踌躇满志，为“浅井深沟，农林水并举”邀功的时候，一盆冷水从头到脚地将我们浇了个透心凉，一时间天空上布满了滚滚乌云。

此事还得从头说起。

1975年的北京仍是过着每人半斤猪肉和半斤花生（带皮）和二两瓜子的春节，但一家人聚在一起，还是其乐融融，温暖无比。

正月初五，曲周试验区的农大老师就在北京的家里开会，讨论部署1974年总结，当时叫“过革命化春节”。

没想到省地下水领导小组办公室也见缝插针，下来通知，3月6～10日在衡水召开黑龙港项目的工作会议，要求各个试验区和课题组做好准备，汇报1974年的试验成果和1975年打算。这是曲周试验区第二次正式参加“河北省黑龙港地区地下水合理利用”国家科技会战项目汇报会。

曲周试验区1974年的旱涝碱咸综合治理试验，立意新颖，工作实在，成果丰硕，汇报一定不会逊色。但好马也要配好鞍，还得拿出了十二分力气做好准备，汇报由我和辛德惠负责，其他老师仍各司其职，各忙各的。越总结内容越多，越感到靠文字与讲述不足以表达（那时没有幻灯机，更没有PPT），灵机一动，搞一套展览版面，图文并茂，又专业又科普（领导也很需要科普），效果一定好。我和老辛都是“想到一出是一出”，敢想敢干，说干就干的性格。

搞个展览，谈何容易？何况只有不到十天时间，太紧了！

在曲周县，搞展览最有经验的当然是县文化馆。我们和馆长李国光很熟，他常到张庄拍照，但还是先去求助马洪宾书记。他满口答应，说他去安排。因为那时候，只要有“书记发话”，下面会好办事得多。

2月25日，我和老辛在县文化馆安营扎寨下来。文化馆专门腾出了一间够大的专用工作室，请来了六七位画家，其中有一位是临时从县中学请来的美术老师，他们的名字现在都记不得了。工作室里很冷，难为了这些画家，让他们冻手冻脚的。我和老辛下榻县招待所，吃住不愁，每天往返于招待所与文化馆之间。

当时搞展板全是手工作业，哪有现在用电脑那么方便。版面是木框加七合板

订制的，木匠师傅一气做出了20多块。美工人员先打底裱糊，然后才能在上面作画写字和裱贴照片。重要的是出“小样”，就是提出每块板面的内容及初步构图，当然，这是我和老辛的活儿了。

此时，虽然已经有了1974年试验的技术总结文字初稿，但是将其中的曲线、数字和图表转化为简明易懂，图文并茂的展览板面还是要颇费一番工夫的。在前言板面之后，设计的第一块版面是“向旱涝碱咸宣战”，接着是“坚持综合治理—抓住主要矛盾，水！”“浅井深沟体系的构成”“灌排蓄结合，旱涝碱并治”“利用咸水，抗旱增产”“建立地下水库，抗旱除涝”“防止土壤返盐，加速土壤脱盐”“抽咸换淡，改造咸水”等，最后一块版面是“促进农业大上快上”。

何以我能记得如此清楚具体？因为有幸从故纸堆中翻找出了此次展览的部分“小样”。

整个汇报展览的标题是“运用浅井深沟体系，综合治理旱涝碱咸”，老辛和我想来想去，没有比这更贴切的标题表述了。我们商量在每块版面的最上端都写上这个通栏的总标题，它是曲周试验区此次汇报展览的中心思想。

从2月25日到3月5日我们与画家们一起干了一个多星期，最后一天晚上是通宵，招待所专门给我们送来了热汤面当夜宵，一次难忘的美味。

3月5日，晨曦已经在窗外露头，画家们将最后审查过的版面打包好，回家休息去了。我和老辛一人躺在一条长条板凳上，和衣而卧，昏昏沉沉，似睡非睡，约8点起身回到招待所吃早饭。9点半钟，一辆中吉普停在了文化馆门前，将打包好的20几块展板搬到了车上，由老辛一人随车去参会汇报，我还要赶回张庄，准备农民学校开学事宜。

就在我回到张庄的当天晚上，老辛从衡水打来电话。

“喂，你是石元春吗？”声音很轻，断断续续地。

“我是石元春，有什么事吗？”

“我们拿去的板面经审查后不让展出。”老辛急促地说。

“怎么会这样？为什么？”我一听，头快要炸了。

“他们说，强调打浅井和开采浅层地下水违反省委治水方针，而我们展板的总标题正是‘运用浅井深沟体系，综合治理旱涝碱咸’。”

“那怎么办？”我一时没了主意。

“会上说如果把‘浅井’去掉，还可以展出。”老辛说。

“把浅井去掉，那还叫综合治理旱涝碱咸吗？”真是可以用“怒火中烧”来形容我当时听电话时的心情。

“你打算怎么办？”我接着问。

“我想在展板上先将‘浅井’二字涂掉，里面内容不动，让展板先展出来。反正看展览的都是同行，谁都可以从展板内容猜出来这两个字是什么，更能暴露

省领导“压制科学的嘴脸”。我在口头汇报时照讲‘浅井深沟’不误。”老辛如是说。

“这办法好，就这么办。”我的心踏实了些。

老辛沉着稳重，思维敏捷，看问题尖锐，挺复杂的事，他能很快抓住实质，几句话就能说到点子上去。不过在对外打交道上，不如我泼辣，有时就会生闷气，发牢骚。这次省里不让提“浅井”，算是捅在我们心窝子、打在我们的“七寸”上了，没有了浅井，综合治理的核心与灵魂也没有了。

我实在是沉不住气了，抓紧处理试验区的事，第二天就赶去衡水，声援老辛。

到衡水会上，我二人商定，老辛照常参会，我在会下活动。

我先把省地下水领导小组办公室主任许铁城从会议上找了出来，因为跟他最熟。

“许主任，我们这是科技项目，汇报的是去年试验结果，凭什么不让提浅井？”我急起来是不管不顾的，那时脸色一定很难看，有些气急败坏的。

“老石，先别生气，这是上头的意思。”老许安慰着我。

“我们是在做科学试验，不知道什么省里的治水方针。既然方针定了，还搞什么试验？”我步步紧逼，“我们说浅井，也没说不打深井。我们只是如实汇报试验结果，不是政策建议。即便是政策建议，省委可以不采纳嘛！怎么就不让人说话呢？”我越说越不像话，这在当时是太出格了，如果“上纲上线”的话，就是对抗省委、对抗党的领导，即使不是反革命性质也是个严重的政治问题。

“老石，我是同意你们看法的，可是人微言轻，我带你去找赵主任怎么样？”老许很无奈地说。以我们平时的交往和他说话时的表情，他说的是真心话，不像是在耍滑、敷衍我。

省科委副主任赵华是这次汇报会的最高领导。高高的个子，50 岁出头，戴一副黑框深度眼镜，温和谦恭，没有那熏人的官气，倒像是大学老师。见面客气了几句，我就将在老许那里说过的话端了出来，但话语温和了许多，情绪也平静了些。

“石老师，不要生气，我会把你们的意见反映上去的。”赵副主任说话很慢。

“省委哪位领导主管这件事，我可以当面向他汇报和解释。”我得寸进尺地说。

“是赤主任管这件事，我和他联系联系。”这肯定是托词了，以他的稳妥和办事小心，怎敢引见我这个会令领导难堪的“炸药包”，除非他不想干这份差事了。果然，这事不了了之了，但也算亮明了我们的态度。

北京农大不归河北省管辖，处在客位，到省里办事，对我们比较客气。再说，有王观澜同志的背景，估计省里也不会将此事做得过分。

可是这次的祸的确是惹得大了，他们也不再客气，要下狠手了。且听下章分解。

本回书写至此，可谓是：

制展板日日夜夜，起风波封杀浅井。
辛德惠单刀赴会，巧安排暂避锋芒。

14 初来客不知深浅，苦遭遇省委书记

不过是几块展板和“浅井”二字，何能惹得偌大的烦事？不然，原来这池子里的水可深啦。

20 世纪五六十年代，黄淮海平原治水方针失误，以河北平原土壤次生盐渍化最为严重，农业萎靡，民不果腹。60 年代后期，正当领导束手无策时，发现凡有深井处，可“绿成一片”，粮食增产效果十分明显。再则，水利部对深井的补贴十分丰厚优惠，每年可从中央得到一大笔拨款。深井之于河北，如长夜之见曙光，久旱之逢甘雨，吸引力太大了！

何为深井？

深井开采的是地面三四百米以下，千百年间形成的深层地下水，相当于水矿。深层地下水的源头在西面的太行山，补给路远量少。如果开采量大于补给量，则越抽水越少，地下水位越降越深，形成地下水向井管汇流的漏斗（深层含水层的地下水位线形如漏斗），水文地质学的专业用语是“地下水漏斗”。一眼深井形成一个漏斗，一批深井形成一片漏斗群，这是水文地质学常识。

根据河北省资料，当时河北平原已相继出现 22 个大大小小的地下水漏斗群，总面积 1.56 万平方千米，占河北平原的 1/5，比较大的有沧州漏斗、衡水漏斗和石家庄漏斗。沧州一带地面已因地下水漏斗而地面下沉，海水开始倒灌，生态后果严重。正是因为这个缘故，20 世纪 70 年代初，周恩来总理指示组织科技大会战，研究河北黑龙港地区地下水合理开发问题。

科技会战中，北京地质大学的一位蒋姓水文地质学副教授尖锐提出，深层地下水不能如此超采，应当限制性开采和作为战略后备水资源，河北省打深井运动的后果是十分严重的。曲周试验区、乌马营试验区等明确提出以开采浅层地下水为主，与蒋教授一唱一和。且曲周试验区明确提出开采浅层地下水是综合治理旱涝碱咸的中心环节。这不是与省领导唱对台戏，断其“财路”，堵其“仕途”吗？

于是，眼前利益与长远利益、权力与科学之间的矛盾激化了。

在我们满心的成功喜悦，埋头于总结曲周试验区 1974 年试验成果，夜以继日地准备展览板面的时候，事情已经发生了。请看原省“革委会”地下水领导小

组办公室主任许铁城同志于1980年3月15日给当时省委领导写的“应予平反的科学冤案”的信中的一段话：

“听到黑龙港项目研究中提出的这些观点（指限采深层地下水，大力开采浅层地下水。作者注），省委几个主要领导人拍案翻脸了。认为这项科研任务，妨碍他们向中央说假话。于是刘子厚同志（时任河北省委书记。作者注）亲自出面批评说：什么地下水漏斗？这都是知识分子们造的，他们像孙悟空一样钻到地下看见了吗？不要听他们那一套。马辉同志也在全省计划会议上讲，什么地下水漏斗？难道把水都给漏到美国去了不成？我就不相信这一套。王金山同志则多次在几个公众场合里，声色俱厉地说，目前在河北省有一些人大讲浅层水，大讲地下水漏斗，这是一股反对打深井的妖风，同省委治水方针抗膀子。

前省委几个主要领导人这样一批，衡水地委赶紧在1975年初召开的四级干部会上传达；沧州地委强行关闭了设在该区的五个科研试点，将敢于坚持科学态度的技术人员贾春明抓起来达四年之久。《沧州日报》发表文章批判国际上水文地质通用的‘地下水漏斗’这个学术用语。省农办于1974年12月27日抛出：科研不要干扰生产，研究不要左右生产，科研不要指挥生产的“三不”方针，反对科研与生产相结合，反对科研走在生产前面。向办公室全体人员传达，批评办公室如实向国务院几个主管业务的部门汇报情况，妨碍了省委向中央要深井补助费。随后，一方面采取措施整肃办公室内几个敢于有异议的同志，乃至进行政治陷害，一方面又派农办高健副主任，点名批判北京农大搞的张庄试区的科学试验反对省委治水方针。”

原来，1974年底和1975年初，已是山雨欲来，乌云翻滚，一场发生在科技战线的政治风波已经开始了。

重要的是，这场风波来自河北省委最高层，非同小可。1975年初，省委在召集的四级干部会上传达过精神，而我们这些省外来客却全然不知，蒙在鼓里。还不知深浅地将“运用浅井深沟体系，综合治理旱涝碱咸”制成了展览板面，在省里召开的大会上公示于众，这不是公开挑衅吗？焉能不遭到“封杀”和点名批判。

我们这个冤大头还不知天高地厚地去找赵副主任理论，想见省委赤主任，真是“找死”！

贻笑大方的“他们像孙悟空一样钻到地下看见了吗？”和“什么地下水漏斗，难道把水都漏到美国去了不成？”的高论出台后，当时在参加黑龙港项目的科技人员自嘲说：“我们对领导的科普工作做得太差了。”还传开了一个“河北出了个‘韩复榘’”的段子。

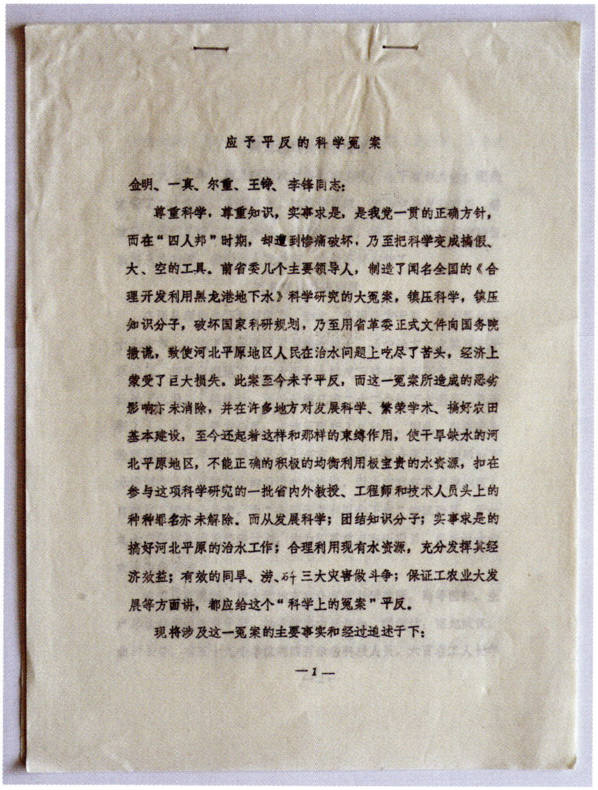

应予平反的科学冤案

金明、一真、尔重、王铮、李锋同志：

尊重科学，尊重知识，实事求是，是我党一贯的正确方针，而在“四人邦”时期，却遭到惨痛破坏，乃至把科学变成搞假、大、空的工具。前省委几个主要领导人，制造了闻名全国的《合理开发利用黑龙港地下水》科学研究的大冤案，镇压科学，镇压知识分子，破坏国家科研规划，乃至用省革委正式文件向国务院撒谎，致使河北平原地区人民在治水问题上吃尽了苦头，经济上蒙受了巨大损失。此案至今未予平反，而这一冤案所造成的恶劣影响亦未消除，并在许多地方对发展科学、繁荣学术、搞好农田基本建设，至今还起着这样和那样的束缚作用，使干旱缺水的河北平原地区，不能正确的积极的均衡利用极宝贵的水资源，扣在参与这项科学研究的一批省内外教授、工程师和技术人员头上的种种罪名亦未解除。而从发展科学；团结知识分子；实事求是的搞好河北平原的治水工作；合理利用现有水资源，充分发挥其经济效益；有效的同旱、涝、矸三大灾害做斗争；保证工农业大发展等方面讲，都应给这个“科学上的冤案”平反。

现将涉及这一冤案的主要事实和经过追述于下：

—1—

黑龙港项目办公室主任许铁城给河北省委领导的一封信（1980 年 7 月 1 日）

韩复榘，何方神仙？

民国初年山东大军阀也，官封“山东省政府主席”。此人以胸无点墨，爱说大话闻名。一日，视察军营，见兵士举行篮球赛。“这是干什么？”“打篮球。”“干吗这许多人抢一个球，多发给几个就不用抢啦！”

侯宝林在相声里还为韩编了个段子。

在山东省省会济南，韩母七十大寿唱堂会，上演的是关云长“过五关斩六将”，意在以关喻韩，拍马也。韩问手下：“这是个什么人，这么厉害？”“关云长。”“哪儿人？”“山西人。”“山西人跑到俺山东地盘杀人，这咋行！”“他是古人。”“古人也不行，叫俺山东好汉秦琼给他打一仗”。

糟了！马屁拍在马腿上了。

手下将命令传到戏班子，戏班子为难，解释说：“一个是汉朝人，一个是唐朝人，没法打。”韩大怒：“他们两个一定要打，不打不给戏班子开饭。”

秀才遇到兵，就是有理说不清。这且按下不表。

衡水会议上，北京农大曲周试验区的汇报展览被封杀，在大会上被点名批

判，这场遭遇战是否结束了呢？没有。

1975 年夏天，王观澜同志的秘书（原北京农大农经系的一位老师）专程到张庄来找我，向我通报说：

“河北省委对你们在张庄的工作是满意的，但是在打浅井问题上，违背了省委的治水方针，他们有意见。观澜同志叫我向你们转达。”显然，前面一句话是虚，后面一句话是实。看来河北省的这帮人真把我们告到国务院去了。我将实情汇报给了这位秘书，请他转告观澜同志。并问道：

“你这次下来，观澜同志对此事有什么指示精神吗？”

“观澜同志有两个意思，一个是既然是搞试验，就要坚持按科学办事；二是要注意与地方搞好关系。”

太好了，第一句话是实，是在给我们说真话撑腰，有了这句话，我们心里就有底了。至于与地方搞好关系，我们与地、县、社、队的关系好得很，至于省里少数人不尊重科学，那是他们的事，与搞好关系无关。

时过不久，也是在这个夏天，学校工宣队派了两个人到了张庄，一男一女，神神秘秘地找我谈话。

“学校里的‘批林批孔’搞得热火朝天，你们张庄基点的老师也应该回去参加运动，接受教育。”倒是开门见山。

“现在全国都在开展‘批林批孔’，曲周和张庄也在‘批林批孔’，在三大革命斗争第一线开展‘批林批孔’不是更有意义吗？”我这样回应他。

“那不一样。你们是老师，应当回学校参加运动。学校里对你们基点有不少反映，批评你们以生产压革命。”开始给我们扣帽子、打棍子，施加压力了。

“我们没意见，可以回学校参加大批判，但是观澜同志刚给这里下达任务，你们是不是请示一下观澜同志，他让我们回去，我们马上回去。”我使出了杀手锏，一下子就把他们镇住了。谁都知道，凭学校工宣队那几块料，想见到王观澜，没门儿！吃饭时我把这段对话学说给了大家，引起一阵子哄堂大笑。有老师说：“谁爱搭理他们啊，就你对他们客气。”

不想，这两位工宣队队员还找到了曲周县委，请县委给我们施加压力，逼我们回校搞大批判。令我们意外的是，没过两天，县委立身书记请我们驻张庄的农大老师到县招待所吃饭。我直纳闷儿，不年不节的干嘛要请我们吃饭。

饭桌之上，酒过三巡，立身书记说话了：

“前天农大的两位工宣队同志到县委说，农大老师到曲周下放是落实毛主席关于资产阶级知识分子要接受再教育的指示，是来接受思想改造的，希望县委加强对他们的监督改造。要县委动员你们回校参加批林批孔。

“今天我把老师们请来，是想向你们表个态，曲周县委不管什么老九老八，

不管什么接受再教育和思想改造。你们来到曲周，就是我曲周的尊贵客人，曲周欢迎你们和贫下中农一起改土治碱，请你们不要听有些人的胡说八道。”

立身书记的这一席讲话，像一股热流充满了我们全身，我的眼眶红了。“文革”期间，“老九”的政治地位是很低的，曲周领导的这个表态是需要多大的政治勇气，冒多大的政治风险啊！患难见真情，这份政治表态重千斤。从到曲周的第一天至今，曲周县领导、曲周农民与农大老师亲如一家，这份情意直到今天还在，这份情意经历了40年战斗考验的，无论是在顺境，还是逆境。

当时我一直在想，河北省领导到国务院告我们黑状，校工宣队要调我们回校搞大批判，这两件事可能是一回事，是河北省的这拨人要轰走我们，是“釜底抽薪”之计，以维护省委少数人搞的错误治水方针和极“左”路线。

“浅井风波”还在继续着。

这年秋天，一个重磅新闻在河北省科技界传开了。沧州地区召开了批判“坏分子”贾春明的万人大会。

这是怎么回事？

贾春明是沧州地区农科所的科技人员，是黑龙港项目乌马营试验区的负责人，是开发浅层地下水和“抽咸换淡”的倡导者。由于观点相近，与曲周试验区的交往多些，贾春明怎么会成为“坏分子”呢？

贾春明是个能言善辩的主儿，性情直爽，脾气倔犟，天津口音很重。1975年初，沧州地区农科所领导要他撤回乌马营试验点，放弃“浅井”观点，老贾不干。3月强行撤销了乌马营试验点，威胁要批斗他，他说不怕。于是惹恼了沧州地区某些领导人，组织人收罗他的“罪证”。

“历史反革命”和“现行反革命”之类的罪证搜集不到；作风问题和经济问题的罪证也搜集不到，最后捏造个“使用科研经费不当”的罪名，扣上了“坏分子”的帽子，召开万人批斗大会，蹲了4年监狱。在那暗无天日的时代，可怜的知识分子到哪里去说理，老贾只能自认倒霉。

可是“祸兮福所倚”，改革开放后，老贾当了两届沧州市副市长，还到北京来看过我，这些都是后话。

此事着实让我捏了一把汗，很明显，整河北老贾是为了杀鸡给猴（我们）看，以儆效尤的。幸亏北京农大不归河北省管，否则我的下场不会比老贾好，总算是逃过了一劫。

本回书写至此，可谓是：

初来客不知深浅，苦遭遇省委书记。
下狠手上告下压，搞批斗杀鸡吓猴。

15 迎风雨我行我素，且徐行何妨吟啸

“诗缘情。”

感情的激荡起伏是吟诗作词的发酵剂。

“万里长江横渡，极目楚天舒。不管风吹浪打，胜似闲庭信步。”

这是毛主席1956年横渡长江时的激情抒发，我喜欢这首词的意境、豪气与潇洒。

我也想起另一首词，苏轼贬谪黄州后写的。

“莫听穿林打叶声，何妨吟啸且徐行。

竹杖芒鞋轻胜马，谁怕？

一蓑烟雨任平生。”

说的是，一日词人与友人同行，道中遇雨，友人抢行避雨，词人反之，弃雨具而“莫听穿林打叶声，何妨吟啸且徐行”，道出了苏轼遭贬后的心情与态度。好一句“一蓑烟雨任平生”，将这种情志发挥到了极致。

当遭遇省委书记的“封杀”时，我们有过感情跌宕，却没有诗人那般境界与情愫，而是凡夫俗子式地处理，倒是简单许多。

当时我们就是这样想的，一则是他们无理，我们有理；二则是地县社队和农民欢迎我们，他们想撵也撵不走；三则是综合治理成果和地里庄稼表现谁也无法抹杀。其实，还有很重要的一条，就是试验区里要干的事太多，忙都忙不过来，谁爱搭理他们。用辛德惠的话说：“听蝲蝲蛄叫，还不种地了！”

3月衡水会议掀起“浅井风波”后，我们还真是“闲庭信步”式地潇洒了一番，该干什么干什么，工作满满，大事连连的。

1975年4月12日，曲周农民学校的领导机构正式成立了，曲周县委马洪宾副书记任校长，1975级培训班正式开学了。

试验区的农田工程在继续完善；井台和沟边的抽水机在轰鸣；麦地和棉田的管理渐趋精细；盐碱地继续压盐；咸水灌溉和浅井抽排试验继续进行；化验室的分析工作有条不紊……一切都在紧张有序地运作。

试验区1975年的盐碱地小麦再获丰收。

6月9日，曲周县委给邯郸地委写的“关于我县北部旱涝碱综合治理区的工作报告”中写道：“事实证明，这块具有三百年以上历史的老碱地是可以改的，可以在不长的时间内就能改好，可以为“农业大上”服务的。”它标志着盐碱地低产的概念正在人们头脑中发生着转变。

9月初，在邯郸召开的“邯郸地区农业学大寨大会”上，我代表张庄试验区做大会发言，题目是“分析矛盾，促进转化，加快速度，为大上快上农业多作贡献”，大讲了旱涝碱咸必须实行综合治理，综合治理的关键是开发利用浅层地下水。什么治水方针，深井浅井，谁理它！

有意思的是，9月16日，“浅井风波”后的半年，省科委赵华副主任又主持召开了一次长达11天的黑龙港项目经验交流会。要我第一个在大会上介绍曲周试验区经验，似乎在有意传递一种态度和信号。最后一天，赵主任做大会总结，一开始，在回顾项目进展与成绩中，点名表扬曲周试验区如何采取了正确技术路线和方法，产量增长如何的快，农民由卖盐到卖粮，农大老师如何为县社队培养技术人才等。

显然，这是对年初衡水会议“浅井风波”的一种回应和表态。难能可贵的是，此时尚在“文化大革命”期间，省科委和赵主任担着多大的政治风险啊！

1976年春节刚过，很冷，农业部政策研究室的王远同志（观澜同志之子）就来到张庄蹲点调研，进一步总结曲周试验区经验。在他的帮助下，我们从学习毛主席哲学思想的角度写了一篇题为“昔日老碱窝，两年过黄河”的文章，于1976年2月发表在中共北京市委机关刊物《前线》上。

1976年的麦季，张庄试验区第三年再获丰收。在北京农大曲周基点与曲周县水利局联合向曲周县革命委员会的“综合治理旱涝碱咸工作简报”中写道：

“随着生产条件的改变，试验区所在大队的生产有了较大幅度增长。张庄大队与大街大队皆由过去亩产200斤左右，1974年‘上纲’，1975年‘过河’，分别达到526斤和574斤。今年力争全年‘过长江’。张庄大队过去每年吃返销粮4万～10万斤，1974年开始向国家贡献7万斤，1975年12万斤，占全公社（河南町公社）的61%。今年麦季大街大队粮食总产单产都比去年翻一番，平均亩产500斤，平均每户贡献714斤。张庄大队贡献8万斤，平均每户520斤。”

1976年9月，《中国农业科学》杂志第3期刊登了题为“掌握水盐运动规律，综合治理旱涝碱咸”的文章，从学术角度阐述我们的观点与研究成果。这是曲周试验区早期在学术刊物上发表的第二篇文章。

自1975年3月“浅井风波”到1976年“四人帮”倒台，“文化大革命”疾风大浪中的曲周试验区，一直是“莫听穿林打叶声，何妨吟啸且徐行”着。

不曾想到，“文革”结束后的 1978 年初，“浅井风波”的事被重新提及。

一次黑龙港项目会议期间，省科委赵华副主任单独约我到他房间谈话。

“石老师，1975 年省里点名批评北京农大张庄试验区的浅井深沟体系是错误的，我代表省领导正式向你们表示道歉。”赵副主任说话的态度很严肃、很诚恳。

“赵主任，那是‘文化大革命’期间的事，事情已经过去了，曲周试验区不是好好的吗？”

赵副主任的道歉是代表省委的，是正式的。

不久，1978 年 6 月，河北省委书记刘子厚亲临曲周北京农大曲周试验区视察工作。先乘车到整个试验区了解全面情况，然后车停在了“400 亩地”的路边。此时正是麦收季节，400 亩地的麦子长势真好，麦浪为领导视察营造了一个很好的氛围。我在地头汇报，书记不时提问，气氛很好。照片正中穿着军服的刘书记笑容可掬，陪同人员也都面带喜色。

从照片上看，在现场的还有河北省委副书记王金山（右 3）、北京农大校长高鹏先（左 1）、曲周县委书记冯文海（左 3）和副书记马洪宾（左 4），张庄大队支部书记赵俄（右 5）等。请注意一下，站在赵俄与刘子厚身后的辛德惠仅露出一张笑脸，他正“偷着乐”哩！ 1975 年就是他到衡水“单刀赴会”的。

1978 年 6 月河北省委书记刘子厚在曲周试验区视察

我们一直这样想，“文革”结束后刘子厚书记亲临视察，很可能与河北省曾点名批判过北京农大曲周试验区有关，一种含蓄的政治表态，解铃还须系铃人嘛。这是一件好事。

刘子厚书记曲周试验区视察后一年，也就是1979年的6月2日，河北省召开全省科技成果奖励大会，省委副书记王金山同志作大会报告，宣布评出289个获奖项目，其中一等奖9项，曲周试验区有幸入选一等奖。王金山副书记在介绍获奖项目时第一个举例的就是曲周试验区，他说：“北京农业大学驻曲周基点组的同志与曲周干部、群众一起，五年来通过采取深沟浅井、抽咸换淡，农林水并举的综合治理措施，在利用改造咸水的方法和理论上取得重大突破，为我省黑龙港地区低产变高产闯出了路子。”（请注意，报告中用了“深沟浅井”，的确是为“浅井”平反昭雪了）

同年，在“国务院关于表彰农业财贸教育卫生科研战线全国先进单位和全国劳动模范的决定”中，河北省的全国先进单位中有“曲周县张庄旱涝碱咸综合治理试验区科研组”。

1979年国务院及河北省委在省及全国奖励大会上表彰曲周试验区的文件

这些连续的行动与表示，说明河北省已经认同了曲周试验区的工作，“浅井风波”终于有了结论。

让我们更为欣喜的是，河北省在后来下发的文件中，明确提出将深层地下水作为战略后备水资源，明令限制无序开采，审批制度甚严，以及鼓励开采浅层地下水云云。

这是一种向科学的回归。

本回书写至此，可谓是：

迎风雨我行我素，且徐行无妨吟啸。
是科学何惧风浪，真君子荣辱不惊。

16 治理期四年一贯，创高速产治双馨

曲周试验区的旱涝碱咸是何等复杂、何等难打的一场硬仗，岂是那“三拳两脚”的事情。

1974 年向旱涝碱咸全面开战告捷，但旱涝碱咸的消退毕竟是刚刚开始，各项措施与观测数据也仅是一年，需要持续与积累。饭要一口一口吃，仗要一个一个打，急不得。当时我们考虑的治理期是四年，稳定期三年，巩固发展期三年，十年方能磨得一剑。

1974 年上的所有措施，如井沟渠并用、平地压盐、咸淡混灌、雨季抽排、农业措施等，1975 年、1976 年和 1977 年仍全部用将上去，并不断加以改善，以加大对旱涝碱咸的进攻力度，提高治理效果与水平。各项田间试验设计也要一步一步完善、重复与验证。我们采取的四年治理期作战策略是“稳扎稳打，步步为营”。

在稳扎稳打和步步为营中，有件事是值得提到的。

随着治理实践与科学试验的进展和深入，我们遇到了一个障碍，即当时的试验方法与手段尚难获取到我们所需要的某些准确和量化的数据。此时，几位老师异口同声提出：“搞模拟试验。”就是建一个水盐运动模拟试验场。

下文摘自 1975 年秋我们向学校写的申请报告：

“曲周张庄试验区在利用改造咸水，综合治理旱涝碱咸方面已经进行了两年工作，在生产和科研上取得了初步成果，部分成果已开始在面上试行推广。随着生产和科研工作的进展，提出了更多的、需要进一步解决的问题。如需要提出咸水灌溉中‘三看’的具体指标，即如何根据土壤、水质和庄稼的具体情况确定能不能灌和如何灌？多年灌溉是否会引起土壤盐化或碱化？在抗旱防涝和加速土体脱盐，减少返盐中如何有效和经济地调控地下水位？……许多问题都需取得确切的、科学的和具体的数据和资料，需要在已有基础上对水盐运动开展更加深入的研究。水盐运动试验场正是在这种情况下提出来的。”

“水盐运动试验场主要是模拟不同土壤及潜水状况，人为地控制某些条件，以取得水盐运动过程中的具体数据。它是在一个深约 2.5 米的半地下室，对装填

土柱进行的各种模拟试验。”

该报告提出了模拟试验场的设计、物料、建筑材料，以及施工经费 1 万元。报告还提出了 1976 年模拟试验的四项具体内容。此处所附照片是给学校打的申请报告和附在报告后面的场区平面布置图。

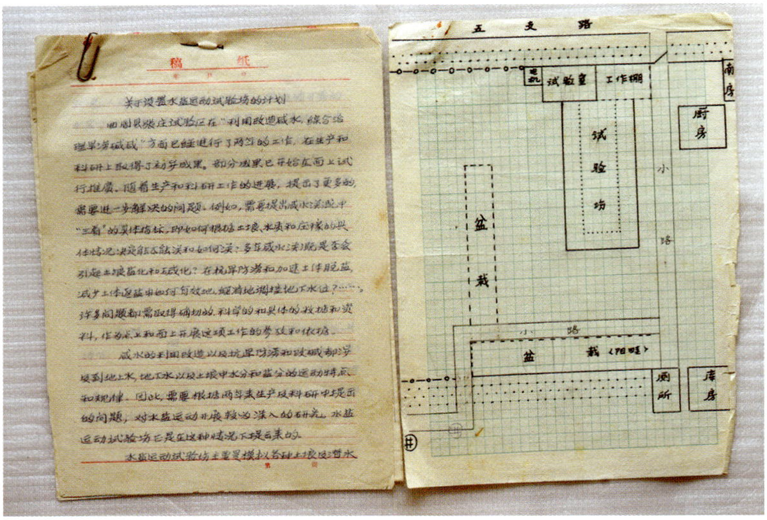

为建设水盐运动试验场给北京农业大学领导的申请报告

现在看来，建这样一个试验装置是理所当然和必须要做的事。然而，这在当时却是要冒着“顶风作案”的很大的政治风险。

这是怎么回事？

“文化大革命”前夕，北京农大土化系农业化学教研组，在彭克明教授主持下，搞了一个研究植物营养物质在土壤中运行规律的装置，简称“排水采集器”，是当时学习苏联的一套非常先进的设备。这在我们土壤教研组老师心目中也是仰而慕之的“高精尖”。

可惜不走运，这套装置刚建成就刮起了“文革”风暴。“文革”开始不久，在扫“四旧”中，土化系的红卫兵将彭教授揪到现场开批斗大会，批判这是“封资修”，是在塑料管子里种地，是资产阶级知识分子糟蹋贫下中农的劳动果实，随之高呼口号：“打倒 ×××！”这件事在当时的土化系引起很大震动。

好嘛！还是在“文化大革命”中，曲周试验区居然敢在农业生产第一线，贫下中农眼皮子底下又搞起了这套“封资修”，这不是资产阶级知识分子的反攻倒算、猖狂反扑是什么？尽管我们几个人胆子大，能不心有余悸吗？

模拟试验场是半地下的，就建在农大老师宿舍和工作室的东头。开工那天，

几位老师和社员在一旁围观，当推土机吃力地开挖地下深槽的时候，轰鸣声让我不得不高声地，像喊一般地跟身边的老辛说："辛德惠！咱们可说好了，挨批斗时咱俩一起上。"辛德惠也喊着说："没问题！我算陪斗。"旁边一位老师开玩笑说："我们是负责揭发批斗你们的革命群众。"

这正是，"解悬疑渴求深化，搞模拟顶风犯险"。可是，我们的运气比彭克明老师好，这个装置建成不久，"四人帮"就倒台了，真是"赶得早的不如赶得巧的"。

水盐运动试验场 1976 年开始投入使用，李韵珠、陆锦文等老师做了大量水盐运动试验。如配合浅井抽水试验，研究了在不同地下水埋深条件下，雨季前抽水、雨季后抽水和对照不抽水的脱盐效果，为旱涝碱咸综合治理措施提供了科学依据。又如研究了地下水埋深、矿化度和表层松土对土壤蒸发和积盐的影响；蒸发条件下黏土层厚度和层位对土壤蒸发和积盐的影响；夹黏土壤雨季的水分运动和脱盐观测等。

这个水盐运动模拟试验场为提高试验区综合治理实践的科学性上立下了汗马功劳。

回过头来表表这四年里，我们的及时总结和请示报告制度执行情况。每年年中与年末两次向有关部门发布"战报"，至今，那些手敲油印、早已发黄的"战报"仍被保存了下来，可以让我们重温当时的战斗足迹和那份认真与执着。当然，与 1974 年一样，每年一次的年终技术总结更是"重头戏"了。

1977 年是"治理期"的最后一年，年底，写了一份"工作报告"和一份 20 余万字的"技术报告"，这是两份弥足珍贵的科学档案。

先说四年治理期的"工作报告"。

"工作报告"中对四年治理期完成的田间工程量和运行情况的总结是：

"试验区有深机井 10 眼，浅机井 48 眼；挖沟 8.85 万米，动土 78.5 万立方米；建筑物 110 座，大型扬水站一座、植树 28 万余株；平掉旧沟 73 条，搬走盐土堆 200 多个，开出碱荒地 1 400 余亩；6 300 亩耕地全部粗平，其中 1 500 亩细平；井沟渠林路田电已具规模。

试验期间，引河水 180 万立方米，开采深层淡水 32 万方，浅井抽水 205 天，抽出咸水 235 万立方米，排除盐量 1.18 万吨。全试验区已达到河水灌溉 7 ～ 10 天，井灌 15 天普浇一遍；防涝能力由过去不到 100 毫米即生涝害，提高到 1976 年一次连续降雨 318 毫米未受涝；盐碱地面积由 87% 下降到 28%，2 米土体盐储量由 4.03 万吨降到 2.90 万吨，减少了 28%；60% 的浅井水矿化度由 7 克 / 升左右降到 5 克 / 升左右。"

"工作报告"对四年治理期的农业产量及贡献增长情况的总结是：

“治理前张庄大队历史最高亩产 264 斤（1972 年），总产 333 666 斤，在遭水灾的 1973 年亩产只有 130 斤。综合治理的第一年（1974 年）大踏步上‘纲要’，第二第三年连续过‘黄河’，1977 年跨‘长江’，亩产 802 斤，总产 922 368 斤，比历史最高总产增加了两倍。在综合治理期间，平均亩产年递增 133 斤，平均增长率为 30%。对国家的贡献也发生了根本性变化，治理前仅 1971 年和 1972 年分别贡献 2 万斤和 3 万斤，其他年份每年吃返销粮 4 万～ 10 万斤。治理后的 1974—1976 年平均每年贡献 10 万斤左右，1977 年贡献 35 万斤，人均贡献 526 斤。”

“大街大队在原来最高亩产 200 斤左右，综合治理后实现四年三大步，粮食亩产跨‘长江’。过去连年吃返销粮，治理后贡献连年翻番，1977 年人均贡献 310 斤。试验区的其他大队也有类似的变化。”

“工作报告”对四年治理期资金投入产出分析的总结是：

“1974—1976 年三年的农田基本建设固定投资（井机泵、电网、机电配套及建筑物）合计 16 万元，亩均 27 元；消耗性投资（油料电力、化肥农药等）13 万元。三年内净增粮食 209.5 万斤，皮棉 7 万斤，折款 27 万元，即全部回收了农田基本建设及主要生产费用。”

“工作报告”对四年治理期的最后结语是：

“张庄试验区 4 年科学研究与生产实践已经证明，旱涝碱咸是可以治理的，初步找到了高速度综合治理的途径和方法（一整套行之有效的综合措施），是能够一年初见成效，三年大见成效的。”

“工作报告”说的是结果与成效，而成果和成效来源于综合治理理念与试验实践的成功，这些写在了四年治理期的技术总结报告——《旱涝碱咸综合治理的研究》中。

旱涝碱咸综合治理的理念或绪论部分是我执笔的。文字篇幅虽不大，却最早提出了“季风气候区的旱涝碱咸地理景观”的科学概念。

其中还有个小插曲。

我们的工作安排得很紧，一段一段，一件一件，跟救火打仗一般。上文说到 1975 年早春，为参加河北省召开的黑龙港项目汇报会和为之赶制展览板面，我和老辛在曲周文化馆苦战十天，最后一夜通宵达旦，这次又是如此。

四年治理期的试验研究是近十位老师分头做的，数据与资料成堆成摞，还要成表、成图与成文，最后讨论汇总，可谓是“工程浩瀚”。几位参加汇总的老

师携带着资料，一同回到北京校部，与印刷厂的几位拣字师傅（当时是铅排）边拣、边排、边校。

1977 年所写的四年治理期的技术总结和工作总结

我是上下左右的总协调和总调度，忙得不可开交。上文说到由我执笔的绪论部分，总觉得是最高概括，要深思熟虑，等到最后再写，但却忙得忘在了脑后。当最后的那个下午下班时，全部排版完成了，印刷厂来人找我，说最前面的一节还空在那里，后面的页码编号没法排。这次我是真着急了，只得说："对不起，你们先下班，明天上班前我一定把稿子送到。"

整整熬了一夜，连眼都没合。那时没有咖啡，不会抽烟，全靠桌旁的一盆冷水和毛巾提神。次日清晨上班时刻，我满眼血丝和疲惫不堪地拿着稿子去了印刷厂，随即与师傅们一起紧张地边拣、边排和边校。幸好中午下班前完成了全部工序，下午可以全书开印了。我长长地舒了一口气，举步时的两腿如负千斤。后来每当我翻到此书此节时，总会想起这段难忘的个人经历。

言归正传，四年治理期技术总结《旱涝碱咸综合治理的研究》里写了些什么呢？共有 6 项内容。

一是上面说到的，由我执笔的"季风区旱涝碱咸的发生规律及其综合治理"。

二是"咸水利用"试验中总结了咸水灌溉中玉米和棉花两种作物的盐害诊断与耐盐指标、不同条件下咸水灌溉试验的结果、咸水灌溉中土壤当季和多年的盐

分动态与管理，最后是在应用和推广层面上介绍了“三看”诊断法及6条咸水灌溉技术。这部分主要是黄仁安、周斐德和我合写的。

三是“井沟结合，除涝防托”试验中总结了涝洼盐碱地区的一维排水、二维排水和三维排水；浅井－深沟体系在除涝防托中的作用与应用；防涝能力的估算方法。这部分是辛德惠和雷浣群合写的。

四是“盐渍土的水盐运动及调控”试验中总结了季风气候影响下黄淮海平原水盐运动特点、旱季的调控和雨季的调控，以及用水盐平衡的方法研究和评价综合治理的效果等。这部分是我和李韵珠合写的。

五是“咸水改造”试验中总结了咸水改造的必要性和必要条件、浅井群抽水过程中水流运动特点、试验区浅层地下水水化学变化观测结果与分析、咸水改造的综合指标与阶段性等。这部分是辛德惠写的。

六是“盐渍土土壤肥力的调节与作物丰产”试验中总结了盐渍土的土壤物理特性及水热状况与调节；盐渍土的植物氮营养特点与调节；盐渍土的植物磷营养特点与调节；盐渍土区农业丰产技术等。这部分是林培、毛达如、周斐德、邵则瑶等合写的。

四年治理期的“工作总结”主要讲的是工作成绩与经验，犹如一桌美味佳肴，而“技术总结”则是这桌美味佳肴的烹饪过程与方法秘籍。

最后，需要提及的是，四年治理期间，我们在曲周试验区不是关门搞试验，而是紧紧地将试验区与邯郸地区东北部70万亩涝洼盐碱地治理、与河北省黑龙港地区旱涝碱咸综合治理项目联系在一起，有比较成熟的成果就及时推广。

1975年麦收后的6月27日，我与曲周县代表会合，一同乘车前往邯郸，出席“邯郸地区打井抗旱，除涝治碱会议”。根据会议安排，我在大会上作了专题发言，介绍曲周试验区的利用改造咸水和竖井改碱情况，因为大会拟在全邯郸地区浅层咸水地区推广曲周试验区的这个经验。

邯郸地委副书记、农委主任蔡欣在会议总结讲话中说道：

“滏阳河连续两年断流了，对今年夏粮收成影响很大，必须加快打井进度，在二百多万亩的浅层咸水区主要是推广张庄经验。首先是必须打井，否则在水字上就没有主动权，要批判靠天、靠河、靠上级的思想；二是要深中浅井结合，以中浅井为主；三是张庄的经验说明，咸水是能用能改能综合治理旱涝碱的。”

我在当时的日记本上记有这样两句话。一句是在大会发言前写下的：“这个发言在生产上会影响较大，介绍时既要态度积极，又要说清利害关系和强调配套措施必须到位。”第二句话是听了蔡书记总结讲话后写下的：“这次会议是对我们一年多来的工作的最好结论与考验，让这项工作在群众运动中得到锻炼、充实和

提高吧！”

有时，我们也会主动“出击”，“走出去”帮助解决这个地区的生产问题。

特别是1977年，这一带的春旱严重威胁麦田，盐碱地上更盛。我们以北京农大曲周基点的名义，于1977年4月1日给河北省“地下水合理利用领导小组”办公室及邯郸地委写了《把咸水利用起来—抗旱夺丰收中广辟水源的建议》（以下简称《建议》）。《建议》的开场白是这样写的：

“从我们近几年在曲周北部进行的咸水灌溉试验结果来看，在当前及今后抗旱夺丰收的斗争中，充分利用和发挥咸水的作用有着重要和现实的意义。河北平原近2 000万亩面积内没有浅层淡水，分布着矿化度在2克/升以上的咸水。这些地区因水源缺乏，抗旱能力很差，去年邯郸地区造成小麦减产和不能及时夏播的面积达数十万亩。曲周县北部咸水灌溉三年试验结果表明，只要具备一定条件和讲究方法，矿化度小于7克/升的微咸水是可以用于灌溉的。”

《建议》的第一段是“咸水灌溉，能够增产”，说的是曲周试验区的实情；第二段是“创造条件，谨防坏地”；第三段是“讲究技术，注意方法”，包括6条技术和咸水灌溉的“三看”诊断法；第四段是“利用咸水，综合治理”。《建议》写得相当具有可操作性。

时间是最好的推进器，你看那照片上的四年后曲周试验区“四百亩地”北头的护田林已经成荫，沟坡生草稳定，田间路宽阔平直，远处田间小麦已经收割完毕，谁还会想到四年前这里曾是一片淋盐土丘林立的大碱滩。

下面一组照片是张庄村治理初期的粮棉丰收。

四年治理期结束时，试验区的沟渠林路与田块已经成型，不再是过去的盐碱滩了

粮棉
丰收

四年治理期粮棉大丰收，张庄和大街大队的粮食已经“过江”

本回书写至此，可谓是：

治理期四年一贯，渐行远旱涝碱咸。
上产量过河跨江，论科研硕果满堂。

17 谋推广梦系曲北，喜碰杯双五百万

从北京农大老师进驻张庄村，建立曲周试验区的第一天，始终坚持综合治理与农业增产两手抓，这才有了四年治理期间的综合治理成效显著，粮食“一年上纲，二年过河，三年跨江”的结果。综合治理与农业增产比翼双飞，对增强农民和地方领导信心，得到他们的信任与支持非常重要。

治理期的第二年，当原本什么也不长的盐碱地上再次翻起滚滚麦浪的时候，1975 年 6 月 9 日，曲周县革命委员会的“关于我县北部‘旱涝碱咸综合治理区’的工作报告”就上报到了邯郸地委。报告中写道：

“事实说明，这块具有三四百年以上历史的老碱地是可以改的，可以在不长的时间内就能改好，为农业大上服务的。”“我县下决心在今冬以前按原规划设计标准拿下试验区的全部土方工程、建筑物和浅机井任务。”

1976 年 2 月，曲周县来了新书记冯文海，他到任的第二天就来到张庄看望农大老师。这位邯郸地区最年轻的县委书记，当年 32 岁，个头不高，壮实，眼睛大而有神，那股精明能干劲儿从脸都能看得出来，讲起话来思路清晰，层次分明。此时老辛、林培、黄仁安和我春节后刚从北京回到张庄，与冯书记谈得很投机，除他本人的魅力外，其毕业于邯郸农业专科学校的受教育背景使我们多了一层感情共鸣。

他说道：“我是广平县（曲周县的邻县）人，对这一带情况很熟，曲周北部的盐碱地是远近闻名的老碱窝，谁也拿它没办法。这次你们来，我们如同久旱逢甘雨，这两年你们在张庄的情况我了解了不少，觉得很对路。我是农校出来的，相信科学，相信农大老师，相信你们在张庄的这一套办法一定能成功。”

所附照片是后来冯书记（左 4）和辛德惠（左 3）、马洪宾副书记（左 5）、张学仁副书记（左 2）、赵迎副县长（左 1）、水利局王文勉局长（右 1）在一起研究张庄试验区工作。

冯文海等曲周县领导与辛德惠在研究试验区工作

3 月间，也就是冯书记到任一个多月后，一份《曲周县革命委员会关于北部水利资源合理开发利用和旱涝碱咸综合治理工作规划意见的报告》递到了邯郸地委，要将张庄试验区的试验研究成果推广到整个北部的 23 万亩盐碱地区，这是个很大胆的设想。报告里说：

“对我县北部盐碱地的治理，县委决心加快步伐，以点带面，迅速铺开。为此，我县计划在张庄综合治理试验区 4 500 亩的基础上进行面积扩大，先把占全县面积的 1/3 的北部的‘拉腿田’搞上去……

“曲周县北部涉及 8 个公社，118 个大队，约 7 万人，耕地面积 23.4 万亩，占全县耕地面积近 1/3，其中盐碱地约 10 万亩。”

报告中有详细的农田工程规划、实施计划、效益、资金筹措、组织领导等，冯书记的气魄和动作很大。可能这也是他上任后为自己设计的第一个“梦”。

此处所附照片是两份报告首页。左侧是上述曲周县委 1975 年 6 月 9 日呈送邯郸地区的报告首页，右侧就是《曲周县革命委员会关于北部水利资源合理开发利用和旱涝碱咸综合治理工作规划意见的报告》首页。

“得道多助”，为实现曲周试验区经验推广到曲周县北部 23 万亩的这个梦，不断有贵人出手相助，有部长，也有联合国。

先说农业部部长杨立功。

1978 年的 9 月，正是玉米、高粱、棉花等秋庄稼欣欣火火生长的季节，农业部部长杨立功来到曲周试验区视察工作，有科教司司长臧存跃陪同。一副黑框

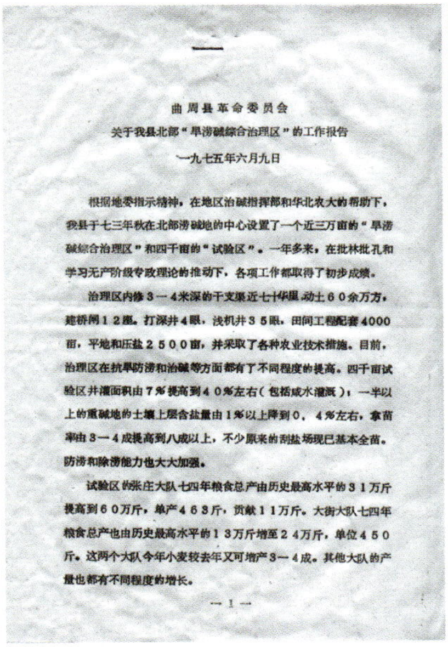

一

曲周县革命委员会

关于我县北部"旱涝碱综合治理区"的工作报告

一九七五年六月九日

根据地委指示精神，在地区治碱指挥部和华北农大的帮助下，我县于七三年秋在北部涝碱地的中心设置了一个近三万亩的"旱涝碱综合治理区"和四千亩的"试验区"。一年多来，在批林批孔和学习无产阶级专政理论的推动下，各项工作都取得了初步成绩。

治理区内修3—4米深的干支渠近七十华里，动土60余万方，建桥闸12座。打深井4眼，浅机井35眼，田间工程配套4000亩，平地和压盐2500亩，并采取了各种农业技术措施。目前，治理区在抗旱防涝和治碱等方面都有了不同程度的提高。四千亩试验区井灌面积由7%提高到40%左右（包括咸水灌溉）；一半以上的重碱地的土壤上层含盐量由1%以上降到0.4%左右，拿苗率由3—4成提高到八成以上，不少原来的刮盐场现已基本全苗。防涝和除涝能力也大大加强。

试验区的张庄大队七四年粮食总产由历史最高水平的31万斤提高到60万斤，单产463斤，贡献11万斤。大街大队七四年粮食总产也由历史最高水平的13万斤增至24万斤，单位450斤。这两个大队今年小麦较去年又可增产3—4成。其他大队的产量也都有不同程度的增长。

— 1 —

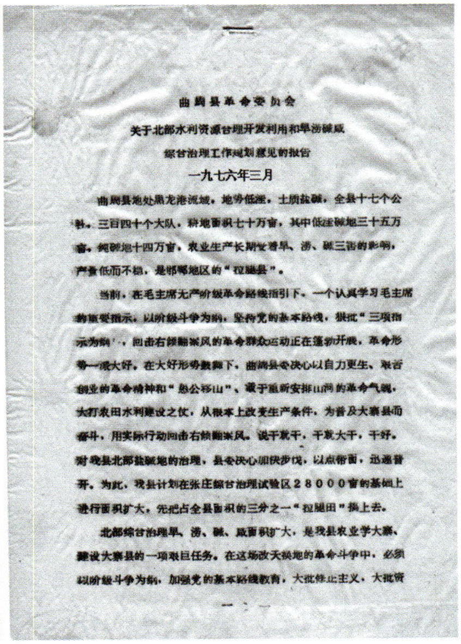

一

曲周县革命委员会

关于北部水利资源合理开发利用和旱涝碱咸综合治理工作规划意见的报告

一九七六年三月

曲周县地处黑龙港流域，地势低洼，土质盐碱，全县十七个公社、三百四十个大队，耕地面积七十万亩，其中低洼碱地三十五万亩，纯碱地十四万亩，农业生产长期受着旱、涝、碱三害的影响，产量低而不稳，是邯郸地区的"拉腿县"。

当前，在毛主席无产阶级革命路线指引下，一个认真学习毛主席的重要指示，以阶级斗争为纲，坚持党的基本路线，批判"三项指示为纲"，回击右倾翻案风的革命群众运动正在蓬勃开展，革命形势一派大好。在大好形势鼓舞下，曲周县委决心以自力更生、艰苦创业的革命精神和"愚公移山"、敢于重新安排山河的革命气魄，大打农田水利建设之仗，从根本上改变生产条件，为普及大寨县而奋斗，用实际行动回击右倾翻案风。说干就干，干就大干，干好。对我县北部盐碱地的治理，县委决心加快步伐，以点带面，迅速普开。为此，我县计划在张庄综合治理试验区28000亩的基础上进行面积扩大，先把占全县面积的三分之一"拉腿田"搞上去。

北部综合治理旱、涝、碱、咸面积扩大，是我县农业学大寨、建设大寨县的一项艰巨任务。在这场改天换地的革命斗争中，必须以阶级斗争为纲，加强党的基本路线教育，大批修正主义，大批资

这是1975年和1976年曲周县委两次给邯郸地委打的报告，要求推广扩大曲周试验区的成果

眼镜显出部长的儒雅，但那领导人的气势却是不凡，满面严肃且不苟言笑。一路上我向他介绍汇报时，面无表情，偶有一两句问词。走到"400亩地"东南角的一块地地头，一干人等停了下来，我介绍说：

"这块地去年什么都不长，今年麦季收了一茬好麦子，现在玉米全苗，长势很好。"我如实地向他介绍。

"是这样吗？"

"是的。"

"去年这块地里什么都不长，我没见到。今年麦收我也没来看过。"他拉长着脸，好像我是在骗他。

"……"部长这话叫我何以回答，当时弄得我很难堪，现场也十分尴尬。

请看此处所附的第一张照片，部长两手叉腰，歪着头，一脸的疑惑，随行和陪同人员也神色凝重。此时在场的有邯郸地委逄书记、地区农委副主任常华庭、曲周县委韩琛副书记、河南町公社胡文英副书记、张庄大队支书赵俄等，大伙儿一时无言以对。

"没错，这块地去年是什么也不长！"不想，半路杀出个程咬金。原来是肩上扛着粪筐在地里拣粪的两位在一旁围观的社员，路见不平，拔刀相助，救场来了。

"你们是哪个村的？"部长问那两位社员，面部表情还是没有放开。

"张庄的。"一个说。

"高庄的。"一个说。

作者在试验区现场向农业部部长杨立功汇报（1978 年）

看来，这两个农民不像是“托儿”，部长释然了。

自此，部长面有喜色，谈笑风生，原来他并非是不苟言笑之人，只是开始时的警惕性高些罢了。下面另外两张照片可以为证，在回来路上和在张庄座谈时，他与赵俄谈得十分投缘，部长在照片上表现得何等地笑容可掬可亲。部长有了笑容，随行人的脸上也如花朵绽放，刚才的那份尴尬已烟消云散。

杨立功部长一行走在曲周试验区路上（1978 年）

杨立功部长一行在张庄座谈（1978 年）

杨部长带着这份高兴的心情，次日来到石家庄，会见了省委书记刘子厚，二人交谈内容不得而知。后传来消息说，刘书记宴请杨部长时，二人都说要支持曲周试验区。杨部长敬酒时对书记说："我出 500 万元，你出 500 万元，怎么样？"书记说："好！一言为定，干！"这可是含金量高达 1 000 万元，天文数字的一次碰杯。

两个 500 万元，曲周试验区乐开了花。

1979 年早春，天还很冷，农业部副部长何康在农业部科技司司长臧存跃陪同下来到曲周试验区，进行调研和落实农业部拨款事宜，回京不久，农业部的 500 万元拨款到了河北省。

遗憾的是，当曲周县到省里联系拨款事时，省里说只有农业部的 500 万元，没有省里拨款。于是，下面又传开一个"一言为定"的段子："刘书记的'一言为定'说的是杨部长的 500 万元一定要，河北省的 500 万元一定不给。"

那么，农业部的 500 万元赶紧拨下来吧！直到秋天，才拨下 400 万元。省里说："这么多钱，曲周一家用不合适，丘县比曲周还穷，给他们拨去了 100 万元。"

作为下级，能说什么，只好"就汤下面"，有多少钱办多少事。即便如此，当时的 400 万元可是个很大的数目，可以办许多事。曲周县在用款报告中写道：

"为扩大科研成果加快盐碱地的改造，并进一步取得较大面积治理盐碱地的经验，1979 年秋，国家专项拨付治理盐碱地款 400 万元，进一步增强了我们加

快盐碱地综合治理的信心。为用好此款，县委和政府专题进行了研究，并确定了‘优先急需，保证重点，集中使用，搞好科研’的用款原则。在北部 23 万亩盐碱地的中心，划出一块旱涝碱咸较重的作为项目区。跨 8 个公社，68 个大队，计有 12 340 户，53 453 口人，19 801 名劳力，集体耕地 113 662 亩。按张庄试验区模式制订了详细规划设计和施工计划，工期两年。”

此项目共投资 486.2 万元，其中水利建设 306 万元，占 62.9%。项目区打深井 58 眼，浅井 160 眼，深井配套 82 眼，浅井配套 230 眼，扬水点 15 个，平整土地 19 220 亩，组装 500 型钻机 5 台，铲运机 3 台，机动喷雾器 105 台，185 型割晒机 28 台，架设低压线路 25 公里，高压线路 56.7 公里，配变 47 台 2 115 千伏安等。

有了曲周庄试验区综合治理旱涝碱咸经验的“软件”，加上 400 多万元的“硬件”，在治理区的旱涝碱咸治理和农作物的产量上无疑能取得长足进展。项目区内有 60 765 亩盐碱地，轻度的由 16 808 亩减少到 15 242 亩，中度的由 16 027 亩减少到 10 641 亩，重度的由 12 695 亩减少到 8 342 亩，碱荒地由 15 235 亩减少到 11 005 亩，非盐渍化土地由 71 422 亩，增加到 86 957 亩。

1978 年以来，曲周县连续四年大旱，正是由于搞了打井配套，充分发挥了地下水的作用，避免了大幅度的减产，获得了较好收成。1981 年集体粮食总产 2 613 万斤，棉花 74 万斤，油料 73.7 万斤，分别较 1978 年增 3%、12.8% 和 21.9 倍。1981 年向国家交售粮食 374.7 万斤，统销粮 30.7 万斤，纯交售 280.5 万斤，较 1978 年交售增 43%。

400 万元投资的回收系数是 21%，即 4.7 年可全部回收。

以上数据均来自 1982 年 3 月 5 日，《曲周县人民政府关于国家拨付治理盐碱地 400 万元使用情况的报告》。此报告报送了国家农委、国家科委、农业部、财政部、河北省人民政府、

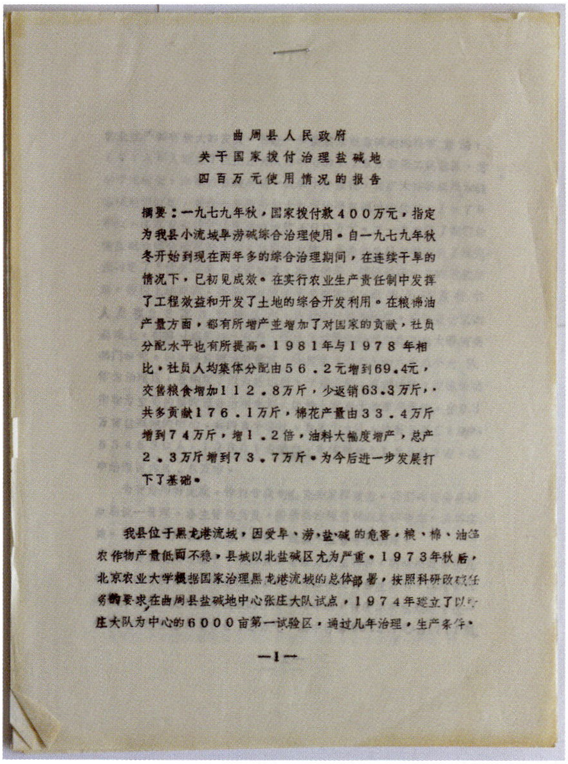

曲周县人民政府
关于国家拨付治理盐碱地
四百万元使用情况的报告

摘要：一九七九年秋，国家拨付款４００万元，指定为我县小流域旱涝碱综合治理使用。自一九七九年秋冬开始到现在两年多的综合治理期间，在连续干旱的情况下，已初见成效。在实行农业生产责任制中发挥了工程效益和开发了土地的综合开发利用。在粮棉油产量方面，都有所增产並增加了对国家的贡献，社员分配水平也有所提高。１９８１年与１９７８年相比，社员人均集体分配由５６．２元增到69.4元，交售粮食增加１１２．８万斤，少返销63.3万斤，，共多贡献１７６．１万斤，棉花产量由３３．４万斤增到７４万斤，增１．２倍，油料大幅度增产，总产２．３万斤增到７３．７万斤。为今后进一步发展打下了基础。

我县位于黑龙港流域，因受旱、涝、盐、碱的危害，粮、棉、油等农作物产量低而不稳，县城以北盐碱区尤为严重。１９７３年秋后，北京农业大学根据国家治理黑龙港流域的总体部署，按照科研改碱任务的要求，在曲周县盐碱地中心张庄大队试点，１９７４年建立了以张庄大队为中心的６０００亩第一试验区，通过几年治理，生产条件，

—１—

曲周县关于对农业部 400 万元拨款的使用情况报告
（1982 年 3 月）

邯郸地区行署和北京农业大学。

搞综合治理是需要资金的，当时农民生活生产尚自顾不暇，不可能投资，社会资金完全没有进入渠道，唯一的资金来源只能是不同形式的国家投资。曲周北部治理项目是农业部对曲周试验区科技成果认同的一种投资形式。从另一个角度说，要推广一项科研成果，如果争取不到资金，只能是手上把玩的一支“好箭”，或供杂志发表文章而已。

杨部长这位贵人的援手给曲周县北部 8 万亩盐碱低产地带来了“及时雨”，使得曲周试验区的综合治理成果能及时得到推广。之后，将讲到再建二代试验区和另一位贵人，以及联合国国际农业发展基金出手相助的故事了。

本回书写至此，可谓是：

新书记钟情张庄，立宏愿设梦曲北。
凭实力部长解囊，试验区成果推广。

18 为验证再建试区，抒豪情叫板麦产

1977 年末，当我们完成曲周试验区四年治理期的技术总结和工作总结之后，我和老辛、林培、黄仁安等人产生了一个新想法。曲周试验区是我们有了总体思路和部署，一步一步摸索着走过来的，现在这套路子比较成熟了，能否从验证与重复的角度出发，搞个二代试验区，一定会进展得更快更好。这里所说的二代试验区是验证性的，不是指二代技术。

1978 年筹备，1979 年正式启动了以王庄为中心的二代试验区，我们的情绪高涨，信心满满，好像家中又要添丁增口了。

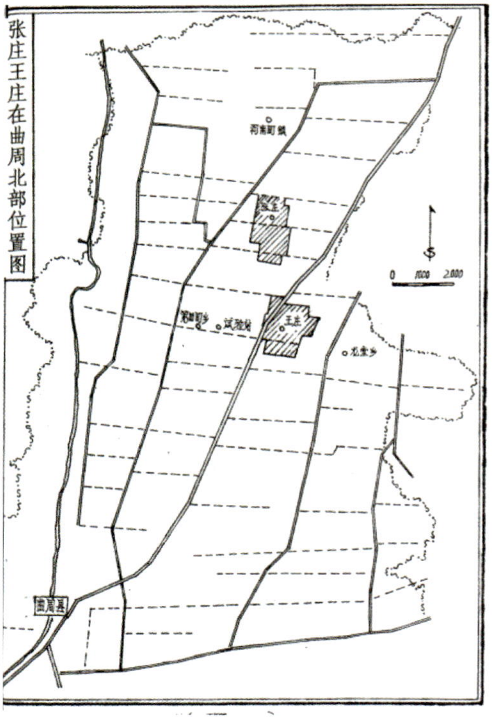

一代试验区和二代试验区的位置

王庄试验区的地貌、水文地质、土壤等条件以及试区面积等均近于一代试验区，农田工程和生产技术水平也近于治理初期的张庄试验区，这些都是科学验证与重复所必要的条件。

此次翻阅的“故纸堆”中，发现了两份材料，充溢着当时建二代试验区时的那份自信与豪情。

其中一份是 1980 年 2 月 2 日我们给邯郸地委和曲周县委上报的《1979 年粮食生产情况专门报告》（以下简称《专门报告》）。《专门报告》中简述了治理 7 年后一代试验区的情况、1979 年的粮食生产形势，随即是对二代试验区王庄大队 1980 年小麦的预测。下面是对《专门报告》的几段摘录：

一、粮食产量和播种面积是如何确定的

为了取得真实准确的结果，1979 年夏秋，我们对几个重点大队（张庄、大街、王庄）的粮田亩数和其他地块，先后进行了实测，求得每个地块的面积，并绘制成图，用于作物种植布局和准确测产。准确测产既是试验研究的需要，也便于县粮食局、统计局、粮站对这几个大队粮食产量、贡献、社员人均收入等资料的核实。

二、1979 年粮食生产情况

第一代试区土地面积 4 500 亩，1979 年试区粮食播种面积 3 669 亩，总产 220.9 万斤，平均亩产 602 斤。张庄和大街两个大队的全部土地在试区内，测产准确度高，高庄、三町、巩村、徐街、康街五个大队是部分土地在试区内。

张庄大队粮田 1 441 亩，含新改良土地 291 亩。测产粮食总产 119.75 万斤（治理前历史最高水平 39 万斤，包括自留地共 49 万斤），单产 831 斤（历史最高单产 278 斤），向国家交售余粮 39.7 万斤，获河南町公社贡献最大奖。该大队治理前仅 1971 年和 1972 年向国家交售余粮 5 万余斤，其他缺粮年份均吃统销粮（年均 5 万斤左右）。综合治理 6 年期间共提供商品粮近 160 万斤，人均 2 400 斤。1979 年社员口粮 670 斤，多数社员家庭小麦可吃到第二年麦收。1979 年全大队人均收入 115 元，较 1978 年增 17%，户均净收入 900 元以上。

大街大队粮田面积 467 亩，其中包括棉田中套种小麦 60 亩，总产 37.75 万斤，单产 808 斤，综合治理前单产不超过 200 斤。治理前经常吃统销粮，1979 年贡献 13 万斤，6 年累计向国家提供商品粮 44 万斤，人均交粮 1 440 斤。1979 年人均收入 105 元，比最高年份 1977 年增加 38%。

三、取得 1979 年粮食高产稳产的原因

1979 年是 1978 年旱情的继续，试区年降水量仅 358 毫米，仅为多年平均值的 57.6%，出现了汛期抗旱的反常现象。张庄大队和大街大队能保住高产稳产的原因，从技术上看，就是综合治理系统发挥了作用，特别是井组的作用。无地面水、无雨水，只有靠深井淡水和浅井咸水混灌。浅井—深沟体系的综合措施经受住了连续干旱的考验。1979 年仍将继续经受考验。

下面我们拟提出 1980 年做为综合治理第一年的第二代试验区重点王庄大队的综合治理预报。期望用实践来检验和评定我们的综合治理的科研成果和生产能力。

王庄大队（共 558 人）1979 年小麦总产 61 000 斤（891 亩），全年粮食总产 24.8 万斤（在秋作物生产上，综合治理的工程措施已发生效用），单产 167 斤（这是改造前有代表性的生产水平）。1980 年小麦播种 850 亩，粮田面积共计 1 000 亩。根据综合措施系统的建设情况和全部措施调控计划的实现，对综合治理和

小麦产量作出如下预报。在不发生特殊灾害的情况下，王庄大队1980年小麦总产相当于1979年的200%～300%，并力争全年产量翻一番。同时，抗旱能力达到200天无雨不成灾，除涝能力达到3日降250毫米不淹地，以及粮田中基本消除盐碱地。

对此，我们建议并恳请国家农委、国家科委、农业部、河北省农委和科委、邯郸地区农委和科委，在麦收和秋收季节派专人到现场监督检查，验收、指导。做这种预报还从来没有过，这是第一次，我们斗胆这样做，是试图让科学是生产力这一真理在这里能得以实现。希望各级领导加强指导与检查。

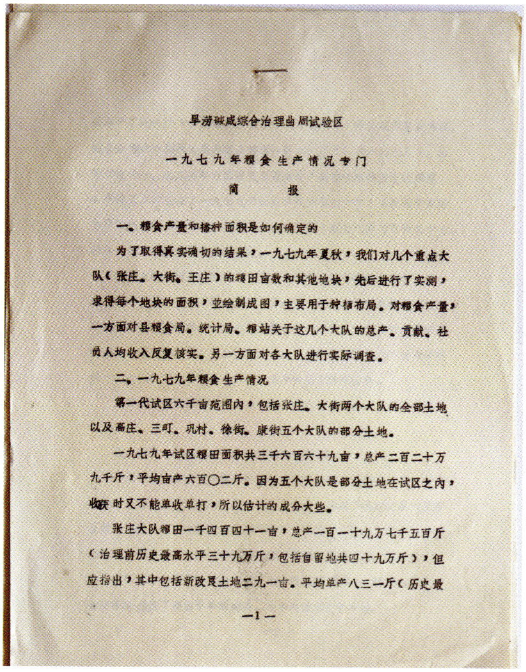
—

旱涝碱咸综合治理曲周试验区

一九七九年粮食生产情况专门

简　　报

一、粮食产量和播种面积是如何确定的

为了取得真实确切的结果，一九七九年夏秋，我们对几个重点大队（张庄、大街、王庄）的粮田亩数和其他地块，先后进行了实测，求得每个地块的面积，並绘制成图，主要用于种植布局。对粮食产量，一方面对县粮食局、统计局、粮站关于这几个大队的总产、贡献、社员人均收入反复核实。另一方面对各大队进行实际调查。

二、一九七九年粮食生产情况

第一代试区六千亩范围内，包括张庄、大街两个大队的全部土地以及高庄、三町、巩村、徐街、康街五个大队的部分土地。

一九七九年试区粮田面积共三千六百六十九亩，总产二百二十万九千斤，平均亩产六百〇二斤。因为五个大队是部分土地在试区之内，收获时又不能单收单打，所以估计的成分大些。

张庄大队粮田一千四百四十一亩，总产一百一十九万七千五百斤（治理前历史最高水平三十九万斤，包括自留地共四十九万斤），但应指出，其中包括新改良土地二九一亩。平均单产八三一斤（历史最

—1—

旱涝碱咸综合治理曲周试验区 1979 年粮食生产情况专门简报

这是经我和老辛、黄仁安几人讨论，由我执笔的一份正式上报材料。现在看这份报告的最后一段，即“王庄大队小麦产量预报”似乎超越了“自信”，而是一种“炫耀”与“疯狂”。小麦从秋到夏，气候等生产要素难以预计，所以很少有产量预报的，我们是在别出心裁。更为大胆的是，竟在旱涝碱咸四害俱全的盐碱地上，在二代试验区综合治理的第一年，居然敢作出“王庄大队1980年小麦总产相当于1979年的200%～300%”的预报。还为证明这份“真功夫”，提出了科学测产方法及恳请上级派专人到现场测产验收。这纯粹是在给自己叫板，和自己过不去。尽管当时王庄小麦产量基数较低，我们对麦田措施上得很足，苗情也不错，毕竟步子和风险还是太大了。

疾风知劲草。但现在想起来，当时头脑确实是有些发热。

验收的情况如何？

现场验收，怎么这么大的事，居然现在我一点印象也没有，怎么回事？

是当时王庄小麦产量出了问题？不至于！

是我忘了出面组织这场验收？不会！

2月2号是我自己刚起草的报告，4个月后的麦收怎能忘记？

只得在我当时的笔记本中去查找，查找1980年麦收时我干什么去了？问题的答案找到了，原来麦收时节我做了另一件更加重大的事，先且按下不表。

令人高兴的是，在“故纸堆”里找到了另一份材料，《旱涝碱咸综合治理曲周试验区1980年夏季简报》（以下简称《简报》），落款是北京农业大学曲周基点和曲周县试区指挥部，时间是1980年麦收后的7月18日。没错，这是老辛写的，他和我在写作风格和用词上是不同的，看上几段就能分辨出自谁手。没错！是老辛组织的“现场验收会”。他在《简报》中明确提出了1980年2月2日报告中提出的预报要求和指标。以下是对该《简报》的摘录。

出人意料，《简报》的第一段就报告了一个“坏消息”：

“一代试验区重点张庄大队，今年小麦长势十分喜人，在综合措施下抗过了春季低温时间长和以后的干旱。但在灌浆后期，小雨季节后一场干热风，造成了目前条件下尚不可能抗御的灾害，千粒重由近几年平均的38克降到30克左右，致使总产减为44.2万斤，比1979年减产24%，平均亩产仅386斤。但张庄大队仍上交小麦17万斤，占全公社的40%，仍居第一位。

我们没有料到对小麦造成如此大损害的干热风会在这个时候发生，这对我们敲起了警钟。今后，为了确保小麦高产稳产，必须采取多方面措施，以解决干热风所造成的危害问题。”

干热风，是我们没有预想到的、小麦成熟期的一种重大气象灾害。

《简报》的第二段说到了正题：

“在今年2月2日，《旱涝碱咸综合治理曲周试验区1979年粮食生产情况专门简报》中，我们提出了第二代试验区重点王庄大队治理第一年的综合治理预报，期望用实践来检验和评定我们的综合治理科研和生产，并试图让科学就是生产力在我们的农田生态系统中通过中间转换环节—人工控制系统，得以局部地实现。

在生产量的预报中，关于小麦总产提出：1980年相当于1979年的200%～300%，并力争超过。

今年的气候条件对小麦的生长发育是很不利的。在抗逆性不强的地方造成了普遍和较大幅度减产的局势。

王庄大队从1978年秋冬开始了综合治理，抓紧搞了水利工程（打深浅机井、挖沟、铺防渗渠道、修建筑物、种树等），抢平了土地，种植了部分绿肥，尽力提高了种麦质量，加强了冬前及返青前后的田间管理（耧麦松土、灌溉、追肥、喷磷），原来粗放的耕作制度和经营管理有所改变，取得了可喜结果，完成了预报中的高指标：850亩小麦总产达到200 103斤，相当于1979年891亩总产（61 000斤）的328%；平均单产235斤。上交小麦83 000多斤，相当于去年全队小麦总产的136%，贡献占全公社的1/3强（全大队全年包干任务为2 000斤）。”

《简报》写了如下的结论性意见：

“上述结果表明，这里的农田生态系统的低质量已有显著改变，抗灾能力有所增强，发挥了综合措施的综合功能。这种低产地方在如此不利的气候条件下仍能增产，也说明这套综合治理措施的有效性。

另一方面，有了科学和措施之后，即有了一定的物质技术条件之后，大队和生产队的班子是决定性因素。能不能正确地执行政策和进行有效的管理，以调动社员的积极性和按科学办事，关键就是他们。王庄大队的班子是能够逐步达到上述要求的。”

此处所附照片是曲周试验区创建人，即 1973 年 6 月 1 日给我打电话来曲周看点的沈其益副校长（前排右二人），于 1980 年麦收季节陪同他的母校美国明尼苏达大学考察团在曲周试验区。请注意，照片上沈副校长的眼神多么的专注啊！

沈其益副校长陪同美国专家考察试验区麦收（1980 年）

如果当时我在张庄，一定会出面接待陪同他们的，为何印象全无呢？说明我确实干着另一件重要事情，且听下回分解。

本回书写至此，可谓是：

为验证再建试区，抒豪情叫板麦产。
干热风意外来袭，凭科学有惊无险。

19 阿金斯当场拍板，借外力圆梦曲周

上回书说到1980年我未参加试验区小麦产量验收而做着另一件大事。此话还要从1978年“谋推广梦系曲周，喜碰杯双五百万”（第17回）说起。

曲周试验区给了农业部杨立功部长一个好印象，1979年来张庄的何康副部长更是位古道热肠的性情中人。他说以后农业部还会继续支持曲周试验区的，绝非应酬言语。

曲周试验区在农业部挂上了号，遇事都会想着它。

果不其然，1980年又来了一次机会。

中国改革开放后，一些国际组织为向中国示好和开展业务，试探着为中国提供优惠贷款项目。1980年，主要为第三世界国家提供农业援助的国际组织，在联合国国际农业发展基金（IFAD）与中国农业部会谈项目中，农业部首先推荐了曲周试验区。随即，农业部通知河北省和邯郸地区，IFAD副总裁阿金斯先生即日将到曲周试验区作项目考察，同时也通知了在试验区的农大老师，做好接待准备。

正是麦收大忙时节的1980年6月16日，我由张庄赶到邯郸，17日早餐后，与阿金斯同车前往曲周。

阿金斯是巴基斯坦或是中东某个地方的人，学农出身，家有农场，曾任某国农业部部长，个子高挑，为人谦和，没有架子，戴着一副茶色眼镜。

一路上，他问了许多这里的小麦生产情况。当汽车进到小麦生产大县永年县境，那麦地里收割麦子的场景很是动人。让阿金斯感到惊奇的是一些农民将割下的麦秸麦穗铺在公路上，让来往的汽车碾压着。

“这是怎么回事？”阿金斯问我。

“割下的麦子铺在马路上，既好晒干又有汽车碾压，比起拉到麦场上晾晒和用畜力石磙碾压省事得多，还节约了畜力人工。”我给了他一个解释。

“这是中国农民的创造。”阿金斯笑着说。

“中国有句老话，‘靠山吃山，靠水吃水’，这里的农民靠着马路‘吃马路’。”我的这个补充让阿金斯哈哈大笑起来，连声说好。

交谈与沟通是最好的润滑剂，我和阿金斯逐渐热络起来，话题越来越多，不

像刚见面时的那般拘谨与干涩。

汽车到了曲周县，还是按常规套路，由赵迎副县长表示欢迎和介绍县情。赵副县长娓娓道来，如行云流水。因为我听过许多遍，听了上段就知道下面会讲什么。接着是到县招待所午饭，饭后直接驱车去曲周北部和试验区了。

我们为联合国 IFAD 考察组准备了曲周北部和试验区考察的路线图，让他们心中有数。曲周县北部已经没有了麦浪和农民割麦的热闹场景，只有片片盐碱地上的荒芜与凄凉，零星的小块麦地里，稀疏瘦矮的麦株与杂草混长着。当然，淋盐场和盐土堆是一定会让他们看的，阿金斯问："这是这一带农民的谋生手段吗？"赵迎副县长点头称是。

汽车驶进曲周试验区，完全是另一番景象。6 年的治理与建设，试验区内外已经是两重天地。试验区内，沟渠林路纵横交错，田方地平庄稼硕壮，这时的护田林带已经成荫，看上去着实可人。

汽车走得很慢，边走我在车上边介绍，一次车停在了麦浪翻滚的金色麦田边，介绍这里五年前还是一片盐场，我们用了浅井深沟体系方法，特别是如何平地压盐、浅井群抽水强降地下水位以及施用有机肥等农业技术，这块地的小麦每亩地打 600 斤，下茬玉米 700 斤（我和县长介绍县情一样如行云流水，也是讲过许多遍了）。他称赞声不断，不时提出问题，问得很专业。

此处所附的一组照片中，一张是在试验区护田林带的一张合影，前排正中高个子戴墨镜的是阿金斯先生，他的左侧是赵迎副县长，右侧依次是张庄大队长赵文、我和辛德惠。

IFAD 阿金斯考察曲周试验区（1980 年 6 月 16 日）

现场考察后，回到张庄村我们的住处。坐定敬茶后，由赵文介绍张庄村情况，与赵县长介绍县情和我在田间介绍试验区情一样，赵文的介绍也是熟练老道，简明流畅，回答问题也很得体。然后就是我代表北京农大老师介绍这几年试验区的试验研究及农业生产情况。

1978 年刚印发了曲周试验区四年治理期的技术总结；1979 年组建二代试验区；1980 年发布的小麦产量预报等，材料确实充实。与以往领导视察时的汇报不同，这次既要讲治理过程与生产结果，更要讲科学依据，试验设计和试验结果，列示各种数字、表格和曲线。其实这些正是我们的强项，介绍时如数家珍，还将重要内容的图表、曲线的复制件交与了阿金斯的助手。为什么介绍这许多技术性资料，因为从邯郸到曲周，与阿金斯的一路交谈中使我得到一个印象，阿金斯不仅是农业官员，也是农业专家和教授，他对技术会感兴趣的。

太阳已经西落。阿金斯在几次提问后做了最后讲话，他说；

“今天下午我亲眼看到了很多东西，它们都是真实的，有说服力的。我到过许多发展中国家的生产条件差、农业落后的地区考察过，没有一个地方像今天下午给我留下了如此深刻的印象。它不仅是生产上的，而且是科学上的，因为这里有一批大学老师在帮助你们，使得你们的成就有了科学的支持和依据。”

阿金斯的讲话是真诚的，时而流露出他的激情。最后他说：

“这样类似的项目，我们一般需要派专家组考察半个月，这次考察，半天就足够了。我可以向你们坦白地讲，我已经同意了这个援助项目，但是要等我回到总部向总裁先生报告后得到他的同意才能成立。我相信，总裁一定会同意我的立项意见的。”

天色已晚，我们的车经曲周县城未曾停留就直奔了邯郸。回程的车上，我和

阿金斯更是无话不谈了，他向我谈了一些他在中东、印度、非洲一些国家考察的情况。车快进入邯郸市区时，天色已完全黑了下来。

“石先生，你们在盐碱地改良上做出了这么优秀的工作，难道你们就没有在一些国际性的专业杂志上发表过论文吗？”他像突然想起一件事情似地问我。

“阿金斯先生，如果在几年前的‘文化大革命’期间，我和你坐在同一辆汽车里，就可能会犯‘里通外国’罪。”我也幽了他一默。

“OK！ OK！我明白了。”他又一次地哈哈大笑起来，记不清这是他的第几次大笑了。

“现在你们应该在国际性学术杂志上发表论文了。”笑后提出建议。

仅一面之缘，之后再未见过阿金斯先生，但相见百次不如一次而能相知。

我将此事向地、县及学校领导做了汇报，大家都很高兴，如果成功，上千万元美金，简直是个天文数字。美金在当时是个“稀罕物”，这不是“天上掉馅饼”吗？

此后，项目事一切遵照农业部外事司的安排推进。

由赵迎副县长挂帅，抽调县各专业部门技术骨干30余人，组成专门班子，在农大老师参与下，编制出了《曲周县项目区综合治理规划》。1981年6月7日，世界银行派农业经济学家丁文波率领评估组一行7人，对曲周县北部23万亩项目区进行了预评估考察。同年7月27日，世界银行又派地下水专家安德逊专门考察项目区地下水资源状况。

改革开放之初的那些年里，接待外宾是件新事和大事，既新鲜好奇，又不知如何以待；既想坦诚相处，又怕违纪犯错，恐怕我们每个人都有过这样一段经历，最难办的要算是外宾“家访”了。

当时在学校，某位教授要接待过去在外国留学时的老同学、老同事和亲朋好友时，穿上一身西服问题倒不大，难的是无法把“洋人”往家里引，太影响社会主义形象了，“好面子”是中国的“国民性”。处理办法一般是由学校“外办”协助找一套比较像样的，可供接待外宾用的“家”。大学里尚且如此，何况是在穷乡僻壤的曲周。

世界银行派来的专家组无论是考察水利工程、田间庄稼、试验结果，点哪儿看哪儿，从容以待，但在考察农民家庭问题上就让我们犯难了，弄不好会影响中国社会主义农村形象的，这可是个政治问题。“哪壶不开提哪壶”，世界银行考察组明确提出要访问项目区的农户，无法推辞。

经过反复筛选与研究，选了白寨公社一户社员，政治上和出身都没问题、户主形象与谈吐还可以，住房在这一带也是上等水平。但这家女主人实在“怯场”，最后确定由公社妇女主任临时扮演这家女主人才算圆了这个场。

此次原本是预评估考察，以后还要进行正式评估。由于准备充足，资料齐全，考察组专家一致认为不需再考察了，于是将预评估改为正式评估，两步并作一

步走。

1982 年 7 ～ 11 月，农业部和河北省政府派出谈判代表赴罗马与 IFAD 代表进行谈判。同年 11 月 24 日正式签订了“贷款协定”，项目名称是“河北农业发展项目”。该项目贷款于 1983 年 2 月 22 日生效，项目施工期 5 年，贷款金额为 2 294 万元，年息 4%，贷款期 20 年。根据《贷款协议》的规定，河北省给予曲周县项目区无偿配套资金 996 万元和贷款 2 294 万元。

在该项目执行过程中，贷款方还无偿给予曲周项目区 526 万个工作日的食品援助，计有小麦 15 492 吨、食油 262.697 吨、葡萄干 55.582 吨、猪肉罐头 24 吨、牛肉干 2.5 吨、面条 100 吨，总价值约 688.7 万元。

回过头来说说，这笔贷款的决策过程中，曲周县委内部是曾有过不同意见的。有的委员认为，曲周县条件差、底子薄，借这么大一笔钱搞改碱，到时还不上怎么办，这届班子是要负责任的（真实诚！当时班子的政风是对工作的强烈责任心，不是只追求本届政府政绩和个人升迁）。另外一种意见是分析了多种有利因素，认为完全有把握还贷。赵迎副县长是主贷派，关键还是拿大主意的冯书记。

听说一次赵迎副县长在农业部开会时说：“有农大老师在曲周试验区的六年工作，贷款条件又这么优惠，如果搞不上去，还不上贷款，我们这届班子早就该滚蛋了！”

阿金斯走后不久，赵副县长和我着手准备起来，9 月就弄出了一份《联合国农业发展基金会投资项目：曲周县旱涝碱咸综合治理和农业综合发展规划方案》报农业部外事司。根据农业部外事司的意见进行修改，于 1981 年元月出了第二稿，即下文所附照片中的左右两幅（封面），中幅是 5 月出的英文本封面。

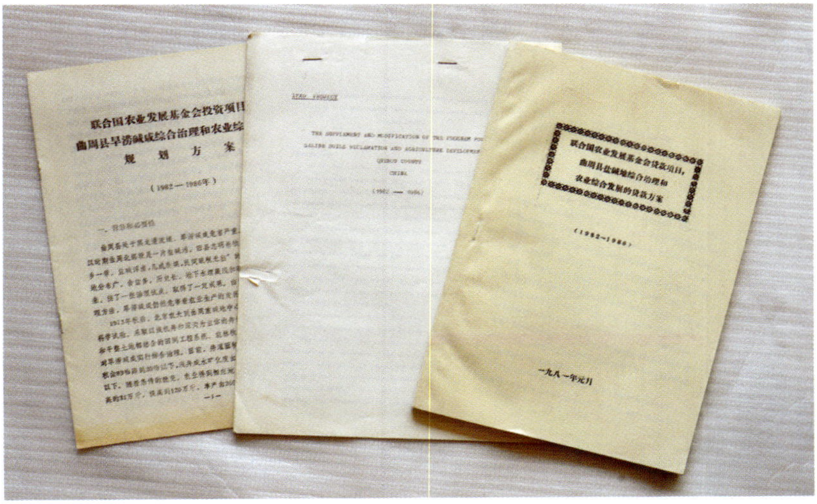

我们研究起草的 IFAD 项目的曲周旱涝碱咸综合治理方案

下面表一表 IFAD 项目执行情况。

1997 年出版的《曲周县志》有如下记载。

项目区包括整个曲周县的北半部，面积 280 平方千米，占曲周县境总面积的 42%。涵盖 2.97 万户和 12.31 万人口，可耕地面积 35 万亩。项目区的农田工程有：沟渠土方 753 万立方米、桥闸涵建筑物 867 座、平整土地 9 万亩、新打和修旧机井 1 242 眼、修防渗渠 400 千米、高低压输电线路 655 千米、营造农田防护林网 3.18 万亩等。还有养殖业发展、科研推广和技术培训、水盐和土壤监测等专项规划。项目施工期为五年，即 1983 年 1 月 1 日到 1987 年底。

在五年的边施工边治理过程中，盐碱地面积由 16.6 万亩减少到 5.44 万亩；灌溉面积由 9 万亩增加到 21.2 万亩；9.5 万亩易涝农田的防涝能力有了很大提高；林木覆盖率由 4.7% 提高到 18%；配电农田由 8 万亩提高到 18.7 万亩；农机总动力由 5.256 万马力增加到 9.359 万马力。

项目区治理前最高粮食总产 3.478 万吨和单产 363 斤，1987 年总产 6.765 万吨和单产 732 斤，分别比治理前增长 94.5% 和 101.7%；分别比对照区高 28.7% 和 33.9%。

项目治理前，项目区粮食基本自给，1987 年提供商品粮 11 585 万斤、皮棉 3 521 万斤，分别比治理前增长 300% 和 310%；分别比对照区高 119% 和 75%。

项目执行前，项目区年农民总收入 1 415.8 万元，纯收入 995.6 万元，人均收入 76.2 元。1987 年，此三项指标分别达到 9 672 万元、5 071 万元和 379 元。此三项指标的五年累计分别是 24 723 万元、14 532 万元和 1 140 元。

在过去，出了曲周县城往北，春天白茫茫，秋天水汪汪，盐土堆林立，沟渠杂陈，田块零乱，苗稀草旺，村穷人贫，满目疮痍，一片荒凉景象。在自 1973 年张庄试验区旱涝碱咸成功治理的带动下，又经此五年的大规模治理，整个曲周北部，即 42% 的曲周县境旧貌换新颜。沟渠林路成格地成方，井群电网齐布农机忙，旱涝碱咸让路人气旺，农民科技领导三贡献，林茂粮丰收入一起上。

国际农业发展基金会和世界银行按严格程序对此项目组织了检查和验收，给予了很高评价。基金会总裁雅泽里先生视察后说："曲周项目是成功的，要认真总结项目实施的经验。"通过记者采访，在国际刊物上发表了题为"中国农民与盐龙的战斗"的文章。文中指出："我们到过很多国家和地方，从未见过这样好的项目""中国是唯一的一个国家用自己的技术和专家搞建设，这种自力更生的精神给我们印象很深"。先后有 52 个国外代表团到项目现场参观考察。

曲周县冯文海书记刚上任不久，于 1976 年的 3 月正式报告邯郸地区，将曲周试验区综合治理经验推广到曲周北部 23 万亩盐碱地的大胆设想。这是千百

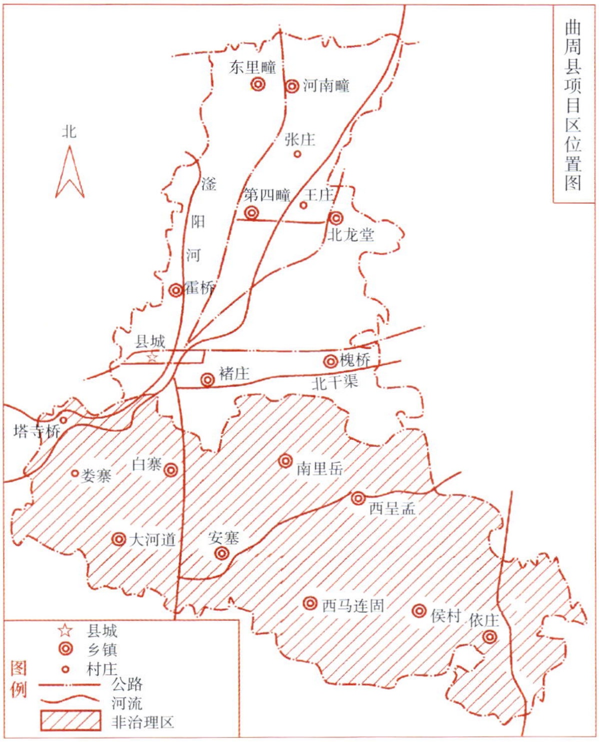

曲周县 IFAD 项目区位置图

年曲周人的夙愿。托改革开放的福，1979 年农业部拨款 400 万元，1983 年又有了 IFAD 和世界银行的数千万元外资贷款，终于圆了曲周人的梦。

记得我们刚到曲周不久，就听说在治理北部盐碱地问题上县领导班子里有不同意见，有“捡芝麻”与“抱西瓜”之争。因为投入少、出产量的好地在县南部，是“西瓜”，而北部盐碱地下力气大、收效微，是“芝麻”。随着曲周试验区的成功，“西瓜与芝麻”之争渐渐淡去。后来，曲周北部的生产条件越来越好，农业产量越来越高，给国家上交粮食的贡献越来越大，不少指标超过了南部。于是有人说：“现在曲周的‘芝麻’长得比‘西瓜’大。”此处所附的是曲周县全图，北半部是曲周试验区和后来的 IFAD 项目区，是所谓的“芝麻”；有斜线图例的是曲周南部非项目区，是所谓的“西瓜”。

本回书写至此，可谓是：

搞治理成效彰著，栽梧桐引来凤凰。
阿金斯当场拍板，借外力百姓圆梦。

20 诚可贵河北认同，许铁城箴言六条

北京农大在河北省搞改碱试验区，能得到河北省行政领导的支持，当地相关业务部门和科技同行的相容与认同很重要。

1975 年衡水会议上曲周张庄试验区惹起的那场“浅井风波”，主要是“文化大革命”期间来自河北省委高层，而河北省科委对曲周试验区一直是关照和支持有加的，曲周试验区与河北省农业科学研究院、河北省水利科学研究所、邯郸、沧州和衡水地区水科所等业务单位一直保持着密切联系与交往。

“文革”结束不久，《河北农业科技》杂志就向我们约稿，于 1978 年第 3 期刊载了北京农大曲周试验区撰写的文章“旱涝碱咸综合治理效果好”。文章介绍了曲周试验区在 1973—1977 年，即综合治理期间的做法与成效，文中明确提出了“三年可见成效和基本收回投资”。这对当时河北省的土壤盐渍化治理无疑会带来冲击。此处附上了该文的图片。

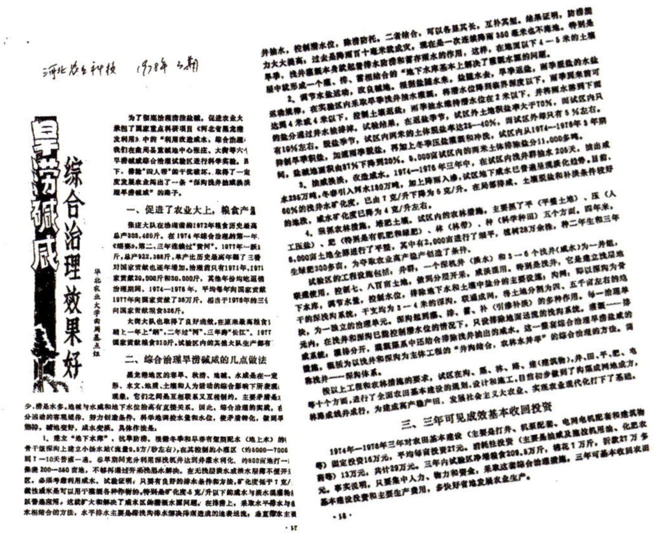
河北农业科技 1978年3期

旱涝碱咸综合治理效果好

华北农业大学曲周基点

一、促进了农业大上，粮食产量

二、综合治理旱涝碱咸的几点做法

三、三年可见成效基本收回投资

曲周试验区在《河北农业科技》杂志上发表的文章（1978 年）

1979 年，在河北省栾城县召开的全国农业现代化综合科学实验基地工作会议上，我代表北京农大曲周试验区在大会上作了发言，河北省科学技术情报研究所随即将讲话录音整理成文并向全省下发，其中作了如下编者按语。

“本文是北京农大讲师石元春同志在栾城召开的全国农业现代化综合科学实验基地工作会议上的发言。他总结了多年对治理黄淮海平原旱涝盐碱的宝贵经验，同时还指出了尚需进一步解决的问题和具体措施。他们在我省曲周县搞的综合治理大样板成果显著，所采用的综合治理的理论观点有普遍意义，尤其对黑龙港流域更为适宜，因此我所根据录音摘要整理印发，供有关单位参考。”

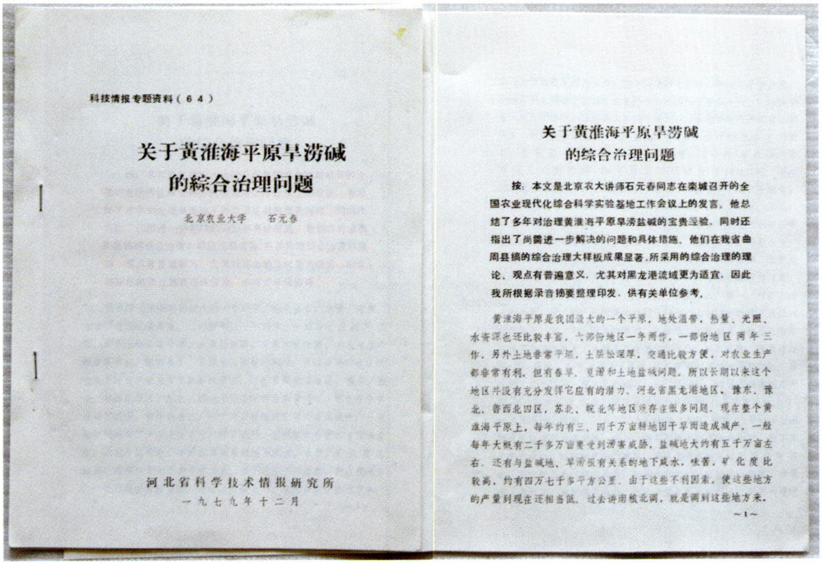
科技情报专题资料（64）

关于黄淮海平原旱涝碱的综合治理问题

北京农业大学　石元春

河北省科学技术情报研究所

一九七九年十二月

关于黄淮海平原旱涝碱的综合治理问题

按：本文是北京农大讲师石元春同志在栾城召开的全国农业现代化综合科学实验基地工作会议上的发言，他总结了多年对治理黄淮海平原旱涝盐碱的宝贵经验，同时还指出了尚需进一步解决的问题和具体措施，他们在我省曲周县搞的综合治理大样板成果显著，所采用的综合治理的理论、观点有普遍意义，尤其对黑龙港流域更为适宜，因此我所根据录音摘要整理印发，供有关单位参考。

黄淮海平原是我国最大的一个平原，地处温带，热量、光照、水资源也还比较丰富，大部份地区一年两作，一部份地区两年三作，另外土地非常平坦，土层松深厚，交通比较方便，对农业生产都非常有利。但有春旱、夏涝和土地盐碱问题，所以长期以来这个地区并没有充分发挥它应有的潜力。河北省黑龙港地区、豫东、豫北、鲁西北四区，苏北、皖北等地区尚存在很多问题。现在整个黄淮海平原上，每年约有三、四千万亩耕地因干旱而造成减产，一般每年大概有二千多万亩要受到涝害威胁，盐碱地大约有五千万亩左右。还有与盐碱地、旱涝很有关系的地下咸水，咸害，矿化度比较高，约有四万七千多平方公里。由于这些不利因素，使这些地方的产量到现在还相当低。过去讲南粮北调，就是调到这些地方来。

~1~

河北省科技情报研究所按石元春报告录音全文转发到全省科技单位并加写了“编者按语”

我们十分重视和珍惜 20 世纪 80 年代的河北省对曲周试验区成果的全面报道，是对这项成果的认同与充分肯定。尤其令我们感动的是，河北省黑龙港项目领导小组办公室主任许铁城同志，于 1979 年 7 月 1 日专门撰写了题为“登攀高峰，贵在坚持”的系统介绍了曲周试验区的 5 000 字专文。文章在一个更加广阔和高度上观察和介绍了曲周试验区取得的成果与经验，以下是许文的摘引：

“张庄试验区的成果，经河北省科学技术委员会组织各有关学科专家鉴定，一致认为：张庄试验区的科研成果，在科学上、理论上是一个重要突破。发展丰富了我国的基础科学和开发科学研究工作，同时，也证明新理论推动了当地当前生产的飞跃发展，以惊人的速度改变了生产面貌，从而，它为我们向整个黄

淮海地区的旱涝碱咸大进军，提供了有力的武器和可以借鉴的样板。”

“实践证明，河北省黑龙港地区和我国整个黄淮海流域一样，在世界上是半湿润季风区中的一个类型区，在这里有大量的科技问题要研究、要解决和要回答。在我国自己的国情和资源条件下，有些对别人是成果的东西，我们照搬后只是经历了痛苦的低效或无效劳动。而张庄试验区的科研成果和生产实践飞跃发展的事实，为我们别开生面，是个巨大启发。”

“张庄试验区的科研成果，受到河北省科研成果奖励大会的奖励。《光明日报》《河北日报》和中央电视台，均已分别刊登和介绍过他们的试验成果。并于1979年在全国劳模大会上受到国务院嘉奖。”

许文的重点是从黑龙港项目的整体和经历的角度，提出了曲周试验区取得成功的6条“基本经验”，摘录如下：

张庄试验区，在七年的漫长岁月中，是怎样取得上述科学成果，并为当地当前的生产建设服务的？他们的基本经验如下。

一、干活的要坚持干活。北京农大科技人员，遵循敬爱的周总理对科研人员在研究工作上“认真实施，不做浮云”的要求，从1973年秋进场，直至今天，七年如一日，认真蹲在试验区，从未中断，即使换季探亲，也都有交接班安排，科研工作的一个很重要特点是它的连续性，不能三天打鱼，两天晒网，要说蹲下来，谈何容易。

到农业第一线去搞科研，已为无数历史事实证明，其成败的首要关键，就是下去干活的人要坚持干活，绝不能做游客，定个点，挂个号，捞个名，来来去去，只弄数字，不搞实践，不摆样板，以空对空，终无一成。北京农大的科技人员，却没有这样的毛病，他们在张庄试区，能蹲得住，坚持干活，一丝不苟，这才是难能可贵的。

二、坚持按科研程序办事。张庄区的试验工作，从着手调查到制订实施计划，到试验全面展开，到逐段深入，到周期升级，连续多年都是按国家和河北省批准的研究计划进行；在试验中，严格坚持阶段、年度的试验与工作总结检查制度，并都有文字材料，亦皆报有关领导机关。多年来，由于张庄试验区在其试验中，坚持按科研程序办事，所以，资料齐全、数据充分，所提科学观点明确、理论严谨系统，而较好地体现了科研作风上严肃、严密、严格的三要求，并为搞中国式农业现代化和科技管理提供了非常有益的经验。

三、坚持科研与生产相结合，紧密服务当地当前生产。科研与生产相结合，是我国科学事业的一个基本特点，张庄试验区通过七年试验，能达到‘两出（科研成果，科技人才）一促（促进当地当前生产）’的实效就是他们在自己的长期

实际试验中，实践了这一方针的必然结果。奋斗在曲周县北部近三十万亩盐碱地上的干部、科技人员和群众都知道，他们的活动，同黑龙港地区一千多万亩盐碱地的改良、同整个黄淮海流域旱涝碱咸的综合治理，是连在一起的。

四、坚持协作的原则。在科研中协作不是方法问题，而是一条严肃的必要的原则，需要去自觉地遵守它，保护它，坚持它，发展它。张庄试验区，在其长期试验中，各方面都注意互相尊重，互相团结、互相配合，为一个共同目标而奋斗，有了困难同克服，有了错误共纠正，有了成绩共庆贺，有了荣誉互推让，不争名、不争利，大家一心改良盐碱地，他们是靠风格、靠大志、来贯彻执行协作原则的。

五、坚持克服困难和顶着风雨，百折不挠搞科研，张庄试验区走的路子是相当不平凡的。试验展开之后，虽说在物质上国家给予一定补助，但大量资金还是靠结合生产而自筹的；在思想上，内部对如何搞法认识不一致，社会上看法有分歧，甚至有那么一伙人，持敌意而攻击，特别当试验进入盛期时，前省委主要领导人安插在省委农办搞极“左”路线的一个“打手”竟在一次科研工作会议上点名批判张庄试验区和北京农大的专家搞的试验是路线斗争问题。但困难没有逼垮它、争论没有搞垮它，攻击没有攻垮它，极“左”路线没有压垮它，相反，张庄试验区在毛泽东思想指引和地方党政领导下，越过障碍，甩掉绊脚石，昂首前进。

六、领导者坚持领导。曲周县委对张庄试验区的领导，既不是空喊，亦非心血来潮，而是身临其境，同科研人员一起战斗，抓思想、抓矛盾、抓协调、抓后勤。县委领导同志和一批县级干部和农大同志一起已在试验区先后蹲了七年，做了大量的政治思想工作，群众工作，扎扎实实地当了后勤部。从科技人员的吃、穿、住、行、休（休息），到试验上需要用的仪器设备和机、泵、管、带、电、钢、木、泥（水泥）都予以保证。正是由于县委坚持领导，张庄试验区才形成了从前方到后勤，从科研到生产、从左邻到右舍、从科研人员到群众、从室内到田间的完整机体。

“知曲周试验区者铁城也。”作为国家科技攻关项目办公室主任的许铁城同志，能站在一定高度和广阔视野上，如此深刻地为一个试验区总结提出了取得成功的六点基本经验，句句说在了实处。从他褒奖曲周试验区的热情言辞话语背后，也能感受到流淌着他对极“左”思潮打击下的河北黑龙港项目的“悲情”。他是在工作上遭遇极大困难、精神上十分压抑和身体状况不佳的情况下写下这篇长文的。他是曲周试验区的忠实朋友，他过早地离开了我们，我们将永远怀念他。

此处所附照片是“攀登高峰，贵在坚持”文首页及许铁城同志给我布置任务的私人信件。

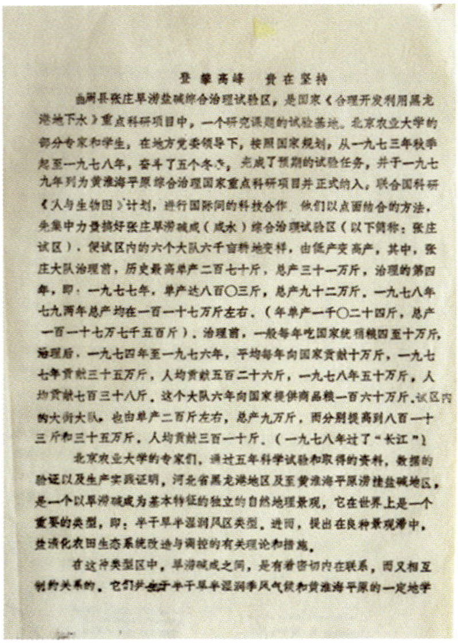

登攀高峰　贵在坚持

曲周县张庄旱涝盐碱综合治理试验区，是国家《合理开发利用黑龙港地下水》重点科研项目中，一个研究课题的试验基地。北京农业大学的部分专家和学生，在地方党委领导下，按照国家规划，从一九七三年秋季起至一九七八年，奋斗了五个冬春，完成了预期的试验任务，并于一九七九年列为黄淮海平原综合治理国家重点科研项目并正式纳入，联合国科研《人与生物圈》计划，进行国际间的科技合作。他们以点面结合的方法，先集中力量搞好张庄旱涝碱咸（咸水）综合治理试验区（以下简称：张庄试区），使试区内的六个大队六千亩耕地变样，由低产变高产，其中，张庄大队治理前，历史最高单产二百七十斤，总产三十一万斤，治理的第四年，即：一九七七年，单产达八百〇三斤，总产九十二万斤，一九七八年七九两年总产均在一百一十七万斤左右。（年单产一千〇二十四斤，总产一百一十七万七千五百斤）。治理前，一般每年吃国家统销粮四至十万斤，治理后，一九七四年至一九七六年，平均每年向国家贡献十万斤，一九七七年贡献三十五万斤，人均贡献五百二十六斤，一九七八年五十万斤，人均贡献七百三十八斤。这个大队六年向国家提供商品粮一百六十万斤。试区内的大街大队，也由单产二百斤左右，总产九万斤，而分别提高到八百一十三斤和三十五万斤，人均贡献三百一十斤。（一九七八年过了"长江"）

北京农业大学的专家们，通过五年科学试验和取得的资料，数据的验证以及生产实践证明，河北省黑龙港地区及至黄淮海平原涝洼盐碱地区，是一个以旱涝碱咸为基本特征的独立的自然地理景观，它在世界上是一个重要的类型，即：半干旱半湿润风区类型。进而，提出在这种景观带中，盐渍化农田生态系统改造与调控的有关理论和措施。

在这种类型区中，旱涝碱咸之间，是有着密切内在联系，而又相互制约关系的。它们产生于半干旱半湿润季风气候和黄淮海平原的一定地学

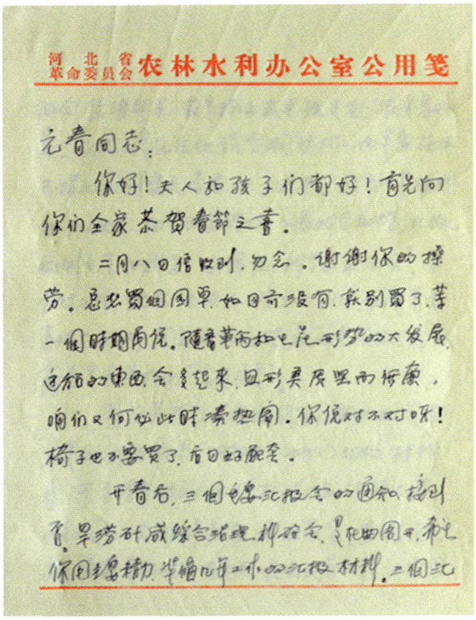

河北省革命委员会农林水利办公室公用笺

元春同志：

你好！夫人和孩子们都好！首先向你们全家恭贺春节之喜。

二月八日信收到，勿念。谢谢你的操劳。[illegible]

许铁城总结曲周试验区工作的专文和信函

正如许文中所说："在试验中，严格坚持阶段、年度的试验与工作总结检查制度，并都有文字材料，亦皆报有关领导机关。"1981 年的 8 月 1 日我们照例上报了《曲周试验区 1981 年上半年工作情况简报》，河北省科委于 8 月 7 日将《关于转发张庄试验区半年试验简报的通知》发到各地、市科委、各高等院校、各科研院所、各重点项目试验区。

据我们所知，这种情况是少有发生的。发文中说：

"张庄试验区，在过去八年中，它之所以能在极度困难的情况下，一步一步地把工作开展起来，在科学和生产上做出双贡献，进入国际间协作行列，并受到国务院嘉奖令表扬，除了其他方面的原因外，就是他们在自己的工作中，既有严肃、严谨、严密的工作态度，又能自觉地坚持和执行试验中的纪律与各种规章制度。为了交流经验，现将他们最近报来的 1981 年上半年的试验简报转发给你们参考。亦望大家都来总结这方面的经验，加强科研业务建设，逐步改进和提高工作质量，以便把全省科研工作推向新阶段。"

1982 年 12 月 17 日，省科委农业处又就曲周北部 23 万亩综合治理的情况，以"成效显著，攻关有望"为题整理了一份上报材料，全文如下：

"国家科委设立，北京农业大学承担的曲周旱涝碱咸薄综合治理试验区。与曲周县委、县政府密切合作，在曲周县北部 23 万亩盐碱地上以科学试验为前导，

艰苦奋斗十年。除已完成国家赋予的大量基础研究和应用理论研究任务，提出一批有价值的科研成果。并于1980年列入联合国科研计划，进行国际间的科研协作外，已于1980年扭转了‘吃粮靠返销、花钱靠贷款’的局面，转而向国家提供农业商品粮。据统计，该区共有8个公社，118个大队，近89 000人。治理以前。每年吃统销粮500万～600万斤。由于对盐碱地进行了综合治理，从1980年开始，三年来。向国家提供商品粮1 978万斤，商品棉504万斤，油料214.4万斤。北京农大在曲周搞的第一代试区的张庄大队共150户，过去每年吃统销粮4万～10万斤。现在年年卖余粮。自1974年以来，向国家交售粮食269万斤。年均29.9万斤，人均交售450斤，1982年，户均产粮1万余斤。第二代试验区的王庄大队，过去每年吃统销粮5万斤。治理后，年年向国家交售余粮，自1979—1982年的四年中共交售68万斤。仅1982年一年就交售30万斤，人均收入可达600元。

随着该区粮、棉、油等主要农产品的不断增加，整个农业生产搞活了，农村人民生活大大改善，这个有史以来贫穷多灾的重碱地区的人民更加拥护党和政府。同时，它也告诉我们，只要落实了三中全会以来党在农村的各项政策。执行新的科技方针，发挥科学技术的巨大威力，抓住重点研究课题。选准技术路线，制订出正确的实施方案，组织好攻关队伍，中低产田的关是一定能在不太长的时间内攻破的！”

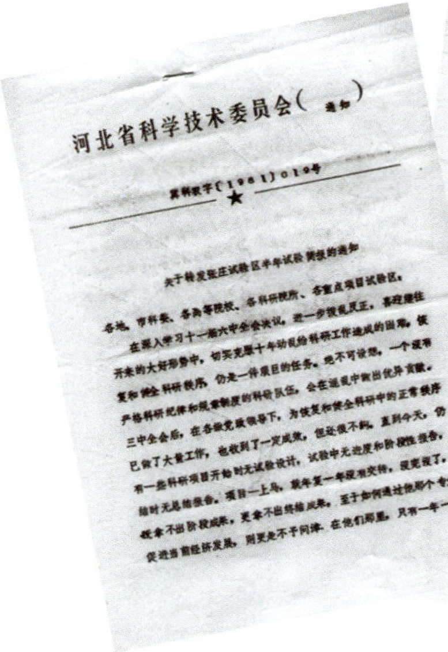
河北省科学技术委员会（通知）

★

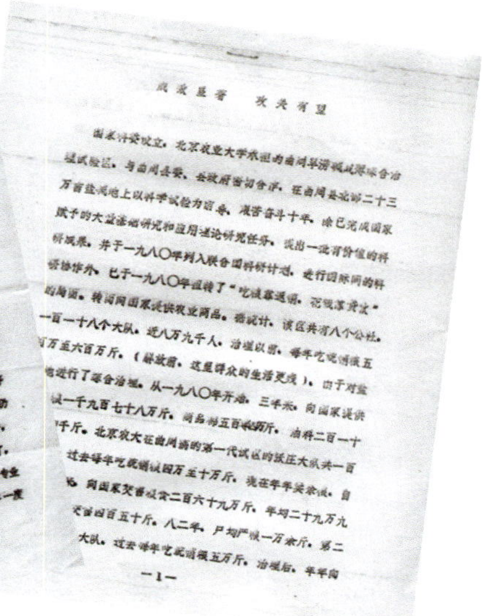
—1—

河北省科学技术委员会会为曲周试验区发文与撰稿（1981年，1982年）

让我们感到慰藉的是，北京农大在曲周试验区的工作，不仅得到了邯郸地区和曲周县领导的无微不至的关怀与全力的支持，也得到了河北省领导和同行专家们的爱护与鼓励，我们由衷地将感激之情铭记于心。

到一个地方工作，能得到当地的认同与支持，这是起码的要求，也是最可贵的奖励。

本回书写至此，可谓是：

许铁城箴言六条，以自勉曲周试区。
搞基点脚踏实地，诚可贵河北认同。

21 同心铸十年一剑，高意境水乳交融

自1973年9月北京农大老师进驻张庄，建立曲周旱涝碱咸综合治理试验区到1983年，已经整整十年了。这十年里，一个战役接一个战役，一个胜利接一个胜利，这是曲周县领导、试验区农民与农大老师共同谱写的绚丽篇章。在第十个年头里的2月22日，曲周县北部23万亩综合治理的联合国国际粮食发展基金会（IFAD）项目正式签署生效；5月13日，全国30个省（自治区、直辖市）的代表云集曲周试验区交流产学研三结合经验，这是为十年之庆送来的两份大礼。

在此十年之际，与农大老师亲密相处，共同战斗的曲周县副县长赵迎写了一篇题为“水乳交融，十年一剑”的纪念文章，饱含着对曲周试验区十年巨变的赞许褒勉，洋溢着同一战壕的战友之情。为了保留真情实景，兹将该文全文抄录如下。

（一）

曲周县位于河北省邯郸地区东部黑龙港流域，自然条件差，是个低产穷县，全县共有17个公社，342个大队，30.2万人。总面积660平方千米，耕地72万亩。旱涝碱咸是我县农业生产上的重要限制因素，从1949年到1979年30年中，因涝成灾16年，因旱成灾9年。盐碱地27.4万亩，占耕地的38%，全县地下埋藏着一个庞大的咸水体，既不能用于浇地，还会引起土壤盐碱化，由于种种限制因素的影响，农业生产发展缓慢，农民生活低下。从新中国成立后到1975年的27年中，除4个年头粮食亩产达200斤以上外，其余23个年头产量都在150斤上下徘徊，从1953年实行统购统销到1975年23年中，除4个年头卖点余粮外，其余19个年头吃统销粮，购销相抵，纯吃统销粮2.6亿斤，花国家各种贷款，救济款5 500多万元。

我县盐碱地不仅面积大，而重碱地和碱荒地又都集中在县城北部。这片盐碱地历史较长，据史书记载有2 000多年，明崇祯年间的曲周县志上就有“曲邑北乡一带，盐碱浮卤，几成废壤，民间赋税无出”的记载。新中国成立后，在党和政府的领导下，曾进行多次治碱改土活动，例如修台田、条田、围田、开沟、刮

碱土等。虽然也取得一定的效应，但由于方法不科学，治标不治本，经不起自然灾害的冲击，1973 年秋季的一场暴雨，冲毁了田间工程，秋粮基本绝收。正当我们迫切需要科学治碱方法的时候，北京农大老师们来到我县，深入北部重碱社队。亲自调查总结过去改土治碱的经验教训，并建立了以张庄大队为重点的第一代综合治理试验区，经过连续几年治理，取得显著效果。粮棉产量连年上升，为全县树立了科学治碱的样板。农大老师们的科研实践成果，使我县广大干部群众进一步认识到科学技术的重要性，综合治理路子的可行性，从而导致行动上的自觉性。

北京农大老师们到我县时，正处十年动乱，“四人帮”横行猖獗，把知识分子当做“臭老九”，大批“唯生产力论”之际。曲周县委，县政府冒着政治风险，决定对农大老师们在工作上大力支持，在生活上给予照顾，保证科研计划的实施。我们主动邀请老师们列席县的重要会议，参加施工领导机构，使他们有职有权，放心大胆地进行科研活动。全县建立改碱指挥部，由县委书记任指挥长，组成有关专业局负责的工程、农林、机务、后勤等办事组，分别负责工程措施，生物措施和物资供应等工作。试验区涉及的公社，普遍建立了施工领导小组，各生产大队，有一名大队长和 2 ～ 3 名技术员负责施工。两名县长分别带领县直机关干部工作组到试区重点张庄，王庄大队长期蹲点，亲自指挥施工。同时抽调县有大中专水平的技术干部和选拔在乡知识青年给老师们当科研助手。为普及综合治理技术，在试区中心兴办了一处农业技术学校，由农大老师培训社队干部和农民技术员 2 300 多人次，普及了综合治理和农业生产技术知识，另外，从县财政拨款给试区修建化验室，宿舍，为科研工作创造了必要的条件。

（二）

为了使科研成果转化为生产力，我们在应用推广农大综合治理成果时，狠抓了三项措施。

一是普查农业资源。在农大老师的帮助指导下，组织了县207 名专业技术人员，从 1979 年开始，用了一年多的时间，对土壤、水利、气象、林业、农机、农经、畜牧水产等方面进行了详细的考察，并作出了农业区划，为综合治理提供依据。

二是制订综合治理规划。在农业资源普查和农业区划的基础上，按照因地制宜、扬长避短的原则，制订了旱涝碱咸综合治理规划。这个规划包括总论、农业部门规划、农村建设规划、农业技术改革措施四大部分十四个方面。这个规划以北京农大科研成果为依据，以治理旱涝盐碱为重点。因而具有较大的可靠性，因地制宜的灵活性和较强的综合性。规划是区划的继续和深入，规划与区划相比较，农业发展目标更明确，发展步骤更清楚，发展措施更具体。

三是由点到面，逐步实施。1973 年建立了旱涝盐碱综合治理的第一代试区，面积 6 000 亩，1978 年建立了第二代试验区，面积 14 000 亩，1980 年第三代试

验区，治理范围扩大到85 000亩，现在又利用外资扩大到23万亩，占全县耕地面积的32%。

几年来，全县先后开挖农渠以上渠道381条，修建桥、闸、涵300多座，打深、浅机井1 016眼，水浇地面积由治理前5万亩，增到9.3万亩，基本上达到人均一亩水浇地。在生物措施方面，植树200多万棵，小麦、棉花基本实现优种化，杂交玉米面积达80%以上，农业亩均施肥量，有机肥由1立方米增到3立方米，磷肥由10斤增到50斤，氮肥由20斤增到60斤。通过应用推广农大综合治理的科研成果，治理区农业生产面貌有了显著变化。农业产量、农民收入逐年提高，1982年与治理前生产比较正常的1975年比较，粮食总产增36.2%，棉花总产增2.5倍，油料总产增13.6倍，总收入增1.5倍，人均收入增2.3倍，治理前年均吃统销粮428万斤，仅提供商品棉31万斤，油脂1.4万斤，治理后年均提供商品粮593万斤，商品棉141万斤，油脂27.6万斤，治理区农业产量的提高，对全县农业生产促进极大，1982年全县粮、棉产量，农业总产值、农民收入、对国家提供商品粮、棉等，均创历史最高水平。

（三）

我们由于认真应用和大力推广北京农大的科研成果，全县涌现出一批短期巨变，产量、收入翻番的先进社队，并出现一批年产万斤粮、千斤粮的科技示范户，广大群众逐步认识到综合治理旱涝碱咸是治穷致富的必经之路。一个爱科学、学科学、用科学的局面正在全县蓬勃兴起。为了促进大好形势的深入发展，县委、县政府以北京农大为科技后盾，对科技工作加强领导方面采取了五条措施：第一，搞好中低产田科学攻关，县社队已建立攻关领导小组与技术顾问组，在农大老师指导下，拟定攻关技术方案，计划全县25万亩中低产麦田，10万亩中低产棉田，三年实现变高产。去年秋天种麦时，全县普遍推广培育壮苗，优种适地、氮磷混合浅施等技术措施。3月中旬由农大老师根据田间调查结果，举办春季麦田管理技术广播讲座，并指导麦田分类逐片管理。由于科学种麦，科学管麦，目前麦苗长势很好，全县冬小麦总产可望有大幅度增产。第二，推行技术责任制，实行技术联产承包。1982年，我们搞了17个技术承包试点，获得了明显的增产效益，群众欢迎，领导满意，专业人员受奖。最近县委，县政府决定使今年技术承包面积达到总耕地面积1/3以上。第三，积极创造条件，建立县级技术推广中心。农业本身是一个综合性的研究课题，它既有微观与宏观方面的内容，又包括生物特性，自然条件和人类活动方面的内容。目前，我县农业技术推广站力量薄弱，任务单一，不适应农业生产综合性发展的特点，我们计划一二年内，在农大帮助下，建立与加强县级农业技术推广中心。搞好实验、示范、培训，推广工作。第四，加强智力开发，所有农村中学都增设农业课，在办好县农校的同时，狠

抓农民业余教育，今年计划将全县农业户的1/5发展为科技示范户，鼓励与支持“土专家”“田秀才”，带头搞好农业技术推广工作，凡符合考核标准的发给农民技术员证书，巩固、提高和壮大农业科技队伍。第五，把德才兼备的专业人员选拔到领导岗位上来，曲周县委，县政府决定在2～3年内，每个公社配备一名中专水平的农技干部为副主任，让他们肩负重任，为发展农业，振兴农村经济，贡献自己的聪明才智。

北京农大老师们在曲周县艰苦奋斗了十年，促进了我县科学技术与农业生产的迅速发展，农大老师们为“四化”建设献身的崇高品质，获得我县广大群众的热烈赞扬，他们为改造盐碱地做出的巨大贡献，永远会牢记在曲周县人民心中。我代表曲周县委、县政府向北京农大致以深切谢意，并与农大老师更密切地配合，为综合治理旱涝碱咸，开创农业新局面做出更大贡献。

下面是我从农大老师的角度，对这十年取得成功的一点思考。

取得成功的技术原因有三。

一是，我们对黄淮海平原旱涝碱咸形成的原因有一个比较科学的认识，即旱涝碱咸是相互联系和制约着的一个系统，必须统一考虑和实行综合治理；综合治理的实质是对区域水盐运动的统一调节与管理；水盐运动调节与管理的关键是开发利用浅层地下水。

二是，根据上述科学认识，设计了“浅井深沟体系，农林水并举”的完整工程技术方案和措施，并在综合治理试验过程中部署“奇兵”，以浅井群的抽排与利用咸水加快了抗旱防涝、土壤脱盐和咸水淡化的进程。

三是，综合治理的全过程中始终坚持将农业技术措施和提高作物产量放在突出位置，这才形成了治理旱涝碱咸与农业产量增长互促互进、比翼双飞的局面。

取得成功的社会原因是省、地、县、社、队的大力领导和支持，是改革开放的大好形势，以及在农大老师中形成的稳定的“我为地方，地方为我，我地一体”的运行机制与环境。

取得成功的思想上的原因是农大老师的奉献为民、艰苦创业、务实求新、不争名利、密切配合、求大我而弃小我的曲周精神。

取得成功的工作上的原因是我们严格按规章制度办事，一年两次工作简报，一次工作 / 技术总结，一事一议一请示，从不有辍。

改革开放，使曲周试验区更加健康和快速发展，对外影响大了，奖励也多了。1979年6月，河北省召开了全省科技成果奖励大会，授予曲周试验区科技进步一等奖；1979年12月，国务院颁发了由国务院总理华国锋签署的，对曲周县张庄旱涝碱咸综合治理试验区科研组的嘉奖令；1980年，农业部以黄淮海平原旱涝碱综合治理的研究授予北京农业大学土化系土地资源教研组技术改进一等奖。

国务院总理华国锋签署的嘉奖令

1988 年教师节，中共曲周县委员会和曲周县人民政府在北京农大校园隆重举行了立碑纪念。碑的正面有“改土治碱，造福曲周”八个大字，上款是北京农业大学，下款是曲周县盐碱项目区农民立，一九八八年八月二十三日。

背面的碑文是：

曲周县，地处黑龙港流域，旱涝盐碱自古为害。据县志载“曲邑北乡一带盐碱浮卤几成废壤，民间赋税无出”。新中国成立后，虽几经治理，但缺乏科学指导，未能如愿。

一九七三年八月，北京农业大学遵循周恩来总理指示精神，承担了“旱涝碱咸综合治理”国家重点科研项目。先后选派数十名教授、讲师，千里迢迢，奔赴我县张庄一带重碱区进行改土治碱实验。暑往寒来，十五个春秋，栉风沐雨，备尝艰辛。在地方党委、政府和群众的积极配合下，采取“深沟浅井结合，农林水并举”的治理措施。先后建成一、二、三代试验区，粮食亩产由二百多斤提高到一千余斤，栽上梧桐树，引来凤凰栖。科学治碱的成功，引起各级领导和中外专家、学者的关注。先后有五大洲、二十八个国家和地区派员前来进行考察。引进了联合国农业发展基金会和世界粮食计划署外资，建立了治理盐碱项目区，经过五年整治开发，二十三万亩盐碱地基本得到治理。农作物产量和人均收入大幅度增长，受益于今人，造福于后代。昔日茫茫碱滩，今朝一片绿洲。

一九八八年六月十四日，国务院总理李鹏亲临视察，对此给予高度评价。石元春教授、辛德惠教授等受到国务院的表彰以及党和国家领导人的接见。缘木思

本、饮水思源，为铭记北京农业大学的功绩，特树此碑，以志永念。

一九八八年八月二十三日

此处所附照片的第一张是曲周县委书记董强、县长袁安圻、副县长赵迎和王庄大队党支部书记王海为北京农业大学立碑；第二张是在北京农业大学庆祝教师节暨1988年度开学典礼上，辛德惠教授代表北京农大曲周实验站接受并感谢曲周县委为北京农业大学“改土治碱，造福曲周”立碑及赠10万元科研奖金。

中共曲周县委和人民政府于1988年教师节在北京农大校园立碑以志永念

中共曲周县委和人民政府于1988年教师节到北京农大对曲周实验站工作进行表彰奖励，辛德惠致辞

本回书写至此，可谓是：

旱涝碱咸，危害一方。科学治理，有法有章。
政府主导，节节昭显。产量过江，农民开颜。
春华秋实，为国奉献。水乳交融，十年一剑。

22 固基业曲周建站，正喜迎不惑之庆

试验区是应某项试验研究之需而建，具单一性与临时性；实验站则是某单位在某地设置的、有建制、具长期性质的试验研究单位。从试验区到实验站是个质的转变。

自 1973 年建曲周旱涝碱咸综合治理试验区，到 20 世纪 70 年代末，形势发生了很大变化。一是试验区在生产实践和科学研究上取得了较好的发展，影响日臻；二是国家改革开放和对黄淮海平原治理的需要，试验区承担的国家科研任务越来越重；三是 1977 年全国高校恢复招生，驻曲周试验区老师的校内教学任务逐渐多了起来。那种无教学任务、全职驻点研究和来去自由的松散组织形式已经跟不上形势要求，体制缺陷越来越制约着曲周试验区的进一步发展。

北京农大归属于农业部，主管副部长何康深谙农大当时的境况，同时又是黄淮海战役的指挥员，对曲周试验区这颗棋子的位置和如何发挥作用胸有成竹。1979 年夏天，农业部何康副部长和科技司长臧成跃都曾向我们提到曲周建站问题，并拨下了 50 万元建站基建款。当时的北京农大领导，正值回迁北京和恢复招生，工作千头万绪，哪顾得上远在外地的曲周试验区。

1980 年 5 月 22 日，我们给学校打了个报告（所附照片中左页），报告中写道：

“去年 7 月在河南商丘召开的‘黄淮海平原旱涝碱综合治理区划’会议上何康同志，以及 8 月 12 日农业部召开的引用外资进行黄淮海平原盐碱土改良会议上，臧成跃同志都提出要加快建设我校曲周实验站和解决编制问题，并建议由我校提出，报农业部党组。”

报告后面还为学校起草了一份给农业部党组报告的草稿，提出了一个包含 12 名研究人员（不含以校内教学为主的教师）、15 名研究辅助人员以及 11 名管理人员和工人的编制规模。

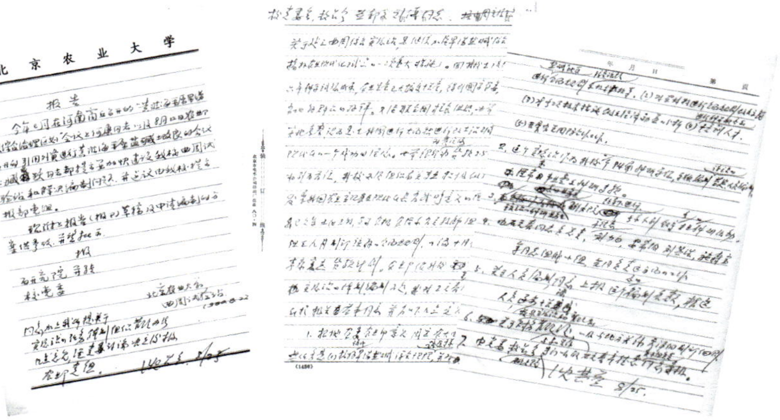
北京农业大学

报告

曲周试验区给学校写的申请建站报告（左页）及沈其益
副校长的批示信（中页及右页）（1980 年 5 月）

当晚，科研处靳晋同志即将此报告转呈沈其益、郝文同志并转校党委，并附有他本人对曲周实验站领导体制和编制的意见。沈其益副校长对曲周试验区一直力挺，他在我们报告之外另附两页密密麻麻的、比我们报告还长的、给校党委的意见信（参见此处所附照片的中页和右页）。信中对曲周试验区六年的工作褒奖有加，强调建站的必要性和紧迫性，以及他对体制、编制、领导体制等的具体意见，以促学校向农业部打报告之决心。我一直珍藏着这两页信纸，它饱含着其益副校长对曲周试验区的深切关怀之情，此件应放进学校和曲周实验站的档案陈列馆里。

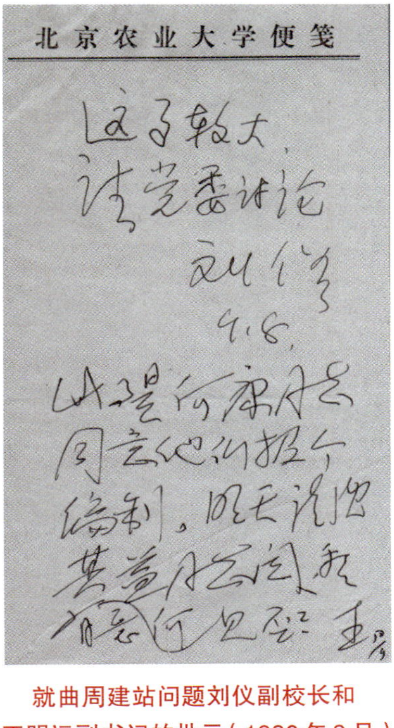
北京农业大学便笺

这事较大，
请党委讨论
刘仪
9.8
此是何康同志
他们报个
编制。明天请沈
其益同志阅看
有何意见否 王

就曲周建站问题刘仪副校长和
王明远副书记的批示（1980 年 9 月）

4 个月后，曲周建站问题才在校党委会议事里排上了队。副校长刘仪 9 月 8 日的批示是：“这事较大，请党委讨论。”校党委副书记王明远 9 月 10 日的批示是；“此事是何康同志他们提出报个编制的，明天请沈其益同志阅，看有何意见否？”看来，此次校党委会上是同意了向农业部呈报曲周建站的申请报告，该报告署写的日期是 1980 年 9 月 29 日。

曲周县领导对建站事非常热心，记得是 1979 年初夏，赵迎副县长到张庄和我们商量实验站选址的事。

张庄村南原劳改农场的那片二三千亩盐碱

地无疑是最佳选择，但具体定点在哪里，议论不清。老辛说了句“走，看看去”，于是赵迎副县长、老辛和我三人骑着自行车就往南去了，穿过五支渠和六支渠，到七支渠南就是那片尚未改造的盐碱滩了。三辆自行车绕着那片盐碱滩转了一圈后，停在了这块地的南头。

“我说啊，二位，我来此以前请示过县委，书记的表态很明确，农大实验站要多少地给多少地，要盖在哪里就盖在哪里。现在是你们说了算了。”赵迎首先发话。

“干脆都要了，西边与四町村、东边与曲周农民学校（原劳改农场大院）为邻。”老辛说。

“太大了，实验站的院子太大不好管理，与农民学校保持一段距离也少些干扰。再说以后需要扩大再扩大嘛。”我是这么说的。

经商量后的意见是，实验站院子不宜太大，放在西头靠近四町村，好有个照应。大院南北各留出一大片地种树，改善小气候；东院墙外再划出一片二三百亩的试验用地。我们三人干脆下到地里，在未来大院的四个角，插上秫秸秆做标记，明天就派试验员来打桩测量。

当时我找到了一种“跑马圈地”的快感。

实验站的功能格局是农大老师集体讨论提出的，建筑设计是学校基建处的任务，现场施工是县建筑大队。实验站大院面积约 40 亩，南半部是工作区，北半部是生活区，院墙外东北角有个高高的水塔，为实验站生活和工作供水。进大门留有一块面积不小的绿化区，正对大门的是两层的实验楼（主楼），主体部分三层。实验楼东是一排平层的东厢房，为测试中心，与实验楼有玻璃走廊相连。主楼的西南单建一座宽敞明亮的多功能厅，可用作教室、陈列室、接待室和大会议室。以围墙分割出的北部生活区内，有东 4 排和西 4 排的 8 排宿舍，供教师、研究生、实习大学生及客人住宿。

4 000 平方米建筑面积盖起来很快，但附属设施较多，实验室要求较高，施工用了约一年时间，1981 年春才正式投入使用。从 7 年前进驻张庄时的“三透房”到现在的实验站，可算是“鸟枪换炮”了，欣喜之情自不言表。此处所附的第一张照片是建成不久拍摄的；第二张是“十年树木”，随着实验站的成长，十年后的林木也悄然成荫了。

没想到的是，曲周实验站的审批上却好事多磨。

1980 年 9 月北京农大给农业部上报建站请示报告后一直没有回文，是哪个环节卡了壳？不知道。我们很着急，不断催促学校，于是又为学校起草了一份给部里的报告。1982 年 7 月 1 日，学校的第二份报告（见所附照片左页）送上去了，其中的一段话是这样写的：

曲周实验站亮丽登场（1985 年春摄）

曲周实验站已绿树成荫

“近几年，基点承担了相当繁重的科研教学和生产任务，今后随着国家组织对黄淮海平原的大规模治理和综合发展的科研协作攻关事业的发展，这个基地在组织和人员上的现状越来越不适应这种形势的发展，问题很多，矛盾日益尖锐。现有 20 多位教师参加该国家科研项目，但都有校内教学任务，只能上上下下。能比较经常在基点工作的只有五六人，没有固定在基地工作专职技术人员，影响了工作的连续性和稳定性，也造成管理工作上的很多的困难和问题。这么重的任务，这么大的摊子，现在的组织和人员上的情况连维持下去都很困难，更谈不上

今后的发展了。如即将安装的从匈牙利引进的一套土壤－植物自动化连续分析设备，每年可进行六七十万次测定，可为数十个县服务，而这套设备就需要不少于 10 名的熟练的化验人员。

鉴于上述情况，我校再次向部党组、教育局、科技局提交这份报告，望能批准成立我校京外的曲周实验站，拨人员编制 24 名和安排经常费用。”

这次部里回复得很快，此处所附照片右页即农牧渔业部（82）农（人）字第 15 号文件关于同意建立曲周实验站的批复。

一接到批复，10 月 5 日我即与科研处邓芳棣同志一同拿着介绍信和这份“批复”去了石家庄，与河北省政府联系办理有关“落户”事宜。省政府办公厅的同志很客气，让我们在招待所住下等待消息，第三天就通知我们省领导已经批准了，我看到了李锋副省长在农牧渔业部文件上的批示：“北农大的曲周治碱成绩很大，同意他们的要求。30 人户口定下来以利工作，党的关系落在邯郸地委”等字样，可见于此处所附照片右幅农牧渔业部文件上端的批字。

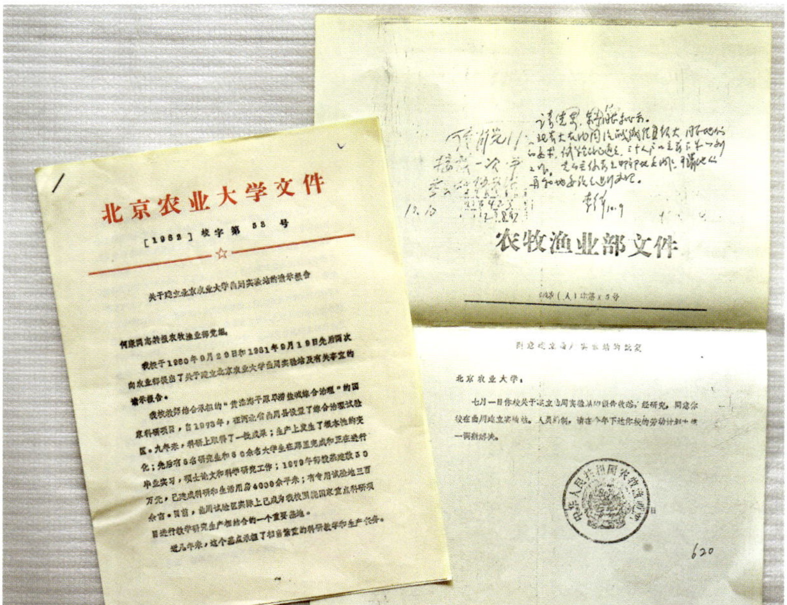

北京农大为曲周建站再次给农业部报告（1982 年 7 月）和农业部的批准回文（1982 年 10 月）

省政府办公厅 11 月 8 日正式行文邯郸地区行政公署和邯郸市人民政府，称“根据省政府领导同志的批示和前来帮助我们搞实验站的负责同志再一块研究一下，并按照有关政策和户口审批程序办理。”此件抄送了省公安厅、粮食局等许多单位。

这一圈跑下来我才知道行政系统办事的繁复，幸亏邓芳棣同志对此熟悉老道。

得到省府批示，我立即回到曲周，与老辛紧张地商量起有关建站事宜，1982年11月8日提出了“关于筹建曲周实验站的设想”以及人事、财务、物资等的“曲周实验站管理试行办法”等上报学校。

建站过程中有一事是值得一提的。

1980年我和老辛赴匈牙利考察盐碱土改良期间，看上了他们的“土壤－植物自动化连续分析设备”。我和老辛琢磨，如果新建的曲周实验站装备上这套设备就太好了，可以大大提升实验站的化学分析装备水平。

那时刚改革开放，如何进口设备是两眼一抹黑。

于是，我和老辛又开始“折腾”起来，给学校打报告，学校给国家农委和农业部打报告，经过反复做工作，1981年春终于获准。同年5月，中国仪器进出口总公司与匈方谈判，签订了进口合同，总价值50万元人民币。同年11月，辛德惠和雷浣群二人赴匈进一步了解和学习掌握这套设备。

1982年夏天，匈方派技术人员到曲周实验站安装调试这套设备。此处所附照片的第一张是匈方人员在安装和调试设备，另一照片上可看到这几位老外在村里行走时受到农民们的何等欢迎。

匈牙利专家在曲周实验站安装化学分析设备

1981 年我们搬进新建的实验站大楼和宿舍，1982 年又装备了这套进口的现代化分析设备，真是喜上添喜。老师们回想起 1974 年在张庄“三透房”建化验室的往事，感慨万端。

从 1973 年建北京农大曲周试验区到 1983 年批准成立曲周实验站，走了整整十年的路程。

到 1993 年，是曲周实验站建站 20 周年，站庆办得很隆重。

李锋副省长等省、地、县领导莅会祝贺，还请到了原中共中央顾问委员会副秘书长郝盛琦同志。中共邯郸市委和市政府给农大曲周实验站赠送的锦旗上写“治理盐碱造福人民，无私奉献功在千秋”；赠送给北京农业大学的锦旗上写的是“培养英才摇篮，现代农业靠山”；河北省科委给北京农业大学的锦旗上写的是“奋战曲周 20 载，科技硕果誉中外”。

20 周年站庆的 1993 年，正是黄淮海平原中低产田综合治理项目获国家科技进步特等奖的一年，可谓是双喜临门。这次获奖中，曲周实验站曾立下汗马功劳，与我共同主持黄淮海项目的贾大林研究员也到会祝贺，到会祝贺的黄淮海项目战友还有中国科学院的黄荣金、中国农科院的林葆、中国林科院的宋兆民、中国水科院的钱蕴壁等，以及来自国外的几位专家教授，可谓是：

四海宾朋聚璇阁，把酒欢歌庆冠礼。
生产科研硕果丰，百尺竿头情更怡。

下文所附的一组照片，第一张组合照片的上左和上右两帧是大会主席台，邯郸市委书记向北京农大和北京农大曲周实验站赠锦旗；左下和右下是台下嘉宾席。第二张照片上可看到原中顾委副秘书长郝盛琦、河北省副省长李锋和我三人笑得多么开心，坐在后排左侧的两位是邯郸地委的科委主任刘瑞生和农委主任蔡欣。

第三张 7 人照片自左至右依次是原曲周县水利局局长王文勉、原曲周县县长马洪宾、石元春、辛德惠、原曲周县县委书记冯文海、原曲周县副县长赵迎、原曲周县政府办公室主任赵金钟。在 20 周年曲周实验站站庆会场前摄下的这 7 位的合影很有意义，这七位是当时曲周试验区、王庄二代试验区以及整个曲周北部 23 万亩盐碱地区旱涝碱咸综合治理战役的主要指挥员、亲密战友，他们正沐浴着胜利喜悦的春风。

第四张是曲周县政府于 1993 年在北京农大曲周实验站立下的纪念碑石。

曲周实验站站庆 20 周年的一组照片

曲周试验区的主要指挥员合影

中共曲周县委和县人民政府在曲周实验站立碑永志（1993 年）

时光如白驹过隙。

2003 年，曲周实验站迎来而立之庆。

此次嘉宾中有一直关心和支持曲周实验站工作的原农业部部长何康，有中共河北省委常务副书记冯文海等，他们在庆祝大会上发表了热情洋溢的讲话。

我在大会上的讲话内容已经淡忘，但其中一段话是记得的：“曲周实验站建站30年，这在国内算是时间较长的一个实验站了，但在国外不算什么，英国的洛桑实验站有160多年历史。等曲周实验站100周年站庆的时候，我一定还会来参加。”

这里还有个小插曲。

庆祝大会前一天傍晚，嘉宾云集曲周县新落成的曲周宾馆，那里好生热闹。河北省委副书记冯文海因当天下午在省里有会，会后由石家庄赶往曲周，到会得晚些。天色已经黑了下来，我们几位在贵宾室里等候，邯郸市委书记当然是要在宾馆前厅亲自迎候省委副书记的。

贵宾室的门开了，多年不见的两个老战友——冯副书记和我见面了，一下子就拥抱在一起，又是拍肩又是对视地不肯放手，都不知说哪句话才好。

这个场面可惊住了一旁的市委书记，心想，“这位老师是什么来头？居然和我们的省委副书记拥抱，还称兄道弟的。”其实，这与官职无关，曾在一个战壕里战斗过的战友久别重逢都会是这样，战斗时的豪情与友谊早把官职与地位冲到九霄云外去了。

第二天庆祝大会的晚宴后，冯文海副书记回石家庄去了。市委书记约谈了我，问长问短，与冯书记是怎么认识的等，并请我给邯郸市委干部做治碱改土报告，说这是一次传统教育。次日早餐后，何部长夫妇去参观丛台、回车巷和一枕黄粱等古赵国遗址。我去完成我的报告任务。下午随部长夫妇一同乘火车返京。

此处围绕30周年站庆附上了三张照片，第一张是30周年站庆组图，组图上面左右两张分别是何康部长和文海副书记在庆典上致辞，下左是何康部长参观曲

曲周实验站30年周年站庆的大会主席台，会场及何康部长参观展览

周实验站 30 年成就展，下右是大会会场盛况。第二张照片是何康部长夫妇、文海副书记和我的合影，我好像正在思考什么问题。第三张照片是何康部长和张庄支部书记赵文、王庄支部书记王海交谈。

农业部原部长何康夫妇（左 1 左 2）、河北省委副书记
（原曲周县委书记）冯文海（右 1）与本书作者在 30 年站庆时的合影（2003 年）

何康部长与张庄大队支部书记赵文、王庄大队支部书记王海交谈（2003 年）

时间将一个精力旺盛的不惑之年的我推到了耄耋一族之中。看到 20 周年和 30 周年站庆照片上本人的“尊容”，深感时光无情，刻下了太多印痕，老了！心想，若要再参加站庆时可要注意些着装与形象，让耄耋人也少些龙钟老态。

本回书写至此，可谓是：

农业部战略布子，固基业曲周建站。
曲周县全力支持，实验站形实俱馨。
庆站龄已届弱冠，又喜获特等嘉奖。
众嘉宾合欢同贺，曲周县立碑永志。
而立年额手再庆，思本源何康莅临。
冯书记由县而省，看今日曲周欣荣。
喜今年不惑大庆，耄耋人感慨万千。
想以往来之不易，看明朝任重道远。

23 讲奉献义无反顾，苦生活乐寓其中

十年、二十年、三十年、四十年，无论发展成什么样，但原点是曲周试验区，核心是人。

人的情况如何？上面说了很多他们的工作，下面说说他们的生活、家庭和情感。这就要从“三对半夫妇”说起了。

1979 年，何康是农业部副部长时头次到张庄，和张庄试验区的农大老师们谈得十分投机，工作上和生活上无所不谈。

“你们到张庄蹲点，是学校安排的吗？”何副部长问。

“没人安排，是我们自己愿意下来的，从 1973 年算起有 5 年多了。”农大的老师这样回答。

“现在农大还没迁回北京，你们在下面蹲点，家里一定有很多困难吧。”副部长又问。

“老师在北京的家还安在教室、实验室和地震棚里，肯定有困难。再说，来张庄的老师里，很多是一家子一家子的，困难就更大了！”记不得是哪位老师爆料了内幕。

“谁和谁是一家子？”一下子引起了副部长兴趣。

“林培与邵则瑶，雷浣群与周斐德，还有石元春与李韵珠。”

“老辛，你的夫人怎么没来？”他哈哈大笑后问老辛。

“我爱人在北京林业大学工作，现在还在昆明，来不了。”

“好！好！好！农大老师在曲周试验区有三对半夫妇。”何康副部长非常高兴，随之神情又严肃起来说：“你们很不容易，这里的艰苦条件且不说，你们把老人和孩子放在家里，一心在这里治理盐碱地，这种精神就十分可贵。”

从张庄到曲周县、从邯郸地区到农业部，何副部长回程的路上逢人都会讲着“三对半夫妇”的故事。曲周县委听到这个“新闻”后，马洪宾书记坐不住了，亲自到张庄找到老辛和我说，过去县里不知道，对农大老师关心不够，现在知道了，一定要给三对夫妇单独安排房间，家庭生活所需条件县里全部提供。这三对“两口子”一商量，意见非常一致：“我们下来是工作的，和每个老师都一样，不

能‘脱离群众’，领导的关怀只能心领了。”

这里附有一照片，照片上有四男四女，其中有三对夫妇，能按夫妻像对上号吗？很难，千万别乱点鸳鸯谱啊。

四男四女中有三对夫妇

在张庄工作的农大老师都是40岁上下的中年人，上有老的下有小的，每家都有一本难念的经。就说我吧，我们一家四口挤住在土化系的一间仓库里。而我和李老师一年的大部分时间都在张庄，只好将一个上小学和一个上初中的两个孩子托付邻居刘友文夫妇照顾（现在叫“留守儿童”）。一次我们两人晚上8点多钟回到家里，两个孩子四仰八叉地躺在床上睡着了，收音机大声响着，炉子上的红薯还在烤着。大的是男孩，念初中，小的是女孩，念小学。中午兄妹俩吃食堂，下午放学回来后，哥哥出去打篮球，妹妹在家做饭，倒是培养得我女儿后来能做一手好菜。

林培和邵则瑶家里有两个上中学的孩子，全靠有病的七旬岳母一人照顾；雷浣群和周斐德也有两个上中学的孩子，两个小姊妹相依为命；黄仁安在张庄的时间更长更久，他的一个还在上小学的弱听女儿，全靠全职上班的母亲一人照顾，可想而知，这会有多难。每家都有一本难念的经，但是没有一个人谈论家里的困难，更没有一句怨言。似乎是时代培养了这一代人在对待家庭和生活上的这种韧

性与坚毅。

1973 年，“文化大革命”已是“疲软”状态，上面斗得厉害，多数群众的厌恶情绪越来越盛，学校里大批老师是“逍遥派”。在张庄工作的老师舍逍遥而就艰辛，就有个别老师这样议论：“往好里说，去张庄的这批人是犯了‘职业病’，是‘工作狂’，说难听点，就是‘贱骨头’。”但正是这批“贱骨头”在张庄的盐碱地上默默地耕耘着，可见世界上的很多事都是要靠这些“贱骨头”和“傻子”去做的。

书文至此，想到任文儒的《苦中乐》，和七言一首：

世人皆笑我痴颠，寒冬酷暑在田间。
何人知此苦中乐，大地作画似神仙。
（原诗：世人皆笑我痴颠，寒冬酷暑在傻站。何人知道苦中乐，体态轻盈似神仙。）

再说那“文革”结束之初，中年教师间有一股思潮，常说：“我们这代人的好时光已经过去了，还是培养好子女，让他们能考上大学，有个好的未来吧。”于是自己亲任家庭教师，给孩子教英文，补数理化。在张庄工作的老师们成年累月地在下面，哪顾得上这些，所以至今我和老伴韵珠对自己子女幼时未得到很好的照顾和教育而心存愧疚。

说说我个人情况。我是在延安得克山病回京养病过程中受命赴张庄的。

1973 年秋，我和老辛、林培、黄仁安到石家庄办事，住在招待所里，早饭后几人在房间商量事，我突感头晕，随之就是呕吐，这次呕吐得很厉害，他们三个人搀扶着我去医院，打针后才止住了呕吐，人一点力气也没有。自下张庄后到 1977 年的日记本里，断断续续地常记有“这两天又犯头晕了”“这些天一直身体不适，未能去参会”等。

心肌劳损最忌的是繁重工作与体力活动，恰巧，曲周试验区工作既繁重又多体力活动。一次我和赵俄去查看田间工程，晕倒在 5 支渠沟坡上动弹不得，是赵俄回村找排子车把我拉回去的。自那次以后，每次下地劳动时，都要喝一杯葡萄糖水，给心肌补充能量，否则心慌、心悸得厉害。

5 月的一个清晨，我下地画盐斑图，又累又饿，回到房间往床上一躺，再也起不了身，一起身就头晕得恶心呕吐。我一人躺在床上，听着一个一个老师从门前走过去打饭，喊他们也听不见，急死我了，后来还是刘宝元老师听到叫声进屋才解救了我。赵文从四町找来赤脚医生给我吃了镇定药方得缓解。我在床上整整躺了两天没下地。

那段时间，我身体一直虚弱，一副病态。由于自惭形秽，在照片上很少见到我。

我们在基点的生活苦吗？很苦，特别是初到张庄那几年，但却是很温馨。

大队部两侧的住房由于盐碱腐蚀和风吹雨淋，垒砌的土坯间露出了缝隙和小洞，室内外既通风又透光。因为房间的透风性好，只要外面有点风，床铺上必是一层土，这事好办，盖上一层塑料布就行。地面潮气很重，铺上油毡可隔潮。难办的是怕连阴雨，屋外下雨屋内漏，屋外停雨屋内还滴答。一天夜里听到滴水声音，赶紧叫醒了同屋的黄业海和戴汝良，黄业海的被头已经湿了，我的床前已滴了一大滩水。此后，我们的住房也吊上了塑料布顶棚，既挡雨又挡房顶掉下来的土。

知识分子下农村要过好“三关”，思想关、劳动关和生活关，在张庄蹲点还要过好“肚子关”。这一带是重盐碱地区，饮用的浅井水又咸、又涩，所以平时很少喝水，吃饭时多喝些汤，反正汤也是咸的。问题是饮用水中含有硫酸镁盐，就是平时说的“泻药”，所以凡到张庄蹲点者，先跑三五天肚才能适应过来，改造思想要先改造“肠胃”。

1975 年夏天，学校核心领导小组组长高鹏先校长到北京农大的各个开门办学基点视察工作。在张庄住了一天，首先接受考验的是肠胃，免不了要多跑几次厕所。所谓厕所，就是在我们住房的房后挖两个土坑，垫上四块砖，用玉米秸一围就齐了。正好这两天下雨，高校长上厕所时，秘书一手打伞，一手拽着高校长以免滑倒。后来听说，高校长在涿州校部介绍北京农大各下放点情况时说：“我下到各个基点上看了看，条件最艰苦的要算是土化系的曲周基点。”

刚进驻张庄村时的生活条件虽差，但口粮和食油仍按北京标准，50% 面粉和一人一月 3 斤大米。顿顿有青菜，隔三岔五地还能吃到炒鸡蛋或猪肉炖粉条。到饭点，炊事员喊一嗓子：“开饭啰！”我们三三两两地就拿着饭碗去盛饭打菜，反正就十来个人。我特别喜欢吃大师傅做的曲周豆沫和炸糖饼。

为什么说曲周试验区的规格不低呢？和我们一起蹲点的有当地的三位正局长“一把手”，一个比一个幽默风趣。水利局局长王文勉，五十岁上下的北方大汉，开朗爽直，嗓门很高，人很随和。县里来的干部都爱和他开玩笑，说某位领导在大会作报告时，念了白字，叫他“王文兔局长”（“兔”是骂人的词儿）。一次他从县里回到张庄，笑眯眯地说：“这次我可被选上‘差额’了”。什么是“差额”？就是在选举县长中采用的是差额选举。县长人选已内定，需有个“陪选”人，王局长有幸被定为此“差额”。

一起蹲点的还有农机局局长王成文，年龄与王文勉局长相仿。一见面，即使他不开口，也会给人以幽默和快乐的感觉，他的面部经常是似笑非笑，说出话来总会令人捧腹。一天中午，大家正聚在一起吃午饭，这位局长满脸堆笑地回来了，高声向大伙说：“大伙儿正吃饭啦！今天我可是坐专车回来的。”

文勉局长说了一句：“吹吧你！还不知是谁骑自行车把你驮回来的。”成文局长一脸严肃地说：“我可没吹，我可真是坐大街大队运砖的车回来的。”惹得大家

一阵大笑。这两位王局长可称得上是一对“活宝”，经常斗嘴开玩笑，夏天晚间在外乘凉时，一面摇着大蒲扇，一面斗嘴叫阵，精彩极了。我在曲周待久了，发现曲周人特幽默，而且形成了一种曲周式的幽默，白的、黑的、黄的都有。

在张庄蹲点的农大老师的精神状态特别好。我们这批中年讲师对“文革”中的种种感到十分无奈，纯粹是在消耗科技工作者一生中最好的时光，是一种慢性谋杀。在张庄的蹲点生活虽然苦些，但专业对口，能发挥所学，可以有所作为。看到试验区的生产条件在变、土地在变、庄稼在变、农民生活在变，就使我们有一种生活充实感和事业满意感，心情特别好。

这批中年老师整天工作在一起、吃住在一起，充满着欢乐，和两位王局长一样，闲下来的最大乐事就是打嘴仗。我们这里有一支由陶益寿、雷浣群、戴汝良、林培等组成的高水平“杠子队”。雷浣群是不锈钢杠子、陶益寿是榆木杠子、戴汝良是橡皮杠子，林培是一打就劈的竹杠子。本想选个“杠子队长”，几次酝酿均未果。

一次，大家聚在原大队部的那间房子里吃午饭，大门敞着。突然一只肥硕的耗子窜到了床铺底下，林培眼疾手快，几乎同时地钻到床底下去抓耗子（林培喜欢动物）。耗子毫无思想准备，惊吓得返身回逃，不想误进了林培的袖筒。林培突然起身捂住袖口喊：“快到我身上抓耗子哦！”大家一时懵住了，说时迟那时快，耗子从林培衣袖爬到上衣下摆窜了出来，向门外逃生而去。林培紧追到门外，将门口的一只狗吓着了，狗突然一窜，却将头撞进一个竹笼子里，顶着竹笼子头套狂奔乱吠起来。看到这突如其来的刹那间场景，满屋子的人笑得几乎直不起腰来。

一次开会，辛德惠不小心割破了手指，他从周斐德那里要来一块纱布将手指包了起来。过了一会儿，他自言自语地说：“他妈的，怎么还在流血？”一看，原来是食指破了，却将纱布裹在了中指上。他赶紧把手藏了回去，坐在他身旁的雷浣群眼疾手快，一把就将他的手摁住，举起来示众。从此辛德惠的外号改叫“马大哈”，或叫“马司令”“司令”“老马”。有人不知缘由，问：“他姓辛怎么叫他老马？”“不信你叫他‘老马’他准答应你”。果然一试就灵。

生活单调枯燥吗？相反，十分充实和欢乐。

最令我们感到欣喜的是农大老师和张庄、大街、王庄等试验区的各个大队的老乡关系特别亲密。因为我们和他们想的都是同一件事，把碱治好，把庄稼产量和老乡生活搞上去。我们和他们一起挖沟平地，一起劳动，一起开会聊天，心是连在一起的。加以治碱上和生产上又有了成效，所以“农大老师”就成为一个“昵称”，一个可以依靠的代名词。

有时大队干部讨论工作中有意见分歧，统一不了，就说：“走！听听农大老师怎么说”；有时两口子吵架，到不可开交时候也会说：“走，找农大老师去！”

至于生产上遇到什么问题，更是要去找农大老师了。

一个初冬时节的清晨，天刚亮就有人来敲门。“谁啊？”我问。“我是大街大队的社员，我的地里发现了虫子，想请农大老师去看看。”我立即起床，叫醒林培，两人脸也没洗就骑上自行车去了大街。这位社员直接把我们领到地里，在土里翻出一条虫子给我们看，初步判断是“地老虎”，但没把握。我和林培商量了一下，决定先拿回去“研究研究”，先是翻书本，还是吃不准，不知如何处理为好。

赶紧给学校植保系老师打电话，找的是农业昆虫教研组的金瑞华老师。说明情况后，强调虫情十分火急，明天就得来。他坐夜车，第二天中午就赶到了张庄，到现场调查一番后，确定是“地老虎”，开出了治理药方，很快就把虫情控制住了。至于在田里去诊断麦情和玉米长势，商量浇水追肥的事，附近村子里来找林老师的社员多的是。

一次，农大的两位老师初次来张庄。坐夜车，清晨到邯郸，转长途汽车，中午赶到曲周，在曲周县城一家餐馆吃午饭。

“你们是农大老师吗？”服务员看着他们两人的模样问。

“对，我们是农大老师。”

“服务员，请结账。”两位老师吃完了饭。

“不用结账了。”服务员说。

“为什么？”两位老师感到很奇怪。

“我们经理说，农大老师帮曲周办了那么多事，到我们店吃饭都是不收钱的。”

写到这里，想起赵迎副县长文章中所用的“水乳交融”一词，这是一种真实写照，一种发自心扉的声音。

人们常说，人生难得一知己。在群体与群体间也能觅得一知己就更难了！

本回书写到此，可谓是：

讲奉献义无反顾，苦生活乐寓其中。
舍小我情注大我，喜战友水乳交融。

24 为治碱鞠躬尽瘁，忆战友不用扬鞭

人的一生，阅人万千，朋友无数，但能终生不忘者，几人耳。

辛德惠就是我终生不忘的战友与至交，可惜他过早地离开了我们。

20世纪50年代我与老辛相识于土壤教研组，但交往不多，紧密共事则是1973年到曲周试验区以后的事。大学室友，长者4年，而我与老辛在张庄共居一室达8年之久。我们两人的个性都很强，但却能成净友至交，共襄曲周大事，相依相辅几十年，不能不说与他的为人和魅力有关。

我们同龄，我生年头他年尾，有着许多共同的人生经历。偶尔，老辛也会谈到他的过去。他祖籍辽宁，父亲务农，“九一八”举家由关外逃难到北京，过着“难民大院”中的生活。中学时衣不御寒，食不果腹，却能发奋学习，立志图强。1949年入团，1950年考入北京农大，1952年入党，1958年留苏，1962年在莫斯科大学获副博士学位，后回北京农大土壤教研组供职。

1973年，我们几位土化系中年教师到了曲周张庄建旱涝碱咸综合治理试验区，老辛知识广博，热情坦诚，乐于助人，自然而然地成为中心人物，大家心目中的“政委”。老辛对人对事洞察力强，还加上他的那股干脆果断劲儿，往往三言两语能把事说清。试验区创业期间，事多情杂，遇事我总与老辛商量，他也积极主动，不推不脱。由于他思路开阔与豁达，工作上二人容易形成一致，说干就干，不闹别扭，捅了娄子他去“擦屁股”。

老辛的最大爱好是看书，业务书、小说、文艺、历史等都看，我们称他“杂家”。卧榻再窄，里侧放的必定是书，不看书就睡不着觉，看起书来就能忘掉一切。他有个习惯，因睡眠不好，躺下就打开身边的半导体收音机，戴上耳塞，闭着眼睛，听困了才关机。有时睡着了，耳塞还在微微作响。他的习惯对我没影响，我是个沾枕头就着的主儿。

因为看书多，他的知识面宽，思路敏捷，但他从不炫耀和夸夸其谈。过去无聊会议很多，发言人套话废话加屁话，我听着就心烦，老辛却总是拿个小本做笔记。

“讲的全是废话，你记它干嘛？”一次我问他。

“讨厌还来不及，谁记它。”老辛说。

“那你在小本子上写什么？”我又问。

“大把的时间不能让他给糟践了，这是我思考问题的时间，想到什么就记点什么，免得事后忘了可惜。”原来他比我技高一筹。

他的另一个爱好就是工作，工作起来废寝忘食，不管不顾，是个典型的“工作狂”。

事物总有它的两面性，优兮缺所依，一个突出优点常会带来大的缺憾。书痴与工作狂给老辛家庭和亲情带来不小的伤害。

老辛的夫人刘一樵是他大学同学，漂亮、能干、泼辣，毕业后分配到北京林业大学，任校团委书记，是青年中的风云人物。但在美满幸福的家庭中，因双方都有繁重工作，对孩子时有照顾不周之处，两个双胞胎女儿因先天性心脏发育不全而体质纤弱，正愁着做手术的事。老辛在曲周，夫人在云南，三个孩子在北京林业大学家里。夫人每次写信给老辛都是叮嘱他照顾好孩子，老辛总是因为完成任务不好而受夫人埋怨。

辛德惠在苏联莫斯科大学留学照片（上图）
及辛德惠与夫人刘一樵的合影（下图）

“老石，下个礼拜刘一樵要回北京，气儿可大了，怎么办？给我出点主意。”一次在张庄，老辛手上拿着一封信对我说。

“反正你的娄子捅得不小，罪责难逃，准备挨尅吧！”

“为避其锋芒，建议你晚两三天回去，让她先消消气。再让文英给你准备点曲周特产，小米、辣椒什么的。还有一条很重要，死猪不怕开水烫，骂不还口，打不还手。”

“再说，夫妻没有隔夜仇，没事的。”

我真没少出馊主意。

“老石啊！这次你得帮我个忙，我还真是走不开。你先回北京，把小米辣椒送到我家去，顺便做做刘一樵的工作，让她消消气。”老辛认真地说。

见到刘一樵时，刘一樵对老辛不顾家、不照顾孩子的事，桩桩件件、件件桩桩地真没少说。说着说着，撩起了床单指着床下说：“辛德惠真不像话，懒到把房

里的垃圾往床底下扫，你说气人不气人。”

一次在北京，早晨我到老辛家约他一起去参会。进屋时，他的两个上初中的可爱双胞胎女儿起床不久。老辛慌忙收拾了一下，指着桌上放着的一包点心说：“燕燕（大女儿），一会儿你们自己倒杯开水，吃江米条。放学回来时，如果爸没回来，你们就去学校食堂吃饭。”

“你就这样把两个孩子打发了啊。”我有些看不过去。

“每天都这样，她们习惯了。”老辛笑嘻嘻地说着，难怪刘一樵有意见。

其实，老辛本人也是这样，离开食堂和会议饭，他总是饥一顿饱一顿地瞎凑合，全然不把吃饭和家庭生活事放在心上。老辛年轻时，身体可棒啦，像头牛，走起路来虎虎生风。但先天性高血压病，年轻时的收缩压就在 150 以上，他却全然不放在心上。

由于工作压力大，不注意饮食生活，年龄渐长的老辛在曲周工作期间，由心慌心悸发展到心绞痛。1986 年的冬天，在北京他和我商量完工作后说，他今天去曲周。

“最近心绞痛的情况怎么样？”

“没什么，现在就痛着哩！”他无所谓地回答。

“今天别去了，休息两天再去。”我这样劝说，但起不了作用。

结果一路上心绞痛加重，他到曲周县就大汗淋漓，连说话的力气也没有了。到县医院稍事检查，立即派车送到邯郸医院。他的学生郝晋珉给我打来电话，我立即通知校办给我买火车票，和人事处副处长汤以文一起，代表学校（当时我已任副校长）坐夜车赶到邯郸医院看望。找了医院院长和邯郸地委副书记蔡欣，请他们全力治好和照顾好老辛。这次他在邯郸住院半年，医生说出院后一定要注意，不能再犯了。这年他才 55 岁。

屋漏又遭连夜雨。两年后，夫人刘一樵确诊白血病才一个月就辞世了。这对老辛打击非常大，他哽咽着对我说：“我对不起刘一樵啊！我对她关心照顾得太少，现在说什么也晚了。”

后来还对我说：“像我这种人，结婚就是个错误！”

这是一个“书痴”和“工作狂”多么凄凉的自白。

此后，他走路不再虎虎生风，而是步履缓慢，左右晃动了。但是，一进到工作状态，仍然生气勃勃，不管不顾；看起书来还是手不释卷，从无倦容。

我们两人的业务领域比较接近，主土壤，偏地学，对曲周试验区的试验研究工作，比较好沟通和形成共识。自进驻曲周试验区，二人如一，一起做一件事，综合治理旱涝碱咸，该分工时一句话就行，从不分彼此与得失。历五年许，试验区工作上了轨道，影响越来越大，工作越来越多，我二人的研究领域渐渐各有侧重了。

同在旱涝碱咸综合治理麾下，我侧重水盐运动及其调节管理，老辛侧重盐渍

低产地区农田生态系统。我二人等在 1983 年出版的《黄淮海平原的水盐运动和旱涝盐碱综合治理》书中，我写“季风现象和黄淮海平原的水盐运动”以及“水盐平衡、水盐运动调节”，老辛写“黄淮海平原盐渍化农田生态系统的综合治理”以及“地下咸水化学和改造”。我们不用商量分工，即可十分默契地形成相互配合与支撑的两个研究方向。之后的时间里，曲周试验区的“农田生态系统”与“水盐运动”这两个研究方向逐渐成熟和深化，像同生于曲周土壤，同根同茎，汲取同样营养的两个繁茂的分支。

系统理论和曲周试验区 1979 年被列为联合国科研《人与生物圈》计划对老辛的学术思想影响较大。他在 1983 年撰写的《黄淮海平原盐渍化地区农业生态经济系统的改造与开发》中开门见山地写道：

“我们在承担了国家重点和攻关研究项目“黄淮海平原旱涝盐碱综合治理研究”的十年工作中，以曲周北部为基地对旱涝碱咸综合治理、综合发展研究中，通过实践，结合多方面的学习和思考初步建立了系统思想和系统方法，以及农业发展统一理论，基本弄清了季风气候下半湿润半干旱地区水盐运动规律，形成了一整套综合治理的措施系统。在生产实践中取得了相应的结果，为当地群众谋得了利益。”

文中阐述了他对“系统思想和系统方法”“生物圈和生态圈”“农业发展统一理论（SEEFA）”“人与生物圈”，以及“农业生态经济系统和农田生态系统”概念的认识，介绍了曲周试验区的研究实践。在同年出版的《黄淮海平原的水盐运动和旱涝盐碱综合治理》书中明确提出：

“要科学地、有效地研究和从事农业工作，就必须恪守以下的理论和认识程序：系统—生态圈—生态系统—农田生态系统—农业生态系统。”

1985 年济南“国际盐渍土改良学术讨论会”上，老辛的论文《黄淮海平原盐渍化低产地区综合治理综合发展的工程生态设计及其评价》，以曲周试验区为实例，提出了农业生态经济系统模型和人工控制系统的结构与功能，这是老辛从生态理论到实践应用的一次重要进展。

1990 年由他主编的《浅层咸水型盐渍化低产地区综合治理与发展》中，他以曲周试验区为案例，以现代的系统科学和生态理论精髓，系统研究和提出了我国农业 – 农村综合发展的理论与战略，对建设我国社会主义农业和新农村提出了新的概念与道路。书中第一次提出了泛生态理论，拟写了“泛生态学大纲”，含泛生态学的核心、哲学基础、产生与应用、决策与实施，以及输入决定率等 13 条泛生态学规律等。

老辛几十年如一日地为发展农业生态理论与实践，以花甲之年和重病之躯，不屈不挠地开拓着，从曲周盐渍化低产地区到城郊型的邯郸马头试验区，从山区开发型的涿鹿试验区，到高产型的山东桓台试验区和河北藁城试验区，走遍了黄淮海平原及周边的山山水水。

老辛始终是冲在农业第一线的实干家。1988 年为响应国家增加 500 亿斤粮食的号召，打响了黄淮海农业开发的攻坚战。当时，学校由我主抓这项工作。我们的主战场在邯郸和沧州地区，故而成立了邯郸团和沧州团。邯郸团由老辛指挥。经与邯郸地区农业开发办研究确定，曲周实验站派出了小分队先后进驻邯郸、肥乡、鸡泽、馆陶 4 县，与地方一起制定农业发展规划将曲周治碱的一整套技术措施在 4 个县推广，取得了良好效果。老辛还不顾自己的健康，亲自带着老师们去周围一个县一个县地推广农大的新技术和新产品。其中，包括农大的高产玉米增产菌、种衣剂等。一个冬春下来，实验站的一辆面包车跑得几乎散了架。

老辛对自己要求极严，从不愿意麻烦他人。当时曲周实验站只有一辆车，车棚四面透风，老辛心脏不好，身体虚弱，冬天坐在车里冷得不行。身边同志多次建议他找学校换一辆车，老石不会不帮这个忙的。他总说："老石的事已经够多了，别给他添麻烦。"事后我知道这事，心情十分沉重，这对我来说是举手之劳，为什么不多关心一些还战斗在第一线的战友呢！不关心人是我的一个大毛病！每每想起此事就后悔莫及。

此处所附照片是 1989 年曲周试验区"七五"攻关成果现场验收时，我和老辛在张庄我们住过的房间门外拍摄的照片，这排房子是在曲周县委关怀下，1975

老辛和我在张庄曾住过多年的房间门外的合影（1989 年）

年在张庄村为农大老师盖的新房；下面一张是 1993 年曲周 20 年站庆时，老辛站在曲周县县委和县人民政府为曲周实验站所立的纪念碑碑前拍摄的，看他那满脸的高兴劲儿。这两张照片确是弥足珍贵。

辛德惠在中共曲周县委和县政府为曲周实验站所立纪念碑前留影（1993 年）

1993 年北京农业大学成立了我国第一个农业资源与环境学院和农业生态系；后又批准成立了生态学和环境科学一级学科博士点和生态学博士后流动站；生态学全国评估名列第十；以该院为主的环境 / 生态学科进入全球 ESI 前 1%。老辛开创的农业生态学科 20 多年来发展欣欣向荣，桃李满天下。

1995 年老辛被推选为中国工程院院士候选人。评议中有院士提出黄淮海项目确是出色，但已有了石元春院士，再说辛德惠与石元春同在曲周试验区和北京农业大学。这话听起来似乎有些道理，但是我的反驳更有道理。

正好工程院秘书长葛能会在我们学部听会。

“秘书长，您说推选工程院院士是不是主要考虑本人条件，而不是所在单位和按单位分名额？”我机敏地主动出击。

“石院士说得对，主要是考虑本人条件。”秘书长回答得很明确。

“辛德惠同志与石院士同是曲周试验区的两位主力，做的都是盐碱地综合治理，工作和成就能分得开吗？”这位院士对曲周试验区太知根知底，点到要害，说服力太强了。

“这不难，我与辛德惠同志是两个不同的研究方向，我是水盐运动，他是农田生态系统。各位院士可以仔细审阅辛德惠同志在农田生态系统研究上的成就和

水平就可以了。”我仍在据理力争。

我很清楚，看上去，院士们正襟危坐，淡然无语，但个个都是心中有数的评审高手，只要他们不被模糊与误导，我就有信心。

果然，老辛高票当选了，本来嘛！实力就摆在那里，我有何惧?

人们常说，“一山不容二虎”，一个试验区二三十人，走出两个院士，实非易事。

在学问上和事业上，老辛是成功者，在健康上与家庭上却留下太多遗憾。

夫人已去世多年，老辛身体又不好，不少同志关心他，想帮他再找个老伴。老辛总说：“不要再害人了，我还行。”

老辛健康状况越来越差，工作还是一点不减。1999 年 5 月到郑州出差开会，下午赶回北京，次日又去宁波考察，马不停蹄。老辛乘渡船去象山，上船时还是好好的，坐得端端的，但到岸时即不省人事地倒下了，紧急送医院抢救无效。一位对我国黄淮海平原治理和农业生态科学有重要贡献的学者，一位亲密的战友，一位“工作狂”在他的工作岗位上悄悄地离开了我们。

辛德惠在曲周实验站的墓碑（1999 年）

老辛的一生是极有价值的一生，坦荡而光辉的一生！

老辛的骨灰安放在曲周实验站，人们会永远怀念这位伟大的科学战士，中国农民的好儿子。

每每当我想到和老辛在曲周试验区的日日夜夜、人人事事时，总是悲由心生，鼓励着自己，保持一个幸存者应有的奋进。

本回书写至此，可谓是：

为国家鞠躬尽瘁，沥肝胆一心为民。
思战友情伤意凄，不扬鞭自当奋蹄。

下篇

走向黄淮海

改革开放将黑龙港局部战役推向了整个黄淮海大战役。我们也由曲周试验区走向了黄淮海。

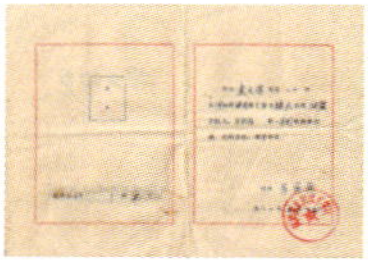

下篇目录

25 改革风吹绿大地，黄淮海春意盎然

冥冥天下事，转折瞬息间。
晨曦一觉醒，阴霾换青天。

1976年10月6日，“四人帮”倒台了。

这天我们在张庄忙碌着各自的试验，对“四人帮”倒台的消息全然不知。

10日上午，河北省地下水领导小组办公室来电话，要我当天赶到石家庄汇报曲周二期综合治理工程规划。

“老石！‘四人帮’被打倒了，以后我们的日子好过了。”一见面，铁城主任就兴高采烈地对我说，我这才得知这个关系国家命运的大消息。当天在日记本上，我写下这样一句话：“‘四人帮’恶贯满盈，终于被推上了历史审判台，大快人心。”

中国人含蓄内敛，在此伟大历史时刻，我们没有欢呼，没有狂热，只用默默的耕耘去迎接一个新时代的到来。

凡事，看未来，影影绰绰；往回看，清清楚楚。

粉碎“四人帮”之初，我们对国家的未来模模糊糊，可是三十年后回头看，国家天翻地覆的变化一清二楚，全拜那“改革”和“开放”所赐。改革开放对曲周试验区的影响又会怎样？当时是不会想这些不着边际的事，现在回头看，也是一清二楚，也是“天翻地覆”，那就是因为有了“黄淮海科技大战役”。

何为科技战役？

“科技战役”是指针对一个重大科技命题和目标，有计划、有组织、多学科和大兵团地进行集中“攻关”，并取得重大科技与实践成果的一种国家或集团行动。

黄淮海科技战役的时代背景与产生缘由何在？

黄淮海平原是地处中原，京津等大城市集中，政治、经济、文化和交通发达，面积达32万平方千米的中国第一大平原。这里水热条件好，地形平坦，土壤肥沃，是粮、棉、油、蔬、果等多种农作物皆能生长的重要农区。可是这里自

然条件复杂，易旱、易涝、土地易盐碱，地下还有咸水。当人们对她还不了解，没摸准她的脾气时，20 世纪 50 年代后期盲目冒进地大搞水利化，结果引起一场罕见的“盐灾”。在之后的十多年里，春旱夏涝和土地盐碱交相为害，产量低而不稳，农民不是贡献粮食而是吃政府供应的返销粮，国家不是从黄淮海“粮仓”收取粮食而是从外地往这里调运粮食，这难道不是一个重大国家命题和科技攻关对象吗？这正是黄淮海科技战役产生的时代背景与缘由。

黄淮海科技战役的过程与结果如何？

20 世纪 60 年代末，北方发生连续三年大旱，黄淮海平原地下水资源过度开发，河北平原相继出现一批地下水漏斗，形势严峻。1972 年，国务院召开了北方 17 省市抗旱工作会议，根据周恩来总理建议，国家科委于 1973—1976 年组织了“河北省黑龙港地区合理开发利用地下水研究”的科技大会战，这是由国家组织的黄淮海科技战役的黑龙港前哨战。

在“文革”期间，这场前哨战打得十分艰苦。在极“左”思潮横行，知识分子遭受蹂躏的年代里，9 个旱涝盐碱综合治理试验区只剩下邯郸的曲周试验区和沧州的乌马营试验区。本书上篇记载了此前哨战中幸存的北京农大曲周试验区的那一段可歌可泣的经历。

“四人帮”被打倒，十年浩劫结束，华夏大地吹来让万物复苏的春风。就说当时的科教战线和黄淮海项目吧。

1976 年 10 月打倒了“四人帮”，1977 年 8 月中共中央就召开了“科技与教育工作座谈会”。小平同志在会上说：“我们国家要赶上世界先进水平，必须从科技和教育着手。科技和教育的目前状况不行，需要有一个机构，统一规划，统一协调，统一安排，统一指导协作。”

1978 年 3 月，北京隆重举行了“全国科学大会”，迎来了科学的春天；同年 10 月颁布了《1978—1985 年全国科技发展规划纲要（草案）》（简称《八年科技发展规划纲要》）。其中列出的 108 项重点科学技术研究项目中的第 5 项，即黄淮海盐碱旱涝地区等低产地区的综合治理，由农业部、国家农垦总局、国家林业总局、水电部、中国科学院、国家地质总局等 6 部委主持。

1978 年 10 月黄淮海治理正式立项，1979 年 1 月国家农委和国家科委联合在河南商丘召开了黄淮海平原旱涝盐碱综合治理工作会议。“文革”结束才两年，黄淮海科技大战役就打响了。

黄淮海大战役的第一阶段是备战阶段（1979—1983 年）。

自 20 世纪 60 年代以来，围绕旱涝盐碱的治理，中央和地方有关单位在黄淮海平原设有不少试验基点，各自为战，势单力孤，作用有限。因此，备战阶段的第一项任务就是在原来基础上，根据新的要求将部分试验基点整编成军。为了使分散的点上经验能在整个黄淮海平原的治理中发挥作用，备战中必须做的工作就

是制订《黄淮海平原旱涝盐碱综合治理区划》和《典型工程设计》。此外，还要引进现代科技和世界银行贷款，为战役准备技术、人才和资金。1982 年 6 月济南“黄淮海平原农业发展学术讨论会”是黄淮海战役的誓师会和舆论准备。此备战阶段在下篇的第 26 ～ 32 章将有详细阐述。

黄淮海大战役的第二阶段是“六五战役”阶段（1983—1985 年）。

根据中央的“全面安排，突出重点”方针，国务院于 1982 年将 1978 年公布的《八年科技发展规划纲要》中的 108 项内容，调整为涉及农业、电子信息、能源、交通、环保等 8 个领域的 38 个攻关项目，纳入国家“六五”计划实施。38 项科技攻关项目中第 2 项，“农业区域综合增产技术”的第一课题即为黄淮海平原中低产地区的综合治理与农业发展。主持部门是农业部，成立了“专家组”和为提高队伍的整体素质而组织召开了“国际盐渍土改良学术讨论会”。

“六五”攻关取得了一批有价值的成果，促进了黄淮海平原农业发展和经济建设，在国内外产生良好影响。黄淮海课题“六五”攻关的成果，更加坚定了国家推进黄淮海治理与开发的信心和决心。“六五战役”详情可见于下篇的第 33 ～ 36 章。

黄淮海大战役的第三阶段是“七五战役”阶段（1986—1990 年）。

“七五战役”是黄淮海科技大战役中的关键一役。为此进行了周密部署，分 12 个试验区和 6 个重大超前技术“两线作战”。整个攻关过程中，严格要求，强化管理，在综合治理、粮食增产、农民增收和科技研究上都取得了重要进展。1988 年，李鹏总理亲临一线视察并邀请科技人员代表到北戴河做客休假。国务院颁发了嘉奖令。1999 年，黄淮海项目作为国家科技代表团成员参加了在苏联举办的“中国年”；黄淮海科技攻关成果获 1993 年度国家科技进步特等奖。下篇的第 37 ～ 44 章详细记载了“七五战役”过程和发生的重要事件。

在黄淮海中低产田综合治理与开发项目的影响和带动下，国家科技攻关计划中先后增加了三江平原、黄土高原、北方旱区和南方红黄壤等中低产地区的综合治理与农业开发课题。进而于 1988 年国务院决策实施了一项包括黄淮海平原、松辽平原、三江平原、黄河河套灌区、河西走廊、湘南、赣西南以及沿海滩涂等 10 大片，涉及 20 个省、市，3.8 亿人口，4.7 亿亩耕地，投资 540 亿元的《中低产田治理和农业综合发展计划（1988—2000 年）》，这对 20 世纪末我国粮食总产上 5 亿吨台阶，结束我国千百年缺粮历史做出了重要贡献。

国家科技攻关项目很多，何以黄淮海项目能成此大气候，产生如此深远影响?

乃占天时、得地利、聚人和也，即占改革开放以及国家急切需要增产粮食和农民增收之“天时”；得黄淮海平原是我国重要农区和粮食增产潜力巨大之“地利”；更重要的是有一支有领导、有组织、多学科、跨部门和指挥得力的科技大

军，以及全体参战人员表现出的“为民奉献，拼搏进取，无私协作”的黄淮海精神成就了这个科技攻关项目。

当时参加黄淮海科技战役的有中国科学院的地理研究所和南京土壤研究所；有中国农科院的农田灌溉研究所和土壤肥料研究所；有北京农业大学的土壤农业化学系、农学系和农业气象系；有中国水利科学院的农田水利研究所、中国林科院的林科所，以及冀、鲁、豫、苏、皖五省的农业科学研究院等 204 个科教单位的 1 141 名科技人员。主持部门是农业部，参加主持的部门有水利部、林业部和中科院。

黄淮海科技战役有没有指挥员或司令员？当时没设置这个位子，但是当我们重写这段历史，纵观整个战役的时候，始终离不开一位关键人物，就是当时的国家农委副主任、农业部部长何康。

1978 年，是他亲自到曲周试验区考察和下拨农业部 500 万元扩大治理试验；1979 年 1 月，是他安排“商丘会议”，打响了黄淮海科技战役；1979 年 4 月，是他亲自到邯郸部署黄淮海平原旱涝盐碱综合治理区划任务；1980 年 6 月，是他通过农业部将改革开放后世界银行的第一批农业贷款安排于黄淮海平原 11 县的旱涝盐碱综合治理；1981 年 10 月，是他亲自部署黄淮海平原农业发展战略研究；1982 年 6 月，是他亲自筹备和参加了在济南召开的黄淮海科技战役誓师大会——“黄淮海平原农业发展学术讨论会”；1983 年 5 月，是他亲自策划和主持了“全国高等农业院校教学、科研、推广三结合经验交流会”，向全国推广黄淮海“试验区经验”；1985 年 5 月，是他亲自主持和召开了济南“盐渍土改良国际讨论会”；1987 年，是他积极运作和策划了“1988—2000 年农业区域综合开发计划”，将黄淮海中低产田治理开发经验推广到全国；1988 年 5 月，是他积极推进了李鹏总理现场考察曲周试验区；1988 年 8 月，是他积极推进了李鹏总理邀请黄淮海战役一线参战科技人员代表到北戴河休假；1991 年，是他支持农业部奖励委员会给黄淮海项目颁发了科技进步特等奖和支持申报国家科技进步特等奖。

作为当时的国家农委副主任和农业部部长的何康，深知黄淮海平原治理与开发对推进全国农业发展的重要战略意义，十几年如一日地支持和组织指挥着这场历史性的科技战役。在书写这段历史时，我们应当铭记他的功绩与贡献。

水有源，树有根。何康部长对黄淮海项目的感情和卓越指挥，是与他本人的家庭和工作背景分不开的。

1923 年，何康出生于革命传统世家，其父是辛亥革命元老、同盟会会员。何康自幼思想进步，1939 年在重庆南开中学学习期间加入了中国共产党，1946 年毕业于广西大学农学院，1947 年被派到上海做党的地下工作。1949—1952 年任上海市军管会农林处处长、华东军政委员会农林部副部长。

为了打破当时西方国家对我国战略物资橡胶的封锁，他被调到农林部和农

垦部任特种林业司司长，1957—1978 年任华南热带作物研究院党委书记和院长，后兼任广东省农垦总局副局长。历时 20 余年，他在海南成功地领导和组织了我国的橡胶产业的发展，将橡胶种植北线由北纬 17 度大面积北移到北纬 24 度的科技战役，获 1982 年度国家科技发明一等奖。1978 年他奉调进京供职，任国家农委副主任兼农业部副部长，分管科教。1983 年升任农业部部长兼国家计委副主任至 1990 年。

从以上背景和他的行政职务，其能卓越领导和指挥这场黄淮海科技战役就成为顺理成章的事了。

此处所附照片是何康部长与本书作者于 1999 年夏天在北京圆明园的合影。

何康部长与本书作者合影（1999 年）

本书作者于 1973—1979 年参与和创建了曲周试验区；1979—1983 年兼顾曲周试验区和黄淮海课题的面上工作；1983 年以后主要力量投入黄淮海课题的科技攻关工作，任“六五”课题专家组组长和“七五”课题首席专家，并主持“六五”和“七五”水盐运动监测预报的专题研究；1991—1993 年负责组织申报农业部和国家科技进步奖。期间，1985 年任北京农大副校长，1987—1995 年任北京农

大校长。

本书上篇是1973—1983年间的曲周试验区篇（或黑龙港前哨战篇），共24章；下篇是1979—1993年间的黄淮海科技攻关篇，共21章。本章是下篇的概览。全书是作者参与整个黄淮海科技战役的历史纪实，凡20年。

本回书写至此，可谓是：

改革风吹绿大地，大平原摆开战场。
三阶段层层推进，黄淮海大战在即。

26 图治理星火点点，两部委整编成军

32万平方千米，接近德国国土面积的一个偌大平原，自然地理条件何等复杂，旱涝盐碱又此起彼伏，黄淮海科技战役该怎么个打法？

这就要从“搞点”说起。

农业战线有一种最常用的工作方法就是“搞点”，也有“基点”“基地”“样板”“试验区”之类的叫法，如粮、棉、油的高产样板、改土治碱试验区、养猪积肥基地、种植绿肥示范点等。书记有书记的点，科研单位有科研单位的点，中央部门有中央部门的点，省地县乡村也有自己的点，可谓是“八仙过海，各显神通”。如果一个点上取得成绩和经验，可由领导出面，开现场会，推而广之。

自20世纪50年代末黄淮海平原发生大面积土壤次生盐渍化以后，各省及中央有关部门在这里没少设盐碱地改良试验点，以求治理之道。

“文革”前，有中国农科院农田灌溉研究所在河南商丘县李庄乡设置的沟洫台田改良试验点；有河北省农科院在南皮县刘八里乡的盐改试验点；有江苏省农科院在睢宁县王集镇的花碱土改良试验点。“文革”前夕，中科院地理研究所于1966年春在山东禹城建立的，以管井工程为主要内容的禹城盐碱地改良实验站等。

“文革”期间，这些试验基点多处于停顿或半停顿状态，蹲点人员多被轰回单位搞“革命”去了。

“文革”期间也有新建的基点，较早的是山东陵县试验区。当时国务院某领导指示中国农科院要下放农村参加生产实践，接受教育改造，1971年土壤肥料研究所派了一支科技队伍到山东德州搞盐碱地改良实验站。该站设在鲁西北旱涝和土壤盐渍化严重的一个背河洼地的陵县丁庄乡，采用深沟扬灌扬排与农业措施相结合的旱涝盐碱综合治理方法。在当时的政治环境下，土肥所的一些科技人员举家搬迁安置在德州市，以便就近下乡“蹲点”。60高龄的王守纯研究员带头活动在旱涝盐碱综合治理的第一线上。

根据周恩来总理指示，国家科委于1973年在河北省组织了一个“黑龙港地区地下水合理利用”的科技大会战。会战初建9个旱涝盐碱综合治理试验区而后

仅保存下两个。其中一个是北京农大土化系老师在黑龙港地区上游，漳河冲积扇扇缘的涝洼盐渍区建立的曲周试验区，由于地下是咸水，治理难度更大，所以他们叫“旱涝碱咸综合治理试验区”。在治理方法上他们走了一着险棋，从打破咸水禁区和开发浅层地下水入手，采取“浅井深沟体系，农林水并举”的方法。仅两三年，旱涝碱咸治理效果凸显，粮食产量“上纲”“过河”和“跨长江”，即亩产分别过 400 斤、500 斤和 800 斤。

保存下来的另一个试验区是 1974 年河北省水利科学研究所在沧州南皮县建的乌马营试验区。这个试验区代表着河北平原海河下游，与滨海平原相接的，面积约 1.5 万平方千米，耕地 1 200 万亩的一大片低平原。这里年年渍涝，淡水资源极缺，地下咸水，土壤盐渍化很重，是河北省的主要低产区之一。乌马营试验区面积 9.4 万亩，通过“抽咸换淡”等综合治理措施，盐碱地面积明显减少。

“文革”期间建的还有一个试验区，是 1975 年中国农科院新乡农田灌溉研究所贾大林副所长带领的一支科技队伍，在黄河以南，河南省商丘县的李庄乡建立的。这是另一个旱涝盐碱较重的背河洼地，他们采取的是“排灌分设、引黄灌溉、井渠结合、平整土地、种植绿肥”的综合治理方法。

据农业部农业工程规划设计研究院 1982 年的资料，黄淮海平原旱涝盐碱治理试验基点有 50 多处，其中水利部门 10 处、农业部门 6 处，其他多为地方基点。这些基点的地理条件、治理重点、设置时间、规模大小、采用方法、技术含量等方面参差不齐，差别很大，但都做出了他们的努力与贡献，是黄淮海平原综合治理旱涝盐碱早期的一批星星火种。

为贯彻中共中央十一届三中全会精神及《1978—1985 年全国科技发展规划纲要》，1979 年 1 月国家农委和国家科委召开黄淮海平原旱涝盐碱综合治理“商丘会议”后，组织黄淮海科技战役的第一项任务就是立即着手对试验区的整编建军工作。

第一批被整编入列的是“文革”期间中央单位建立的河北曲周试验区、山东陵县试验区、河南商丘试验区和河南新乡人民胜利渠试验区 4 个试验区，以上分别有了介绍。

第二批被整编入列的有 1979 年重新组建的山东禹城试验区、河北南皮乌马营试验区和江苏睢宁试验区 3 个试验区，以及 1979 年新建的山东寿光和安徽蒙城 2 个试验区。乌马营试验区上面已有介绍，以下是另 4 个试验区的简况。

1979 年，中国科学院、中国农科院、山东农大等单位承担了国家科委下达的“盐碱地综合治理中间试验”和“盐碱地综合开发技术体系区域试验”任务，在山东省科委组织实施下，在原中科院地理所禹城试验区基础上重建了中科院禹城实验站和中国农科院禹城实验站，后统称禹城试验区。该试验区建设了禹北风沙区、渍涝盐碱试验区、禹西生态与观光农业园区，以及石屯蔬菜、良种繁育及

节水灌溉试验区等几个治理开发区。

滨海盐碱地是黄淮海平原的一种重要盐碱地类型，面积相当大，过去没有设过点。在农业部支持下，山东农科院将点选在了莱州湾寿光县境内。这里地面多在海拔5米以下，地形低缓易涝，淡水极缺，地下咸水矿化度在100克/升左右，比海水高两三倍，大部分土壤为滨海盐土，含盐量很高。这是黄淮海平原诸试验区中治理难度最大的一个试验区，一块最难啃的骨头。他们采用的是“农盐结合，耐盐作物开路”等综合治理措施。

黄淮海平原南部的江苏省农科院苏北花碱土睢宁试验区是在原来老点基础上重新组建的。这里年降水900毫米，年均气温14℃，地上和地下水资源丰富，主要问题是农田中插花分布有约三成盐碱土和三成沙土而导致低产。治理的方法是先行改良盐碱地和沙地，进而培肥土壤，提高农业产量。这是黄淮海平原中低产田综合治理中自然地理条件最好、治理难度较小的一种类型。

与苏北相近，淮北的水热条件也很好，但有约4 000万亩古黄河冲积扇扇缘湖沼相沉积物上发育的砂姜黑土，土壤黏结，物理性状很差，难耕易旱，是皖北的主要低产贫困区。根据农业部的部署，由安徽省农科院在蒙城县小马店公社建立了面积为1.1万亩的砂姜黑土改良试验区。采用的方法是从完善农田水利工程，提高抗旱除涝能力入手，通过多种措施改良砂姜黑土不良物理性状，进而调整种植结构，综合发展，提高农业整体生产水平。

第三批整编入列的是1983年正式启动“六五”科技攻关计划时，国家科委和农业部根据整体布局需要而新组建的河南封丘、河南开封和河北吴桥3个试验区。

由中科院南京土壤研究所组建的河南封丘试验区，代表了豫北约1.7万平方千米，有农田1 500多万亩的中低产地区。这里微地形起伏不平，岗、洼、沙地相间分布，排水出路不畅，旱、涝、盐碱、风沙、瘠薄，农业产量很低。针对此地区特点，在应举建立了万亩试验区，井渠路林电配套与农业技术措施结合，实行综合治理。

河北沧州吴桥试验区处于黑龙港地区下游，淡水资源极缺，地下咸淡水交互分布，地形低缓易涝，盐渍土约占7成，农业产量低而不稳。吴桥试验区是在原沧州市科委组建的“龙王河试验区”基础上，经北京农大农学系老师的参与而重新组建的。该试验区原有较好的“四水（降水、地面水、土壤水和地下水）转化”研究基础和旱涝盐碱综合治理的基础，又有以王树安教授为代表的北京农大农学系的老师的小麦－玉米“吨粮田”技术，使这个试验区做得有声有色、有特点。

在黄淮海平原旱涝盐碱综合治理区划基础上制订的“六五”科技攻关计划中发现没有沙地治理方面的试验区，农业部经与河南省农科院商建了开封沙地改良试验区。黄河出三门峡进入平原，形成了多次决口改道遗留下的，约4 000万亩

的大片沙地，特别在黄泛区一带，是河南省的重要低产区。开封沙地改良试验区采用的是“农林牧相结合，治沙与多种经营相结合”的综合治理方法。

（注：以上各试验区组建情况参考了国家科委农村科技司于1999年编写，科学出版社出版的《中低产田治理与区域农业综合发展》一书中第24—128页所提供的相关资料。）

历经4年，按黄淮海平原旱涝盐碱综合治理区域，分三批完成了12个试验区的布局，包括中央单位分别负责的7个试验区和冀、鲁、豫、苏、皖5省农科院分别负责的5个试验区。他们是黄淮海科技战役中的12个方面军，是改变黄淮海平原旱涝盐碱、多灾低产面貌的12支主力部队，是绽开在黄淮海平原上的12朵科技之花。

本书的上篇记录了作者亲身参加的曲周试验区的历史与故事，而12个试验区中的每一个试验区，都有他们建区和创业的历史与故事；有他们留下的艰苦拼搏和不屈不挠足迹，甘于奉献和勇于牺牲的精神；有他们结下的累累科技硕果。以本书作者之力是难以全面介绍的。

在黄淮海平原旱涝盐碱灾害显著消减，粮食和农业产量日增的今天，我们不应当忘记这12支科技队伍的历史与功绩。

本回书写至此，可谓是：

图治理星火点点，两部委整编成军。
十二支科技精锐，黄淮海会战攻坚。

27 增战力技术强军，抢时间引进派出

对于黄淮海科技战役中组建的这支队伍，对于队伍中的我们这些科技人员，最需要的是什么？是新技术和新理论的武装，特别是在改革开放之初的那个年代。

当时参加黄淮海科技战役的主力，我们这批四十岁上下的中年科技人员，自20世纪50年代上大学到改革开放，学术思想与科学研究一直囿于新中国成立前对西方有限的一点吸收以及后来苏联的学术影响，又经过了十年“文革”，对当时西方与世界科技发展情势的了解几乎是一片空白。

改革开放，使这些被长期幽闭在令人窒息的学术空间里的科技人员懵然地走进了一个新的大千世界，以往闻所未闻、见所未见的许多新鲜事儿一拥而来，琳琅满目，美不胜收，找到了一份发现新大陆般的惊喜，这是一个科技工作者的真正解放。

改革开放之初，美籍华人牛满江教授与国内著名生物学家童弟周教授合作，成功地移植了动物胚胎，动物胚胎居然可以移植！后又听说不同的细胞质也可以融合，基因也可以转移，还有沃森和克里克发现基因双螺旋结构的故事等，每天都有这类科技中的新鲜事儿充耳盈栋。

改革开放之初，北京农业大学从世界银行给教育部的贷款中进口了一台计算机，在一排二三百平方米的几间大房子里安装了一年多时间。计算机室的地板高出地面半米，下面是密如蛛网的电线，上面是一大屋子的计算机设备，室内要求恒温、恒湿和防尘（当时空调是绝对的奢侈品，装空调是要经过上级严格审批的）。我曾有机会进去看过一眼，像是到了龙王爷的水晶宫，看着眼花缭乱，完全不懂，太高、精、尖了，太服气了。

可惜，这台装满了一大排屋子的计算机刚完成调试，就被当时的一个小小的“商用个人计算机”，就是现在所谓的台式机和笔记本电脑给淘汰了，真是个“以小吃大”的典型案例。计算机技术进步得太快了。

再如“模拟”在当时是个时髦词，从“物理模拟”（如张庄试验区的模拟实验室）到“数学模拟”。在后来的水盐运动监测预报研究专题中，我们就是基于

大量基础工作，应用“物理模拟”和“数学模拟”的现代技术和手段而使成果达到国际领先水平的。

学习和应用先进技术，可以让我们能以更加先进的手段去认识客观世界和有效地进行调控与管理。但是，新的科学理论与思想则可以指导我们在更深层次上进行抽象思维，当时对我们影响最大的要算是“系统论”了。

20世纪80年代初的一天，我和辛德惠、毛达如几个人在北京农大新科研楼二层的一间会客室里准备接待外宾。无意间谈起了“系统论”，尽管三人都是初涉，但却兴致勃勃，特别是联系上自身的业务，就感慨良多了。

我说，黄淮海平原水盐运动以及旱涝碱咸的关系那么复杂，如果用系统理论和将它放在系统的框架上，就能比较容易地厘清关系与阐明了，方法论的力量可真大！辛德惠说，张庄试验区这些年的研究，可以用盐渍农田生态系统及其改造来概括（上篇24章就介绍了他以后应用系统科学的出色成果）；毛达如说，土壤、作物、营养元素与易溶盐也是一个统一的系统，完全可以用系统理论与方法来研究。这三位在综合治理第一线的“指战员”，结合自己的工作实际，你一言我一语地谈着如何用系统论、控制论和信息论（后称“老三论”）武装自己的头脑。

理论的力量是强大的，技术的力量是强大的，但它只将恩惠给予能懂得它和应用它的人。以上只是发生在我身边的事情，每位参加黄淮海科技战役的科技人员在改革开放后都会有类似的境遇与感受。正是这批科技人员如同海绵吸水般地去猛力吸纳和运用着这些来自世界的先进科学理论与技术，才使得黄淮海科技战役打得有声有色，在实践中逐渐缩小我们与世界先进水平之间的差距。

曾领导过创建我国橡胶产业和橡胶种植线北移科技战役的何康，这位主管科技与教育的农业部副部长当然洞知此理，在黄淮海战役刚开始启动的1979年，就一手抓组织建军，一手抓科技强军，一面引进，一面派出了。

1979年初夏的一天，学校外事办公室通知我，农业部将联合国粮农组织的援助项目——“全国农业遥感培训班”交由北京农大土化系和曲周试验区承办，李连捷教授任中方项目组长，林培与我协助。这是我国最早从国外引进的一项新技术，并将它首先用于武装黄淮海的科技攻关。

在一所大学办培训班应该是不会有困难的，但是困难可大着啦，教室在哪儿！

那时的北京农大，还是“文革”中被搬迁到延安的华北农业大学。1972年学校由延安流浪回来的“流亡政府”一直设在离北京不远的涿县实习农场，因为北京校区已交给某军事机关了。几经交涉，部队才同意将北京校区主楼一楼的北段交给农大办“农业遥感培训班”。这才忙起了装修教室和置办各种教学设备，一切从零开始。

第一期农业遥感培训班是在1980年秋天开班的，为期4周。教师主要是

联合国粮农组织聘请的，有美国人、英国人等，我和林培既当学员又当辅导员和管理人员，外方负责人是帕切克教授。20多位学员都是来自全国农林战线的中年科技骨干。由于这是中国最早的一期遥感培训，这批学员后来都成为我国遥感技术战线的“种子”与“先驱”。这批学员以后见面，常戏称自己是“黄埔一期”。

此处所附的一组照片的左上是我的导师李连捷教授（前排左2）和帕切克教授与部分辅导教师和学员的合影；右上是1980年秋季举办培训班的合影；左下是我介绍培训班学员情况时帕切克教授做笔记时的神情；右下是林培与帕切克在曲周带遥感野外实习。

改革开放之初，北京农大有个与德国的合作项目，德方负责人霍尔汉姆大学校长莱斯教授后来回忆时说：“我初次来到北京农大校园时看到一个很奇怪的现象。主楼门外有解放军士兵持枪站岗，侧门却有一些外国人进进出出，不知道是怎么回事。”说的就是当时办遥感培训班时主楼的情景。此处所附照片的左上和右上两张合影都是在莱斯教授所说的“有一些外国人进进出出”的主楼北侧门外拍摄的。

1980年举办“全国农业遥感应用培训班”的一组照片

何谓遥感?

地球表面不同物体有不同的吸收、反射、辐射光谱的性能，遥感就是通过相机、摄像机等不同的传感器收集这些光谱信息，经处理和保存下来的。传感器可以手持，可以安装在高空气球、飞机或卫星上，收集到不同大小范围、不同分辨率和精度的影像信息。

美国 1972 年发射的 Landsat MSS 资源卫星，18 天绕地球一圈地收集地球表面信息，以后又陆续发射了 TM-2 到 TM-5 的资源卫星，分辨率越来越高。1986—1998 年间，欧洲陆续发射了资源卫星 SPOT-1 到 SPOT-5，将分辨率提高到 2.5 米；1999 年美国发射的 IKONOS 资源卫星和 2001 年发射的 Quick Bird 又分别将分辨率提高到 1 米和 0.6 米，地球表面何处能逃过它们的“法眼”。此处所附是通过北京天安门卫星影像解译的北京天安门广场，广场上的升旗台和旗杆、长安街上的汽车和点点行人清晰可见。

遥感卫星拍摄的天安门前的影像

遥感技术通常是使用绿光、红光和红外光三种光谱波段进行探测。绿光段一般用来探测地下水、岩石和土壤的特性；红光段探测植物生长、变化及水污染等；红外光段探测土地、矿产及资源。此外，还有微波段，用来探测气象云层及海底鱼群。当时培训班用的是 TM-2 卫星影像和采用目视解译法，后来才有了彩色合成仪、图像判读仪和数字图像处理机等先进信息处理设备。

为了学习掌握目视解译技术，1980 年春节的初一到十五的半个月里，我一人猫在主楼遥感教室里目视解译了一幅 1∶50 万比例尺的 TM-2 遥感影像。此后，

无论是给培训班讲课还是带实习，我觉得自己有了底气，只有经过实战才能成为真正的战士。1980—1982 年我与林培、辛德惠联合指导的研究生马步洲的论文《冲积平原农区大比例尺土壤遥感制图的研究》，可能是我国最早的一篇土壤遥感制图方面的论文，全文是作者手工刻写蜡纸和油印的，下文附有该论文的封面。

这个项目共邀请了 40 多位国外农业遥感方面的专家来华讲学和工作，举办过 19 期全国性培训班，培养了 500 多名学员。北京农业大学建立了具有当时国际先进水平的遥感实验室和“全国农业遥感应用和培训中心”，林培是这个中心的主任。1986 年又在东北、华东和西南建了三个分中心，创建了我国农业遥感基业与体系。

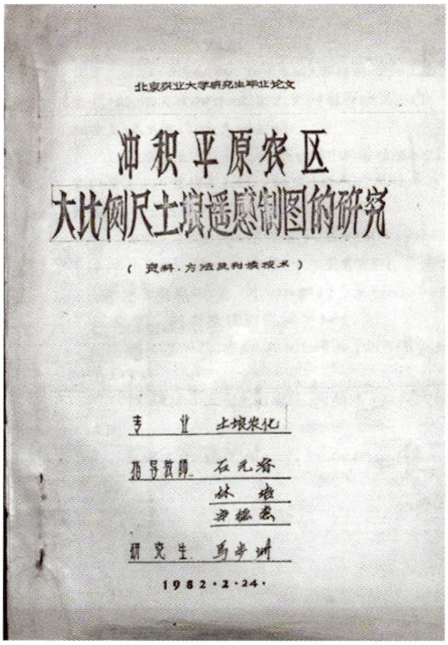
北京农业大学研究生毕业论文

冲积平原农区

大比例尺土壤遥感制图的研究

专业 土壤农化

指导教师 石元春 林培 辛德惠

研究生 马步洲

1982·2·24·

研究生马步洲的遥感论文，1982 年

1982 年，北京农大农业遥感应用与培训中心承担了国家“六五”科技攻关专题“黄淮海平原低产土壤遥感调查”。1986 年 1 月的技术鉴定证书中写道：“试验结果表明，人力、物力和时间均比常规中比例尺土壤图制作节省 90% 左右，经济效益十分显著。”

这是黄淮海科技战役引进的一项尖端武器。

借改革开放之势，农业部在从联合国粮农组织引进遥感技术的同时，又选派了曲周试验区的石元春和辛德惠，陵县试验区的杨守春三人于 1980 年 5 月组团赴匈牙利考察盐渍土改良，为期两周，这可能是改革开放后较早派出的一批农业科学考察团。

这是我第一次出国，新嫁娘般地欣喜与无措。那时出国非常复杂和隆重，除了办护照与换外汇外，还要拿农业部出国证明信到前门“红都服装店”定做西服，叫“制装”；拿证明信到“出国服务部”购置出国所需用品；还要到农业部外事司接受培训，听讲当前形势和国家对外政策、纪律、保密、礼仪，以及吃西餐左手拿叉右手拿刀等。所有这些很是琐碎麻烦，但乐于为之，心情特好。

根据中匈科技合作委员会 17-306 号文件，此次考察自 1980 年 4 月 27 日到 5 月 27 日。第一阶段自 4 月 28 日至 5 月 11 日，由匈农业和食品工业部所属植保与农业化学中心接待。此间参观了植保农化中心，听取了全匈农化和土壤改良工作介绍；到德布勒森农业科技大学高尔察克盐碱土改良和土壤耕作研究所、贝克什州植保农化实验站、农业食品工业部所属水利灌溉和水稻研究所、戈德勒农

业科技大学土壤改良教研室 8 个单位进行了考察。第二阶段由 5 月 12 日到 5 月 25 日，由匈牙利科学院土壤农化研究所接待，着重考察该所的盐碱土及其改良方面的科研工作和其他研究工作，参观了盐渍土改良工作成效显著的阿波依国营农场等。

布达佩斯跨多瑙河两岸，典型的欧洲风格，很静很美。眼前一切，似曾相识，那曾在小说、照片和电影里有过的欧洲印象。第二阶段的匈牙利科学院土壤研究所考察期间，是该所所长，前国际土壤学会盐渍土专业委员会主席 I・萨博尔奇教授和他的夫人达罗博教授，以及盐渍土研究室主任负责接待，这是我们此次考察的重点。接待非常热情，安排十分细致周到。该所的主要研究室我们都参观了，重点参观了盐渍土改良研究室。到野外看了匈牙利的盐渍土剖面，参观了他们的盐渍土改良田间实验站。两次周末，I・萨博尔奇教授等陪同我们到匈牙利景点观光和农民家做客，跳舞、吃烤牛排。

此处所附的一组照片中，左上是萨博尔奇教授在匈牙利科学院土壤研究所门前与我们三人的合影；右上和左下是在野外盐渍土考察，左下合影中右三是盐渍土改良研究室主任，右一是萨博尔奇教授的夫人 K・达罗博教授；右下拍摄的是考察研究所的盐渍土改良田间实验站。

访问匈牙利科学院土壤研究所时的一组照片（1980 年 5 月）

下面两张照片的左幅是萨博尔奇教授陪我们观看完马球比赛后，午餐时与我的合影，我披着当地牧民的皮衣，罩着匈式帽；右幅是到匈牙利农家访问时与主妇的合影。

周日看马球比赛和访问农户（1980 年）

回国后，我们将考察报告上报了农业部，报告包括 8 个方面、6 条建议和 3 个附件。其中技术部分分写了三篇文章，发表在《灌溉与排水》杂志上。

此次访匈大开眼界，收获颇丰，特别是后续行动，一是 1982 年为曲周实验站引进的匈牙利土壤和农化连续化验设备，二是促成了 1985 年济南盐渍土改良国际会议的召开。

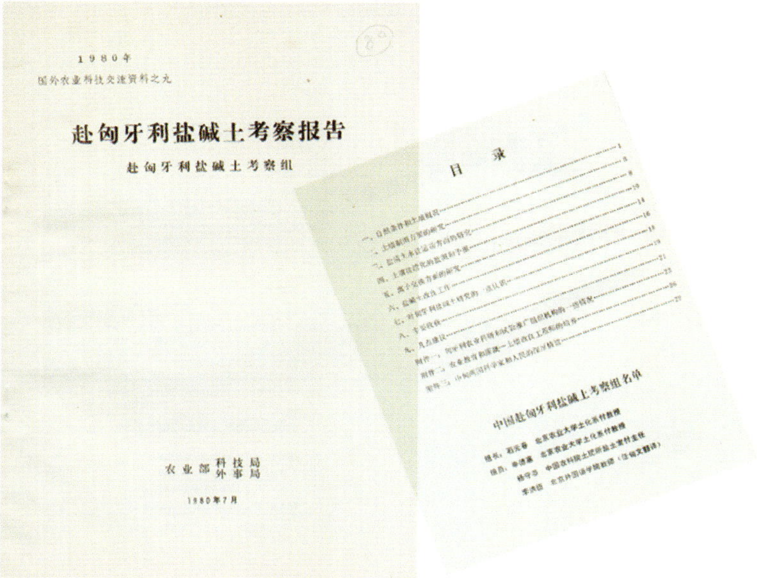

1980年

国外农业科技交流资料之九

赴匈牙利盐碱土考察报告

赴匈牙利盐碱土考察组

农业部科技局
农业部外事局

1980年7月

目录

中国赴匈牙利盐碱土考察组名单

访问匈牙利的考察报告（1980 年）

访匈后两年，农业部又安排曲周试验区的我和林培、雷浣群及北京农大物理教研组俞和权教授到日本、菲律宾和印度三国进行了为期半月的农业遥感考察，不再赘述。

本回书写至此，可谓是：

新理论武装头脑，引遥感火眼金睛。
出国门欧洲学习，增战力技术强军。

28 搞区划由点及面，树信心媒体热议

搞点和建试验区是为面的治理与发展，黄淮海科技战役的目标是寻求对黄淮海平原近 2 亿亩中低产地区进行旱涝盐碱综合治理和农业发展的科学途径与方法。如何去衔接点与面，使点的成果能有效地向面上扩散转移。

一个试验区取得的成功治理和开发经验，一般只在它所代表的条件相近的同类型地区具有推广应用价值，而黄淮海平原的自然地理和农业生产条件非常复杂，那就需要针对黄淮海平原的主要中低产类型分别设置试验区，做到点面的密切结合与匹配。

黄淮海平原有哪些中低产类型区？这不是县乡的行政概念，也不是按面积的统计学概念，而是按旱涝盐碱产生的自然地理概念划分的类型区。因为只有旱涝盐碱产生的自然地理条件相同的类型区才具有相同的综合治理与开发路径。国家农委对此早已成竹在胸，1979 年 1 月的商丘黄淮海工作会议上，就是按一手抓整编组建试验区，和一手抓制订旱涝盐碱综合治理“区划”部署的。制订“区划”是组织黄淮海科技战役的一个及时、科学和关键的环节。

何为“区划”？

“区划”是根据不同目标和要求，对自然地理或经济等相关条件的地域差异性进行划分的一项基础性和指导性的科学工作，属地理学范畴，如自然区划、经济区划、自然资源区划、气候区划、综合农业区划等。区划的范围可以是全球，也可以是一个国家或某个地区。《黄淮海平原旱涝盐碱综合治理区划》是当时《全国农业区划》中的一个专项区划，是按旱涝盐碱产生的自然地理条件的差异性和旱涝盐碱综合治理的要求作出的区域性划分。

1979 年 1 月商丘会议结束不久，主持这项工作的国家农委副主任兼农业部副部长何康于 4 月来到曲周试验区考察和落实农业部给曲周试验区 500 万元扩大试验规模的拨款。第二天我随同何康部长返回邯郸，在地区宾馆，他听取了来自曲周、商丘、陵县、禹城等六个科研基点的汇报。汇报后他提出，这些点上的试验研究初步摸索到了黄淮海平原不同条件下旱涝盐碱综合治理的路子，为了使这些成果和经验能向面上推广和开展面上的治理，当务之急是要制订和提出黄淮海

平原的旱涝盐碱综合治理区划。

记得这天晚饭后，何康部长将中国农科院农田灌溉研究所所长贾大林和我叫到他住的房间，地面上已经铺着了乒乓球台大小的一幅黄淮海平原地图，又向老贾和我询问了一些问题。当时室内灯光很暗，服务员拿来了几个手电筒，我们三个人就趴在地上，打着手电筒边看边说，这个情景给我的印象至今不忘。看完图后，众人回坐到沙发，何部长对我们二人说："这个任务就交给你们两个人了，动作要快，质量要好。怎么样？"

"没问题！"我们俩异口同声地回答。

经贾与我二人商量，除北京农大曲周试验区和中国农科院农田灌溉研究所外，开出了中国农科院土肥所，中国科学院南京土壤所，山东省水利厅、水科所和农科院土肥所，河北省水利厅、地质局和地理所，河南省水利厅和农学院，江苏省农科院，安徽省农科院和水科所，北京市水科所，天津市水利局等十多个单位以及 20 多位专家的名单。国家农委同意了我们的工作计划，并指定贾和我二人主持"区划"工作。

这是我们进入黄淮海战场接受的第一个战斗任务，组织起的第一支多兵种联合作战队伍。

老贾和我当即通知了有关单位及专家本人，要求他们尽快按我们提供的资料清单搜集资料，做好准备，参加 8 月在邯郸宾馆的资料汇总工作。8 月的天气仍然很热，没有空调，只有电风扇，这些长期战斗在黄淮海平原一线的黄淮海战士挥汗不止，工作不辍，热情远高于气温。经半个多月的资料整理和讨论，提出了区划要素图 7 幅、区划图 1 幅及文字报告征求意见稿 1 份。

区划工作偏于地学，与我专业结合得紧，因而我承担着更重的资料汇集和整编工作。工作抓得真紧，9 月中旬，国家农委和农业部就在济南召开初审会，会后经修改相继提出了二稿和三稿，继续征求意见。此处所附照片的左上幅即 1979 年 11 月提交的征求意见稿附件的封面，左下第一幅即修改后于 1980 年 6 月提交的二稿封面。

次年，即 1980 年 7 月，在河南商丘召开终审会，我代表区划组汇报了工作进展和修改后的第三稿。会上对修改后的第三稿和 17 个图幅作了最后审议，一致肯定了这次区划工作的成绩和这个区划对今后黄淮海平原旱涝盐碱综合治理及巨大农业生产潜力的发挥上将起着良好作用。审定会议纪要中是这样写的：

"大会同意这个区划报全国农业自然资源调查和农业区划委员会，并向中央提出关于加强黄淮海平原旱涝盐碱综合治理工作的建议。"

3 个月后的 10 月，区划组正式上报了包括 17 幅资料图和 1 幅区划图的《黄

淮海平原旱涝盐碱综合治理区划图集》以及文字报告。下文所附照片是该区划编写过程中的 1、3、4 稿和最后文字报告封面，以及照片右侧我在终审会上汇报用的发言提纲的首页。

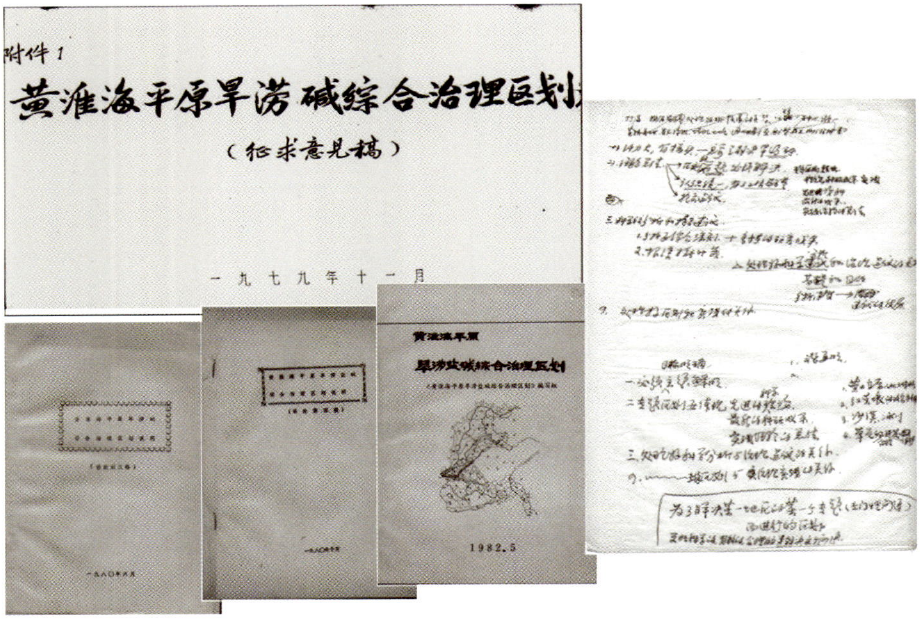

《黄淮海平原旱涝盐碱综合治理区划》曾五易其稿

此次区划工作五易其稿，三次审改会，紧锣密鼓，环环相扣，如此浩瀚的资料和繁重的工作仅用时 18 个月，那几年的工作效率特别高。

7 月商丘审定会议后，老贾和我立即赶到北京，参加国家农委在西山八大处宾馆组织的“全国农业区划工作会议”。我代表黄淮海区划组在大会作了题为“搞好专题区划，为综合治理黄淮海平原旱涝盐碱提供科学依据”的发言。后来我作为《中国农业区划》编写组成员之一而获奖励。此成果后获国家科技进步一等奖。下文所附照片的左侧是在交流大会上印发的发言稿首页，右侧是全国农业区划委员会 1983 年颁发的奖励证书。

我在发言中介绍此专题区划的背景时强调了，正是因为黄淮海平原在我国农业发展中的重要位置，以及因治水方针失误所导致的严重旱涝盐碱灾害的大背景下才有了制订这个《黄淮海平原旱涝盐碱综合治理区划》（以下简称《区划》）的需求。制订这个《区划》正是在总结过去正反两方面经验的基础上，为指导综合治理旱涝盐碱，提高农业生产服务的。我在发言中讲道：

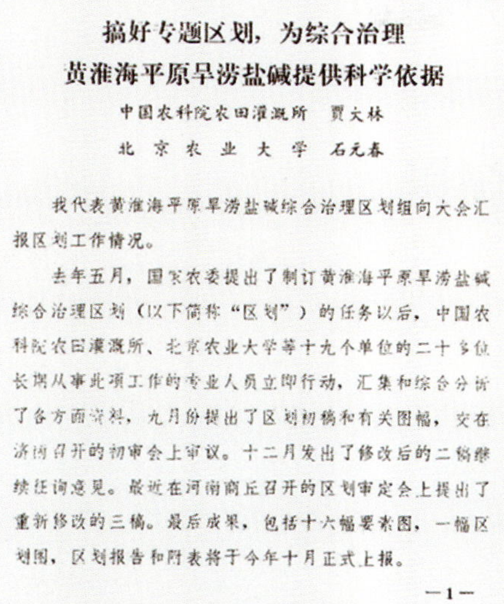

搞好专题区划，为综合治理
黄淮海平原旱涝盐碱提供科学依据

中国农科院农田灌溉所　贾大林

北　京　农　业　大　学　石元春

我代表黄淮海平原旱涝盐碱综合治理区划组向大会汇报区划工作情况。

去年五月，国家农委提出了制订黄淮海平原旱涝盐碱综合治理区划（以下简称“区划”）的任务以后，中国农科院农田灌溉所、北京农业大学等十九个单位的二十多位长期从事此项工作的专业人员立即行动，汇集和综合分析了各方面资料，九月份提出了区划初稿和有关图幅，交在济南召开的初审会上审议。十二月发出了修改后的二稿继续征询意见。最近在河南商丘召开的区划审定会上提出了重新修改的三稿。最后成果，包括十六幅要素图，一幅区划图，区划报告和附表将于今年十月正式上报。

—1—

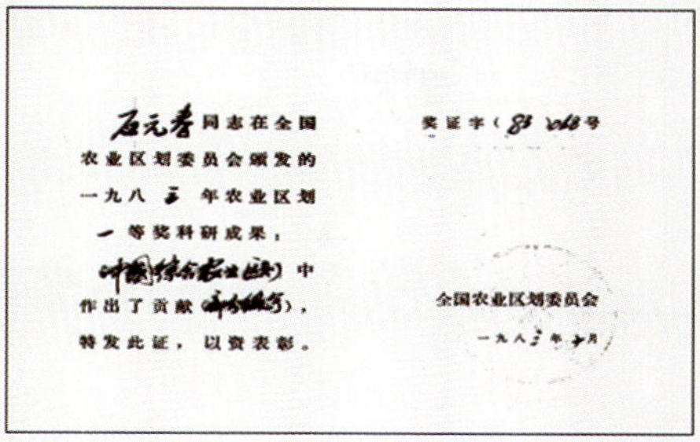

石元春同志在全国农业区划委员会颁发的一九八三年农业区划一等奖科研成果：（中国综合农业区划）中作出了贡献（部分编写），特发此证，以资表彰。

奖证字（83 048号

全国农业区划委员会

一九八三年十月

1980年8月国家农委在北京召开的“全国农业区划工作经验交流会议”上黄淮海平原旱涝盐碱综合治理区划小组在大会上的发言稿首页及1983年颁发的奖励证书。

在全国农业区划工作交流会议上的发言稿

“现实给‘区划’工作提出了一个尖锐问题，即治理黄淮海平原的旱涝盐碱的科学办法是什么？这个问题不回答，为治理旱涝盐碱而作的专题区划也就没有了前提。

大家共同总结的一条基本经验是，将旱涝盐碱作为一个有机整体看待，对它们必须统筹考虑，实行综合治理。过去那种抗旱归抗旱、排涝归排涝、治碱归治碱的头痛医头、脚痛医脚的治理办法是行不通的。

张庄试验区的科学研究成果提出，在半湿润季风气候和黄淮海平原的一定地学条件下，旱涝盐碱以及地下的咸水常常是相伴而生，相互联系和相互制约着的，它们是区域水分运动所表现出的一组自然现象，并以此为特征，构成一种独立的景观类型和生态系统，这是认识和治理黄淮海平原旱涝盐碱的理论基础。它从理论上阐明了必须坚持综合治理的方向和提出了综合治理中必须以调节水分运动作为中心环节。”

依此基本认识，提出了综合治理的4条主要途径与经验，以及区划必须与治理实践紧密结合的原则，并针对所划分出的各个区域的特点，分别提出治理方向与途径。

此区划根据黄淮海平原的气候、地形、地貌、水文、水文地质、土壤、灌溉排水条件以及农业生产状况等方面的区域差异，将黄淮海平原划分出太行山及燕山山前平原区、海河平原区、豫北黄河平原区、南四湖西平原区、淮北平原区、渤海滨海平原区等9个一级区，它们具有完全不同的旱涝盐碱综合治理的自然条件基础、治理途径与方法。继而对各一级区内的地域差异做进一步区分，续分出59个二级区，它们具有更加接近的旱涝盐碱综合治理途径与方法。

制订区划是为了指导黄淮海平原综合治理旱涝盐碱工作，按国家农委安排，北京农大曲周试验区承办了十余期“黄淮海平原县级和小流域旱涝盐碱综合治理和农林牧副渔全面发展规划学习研究班”，以培养基层业务领导和骨干技术人员。下文所附照片是北京农业大学刘巽浩老师在培训班上讲课。

刘巽浩老师在给培训班学员讲课（1981年）

“区划”带起了黄淮海平原旱涝盐碱综合治理热潮，《人民日报》《光明日报》《文汇报》等都有分量很重的报道；此次“区划”也是领导和公众对黄淮海平原旱涝盐碱综合治理坚定信心的一座分水岭。

此话怎讲？

20世纪50年代后期，黄淮海平原因治水方针失误造成的大面积农田次生盐渍化和长期得不到有效治理。70年代中后期，从张庄、陵县、商丘、禹城等试验区综合治理的实践与研究中看到了曙光，而此次区划则是燎原了这些星星火种，可以一步一步地推向整个黄淮海平原。领导与公众对这片肥美大平原从茫然

到有了信心，请看看当时报纸是如何报道的。

商丘的“区划”终审会后不久，1980年8月7日的《光明日报》头版头条以《加快治理黄淮海平原》为标题和以“专家们建议尽快把黄淮海平原建成全国商品粮和经济作物生产基地”为副标题报道了这次会议，以下是部分摘引。

“加快治理地跨冀、鲁、豫、苏、皖五省和京、津二市的黄淮海平原，尽快把这里建成全国商品粮基地和经济作物生产基地。这是最近在河南省商丘召开的黄淮海平原旱涝盐碱综合治理区划座谈会上，各有关方面的100多位专家共同提出的意见。

会上，专家们分析了黄淮海平原的自然、政治，经济诸方面的因素。认为治理好这个平原对实现我国农业现代化有重大意义。河北省曲周县张庄大队在1973年治理前，一般亩产100多斤，实行综合治理后的第二年平均亩产400斤，去年平均亩产达831斤，6年来共提供商品粮160万斤；山东省禹城县的14万亩实验区，经过综合治理，亩产也由200多斤迅速上升到470斤。黄淮海平原能够得到治理，仅5 000万亩盐碱地就可以增加百亿斤左右的粮食，再加上大力植树造林和发展畜牧业，贡献就更大了。

专家们认为，目前大规模治理黄淮海旱涝盐碱的条件趋于成熟。我国治理旱涝盐碱的科研工作已达到较高的水平，已研究制定出比较完整的综合治理技术措施，黄淮海平原旱涝盐碱综合治理区划的制定，为因地制宜地治理这个地区提供了科学依据。”

与此头版头条报道相应地发表了题为《按客观规律办事才能征服旱涝盐碱》的评论文章，以下是该文的摘录。

“黄淮海平原总面积三十万平方公里，耕地面积两亿七千万亩，人口近两亿。这里气候、土壤，水利等资源十分丰富，历来是我国重要的农业生产区之一。只是由于受春旱、夏涝、土地盐碱的限制，历年产量低而不稳。解放三十年来，虽然我们在这方面取得一些重要的科研成果，积累了不少经验，但也干了不少劳民伤财的事，教训是相当深刻的。1958年至1961年，为了解决灌溉问题，不少地区盲目地引黄，拦河筑坝，大搞平原水库，有灌无排，引起次生盐碱化或渍涝的发展。冀、鲁、豫三省盐碱地的面积由50年代中期的二千八百万亩发展到四千八百万亩。当三省盐碱地经过治理面积减少到二千一百万亩后，有的地区在旱灾面前又盲目地引黄灌溉，在排水河道上建闸蓄水，使次生盐碱化面积又扩大到二万八千万亩。由此可见，要治理黄淮海平原旱涝盐碱，必须按客观规律办事。

目前，我国科研人员在治理旱涝盐碱方面已取得一些重要的规律性认识和重

大成果，尤其是黄淮海平原旱涝盐碱综合治理区划方案的制定，为我们治理这个地区提供了科学依据，今后计划能否实现，关键在这个地区的各级领导。过去，有的地方的盐碱地没有治理好或出现多次反复，主要原因是那里的领导违反客观规律，盲目地搞主观唯心主义的“瞎指挥”。

我们相信，只要黄淮海平原的各级领导干部，群众都能按客观规律防治旱涝盐碱，我国这个最大的平原不久的将来就会变成农林牧副渔全面发展的富庶宝地。”

下文所附照片的左幅即《光明日报》头版头条与评论文章。

1981 年 7 月 6 日的《文汇报》也在头版头条以《黄淮海平原旱涝碱制服有望》为题进行了报道，副标题是“六个实验区的自然面貌和生产条件经综合治理发生根本变化”，下文照片的右幅是该报道的摘引。

光明日报
GUANGMING RIBAO
为八亿农民设计最佳住宅
加快治理黄淮海平原
专家们建议尽快把黄淮海平原建成全国商品粮和经济作物生产基地
按客观规律办事才能征服旱涝盐碱
评论

文汇报
WEN HUI BAO
1981年7月6日 星期一
黄淮海平原旱涝碱制服有望
六个实验区的自然面貌和生产条件经综合治理发生根本变化

《光明日报》和《文汇报》对黄淮海平原旱涝碱综合治理的报道（1981 年）

北京农业大学、中国农业科学院农田灌溉所和其他有关单位的科技人员经过长期努力，通力合作，在大规模和多学科的科学实验基础上，最近已基本拟就黄淮海平原旱涝碱综合治理区域规划。

这项研究是国家重点科研项目之一。这一治理方案投资少，收效快，一般三至五年即可收回成本。总数达 20 万亩的 6 个实验区经过综合治理，自然面貌和

生产条件都发生了根本变化。实验区成果证明，盐碱地改良后亩产提高 200 斤以上是完全可以做到的，按这个增产幅度计算，整个地区 5 000 万亩盐碱地如全部改良，每年可增收粮食百亿斤以上，这个数字相当于全国大中城市和工矿区全年所需商品粮的一半。

黄淮海平原地区良好的自然条件使它成为中华民族的发祥地。但长期以来，该地区的经济发展受到旱涝灾害和土地盐碱化的严重威胁。由于季风气候的影响，这里春旱夏涝，地表极易泛碱，大片良田逐渐变成盐碱荒滩。违反自然规律的人为活动也加剧了盐碱地的扩大。从 50 年代中期到 60 年代初期，由于引黄不当以及平原蓄水，冀、鲁、豫三省盐渍土面积猛增 2 000 万亩。

河北曲周、山东禹城、河南商丘等 6 个试验区的成果证实，大面积高效率改良盐碱地是切实可行的。曲周地区的盐碱情况早在《汉书》上就有记载。北京农大科研基点所在的张庄大队历年要吃返销粮 5 万～6 万斤，从 1973 年治理工作开始以来，到 1980 年为止，已向国家提供商品粮 180 万斤。从 1978 年开始治理的王庄大队虽然遇到连续三年的罕见干旱，粮食总产量却持续增长，治理第一年达到历史最高水平的 24 万斤，去年又增长到 44 万斤。尽管今年降雨量不及一般年份的 40%，预计今年麦季产量仍将超过去年二成以上。山东禹城 14 万亩实验区从 1974 年开始综合治理，现在旱涝危害基本消除，土地肥力逐渐提高。其中的盐碱地面积由 11 万亩下降为 3 200 亩，粮食单产由治理前的 200 斤左右提高到 460 斤。1980 年 12 000 亩中心实验区单产已达 650 斤。

上述各实验区的成果曾分别在各省和全国的科研会议上获奖。河北、山东、河南三个实验区还被列入联合国教科文组织“人与生物圈”科研项目之中。（范东生）

这次区划是黄淮海平原旱涝盐碱综合治理的一次历史性转折，一座里程碑。

本回书写至此，可谓是：

大平原罹难千载，六基点求索真经。
作区划由点及面，下决心全面开花。

29 推进器一虚一实，引外资筹措粮饷

《黄淮海平原旱涝盐碱综合治理区划》（以下简称《区划》）是从整体和分部上科学认识黄淮海平原的自然条件和提出治理途径，而付诸实施还需要一实一虚的两个推进器，实的是典型工程设计，虚的是制订农业发展战略。

1980 年 10 月，《区划》正式上报，次年农业部就给中国农业工程研究设计院下达进行“黄淮海平原盐碱地治理典型试验区工程投资费用的调查和技术经济分析研究”，给试验区作出经济评价。与此同时，该院 1981 年 2 月自动请缨，院内立题，在《区划》和各试验基点资料基础上，进行“黄淮海平原盐碱地综合治理工程典型规划设计的研究”。

也就是在《区划》提出的不同治理类型的不同治理途径基础上，从农业工程和土地整治角度出发，分别提出其排灌体系、林网体系、田区布局、装备与配置、农业生物措施体系（平整土地、轮作制度、种植绿肥、增施肥料、秸秆还田）等的工程典型设计，以及相应的技术经济指标和工程效益评价。

1982 年 8 月中国农工院在北京主持召开了黄淮海平原 5 省 2 市的 18 个改碱试验区座谈会。此研究课题邀请了有关试验区代表参加，北京农大曲周试验区的代表是黄仁安老师。此项研究进行了 3 年，在《区划》基础上对 6 种治理类型的 16 个试验区，提出了 22 个工程典型规划设计。他们的这一步走得很好，将《区划》和试验区经验工程化和模式化，以利于推广和实施。

此课题 1983 年结题，1984 年召开了鉴定会。“鉴定意见”指出：

“该研究是在《黄淮海平原旱涝盐碱综合治理区划》和黄淮海平原各类盐碱地改良试验区长期科学研究的基础上，以系统化、典型化和规格化为目标，完成了分类和综合治理工程典型规划设计。做到了分类和典型设计有机结合，体现了不同试验区的适应范围。”

此处所附照片是工程典型规划设计项目的鉴定意见书末页及鉴定委员会名单。

划设计和管理运用紧密结合；

2. 分类和典型设计有机结合，体现了不同试区的适应范围；

3. 对各试区的有效措施和经济效益进行了分析，提出了比较全面的技术经济指标。

此项研究成果具有创造性，对进一步推动黄淮海平原大面积综合治理工作将起到促进作用，可供类似地区参考应用。建议在推广应用的过程中，对各典型规划设计进一步完善及深化。

黄淮海平原盐碱地综合治理工程典型规划设计的研究课题成果鉴定委员会

1984年8月18日

黄淮海平原盐碱地
综合治理工程典型规划设计的研究课题成果
鉴定委员会名单

鉴定委员	姓名	工作单位	职称	签字
主任委员	黄荣翰	水利水电科学研究院水利所	高级工程师	黄荣翰
付主任委员	王守纯	中国农业科学院土肥所	研究员	王守纯
〃	刘大同	河南农学院	教授	刘大同
秘书	凌礼章	北京农业机械化学院	付教授	凌礼章
〃	肖林	北京市水利科学研究所	高级工程师	肖林
委员	席承藩	中国科学院南京土壤所	研究员	席承藩
〃	石元春	北京农业大学	付教授	石元春
〃	王遵親	中国科学院南京土壤所	付研究员	王遵親
〃	赵守仁	江苏省农科院土肥所	付研究员	赵守仁
〃	杨寿山	山东省林业科学研究所	工程师	杨寿山

3

工程典型规划设计项目鉴定及鉴定委员会名单

从上面研究内容与鉴定中可以看出，《区划》是根据不同自然和农业生产条件划分出了不同类型和地域提出不同的综合治理的途径和方法，而《典型工程设计》则是针对不同治理途径与方法提出的不同工程设计模式，解决“桥”与“船”的问题。

以上是“实”的一面，还要有“虚”的一面，即黄淮海平原农业发展战略。

也是在《区划》完成后的1981年，国家农委又布置了“黄淮海平原农业发展战略研究”，是“全国农业发展战略研究”中的一个课题，由石元春、贾大林和刘巽浩主持，研究组成员有李雨普、赵守仁、毛达如、刘有昌、赵宗哲、袁申盛、谢逸民、董绵昆等。自1982年下达任务到1983年8月上交《黄淮海平原农业发展战略研究报告》（以下简称《研究报告》），历时18个月。

重点地区农业发展
战略研究材料之七

黄淮海平原
农业发展战略研究

（内部材料　注意保存）

全国农业区划委员会办公室编印

石元春同志在全国农业区划委员会颁发的一九八五年农业区划一等奖科研成果《中国农业发展若干战略问题研究》中作出了贡献，特发此证，以资表彰。

奖证字（0490）号

全国农业区划委员会
一九八五年

《黄淮海平原农业发展战略研究报告》及获奖证书

此农业发展战略研究是由《区划》的战术层面上升到战略层面，是在《区划》基础上提出黄淮海平原的农业发展战略。这是一次由实到虚的升华，由对黄淮海平原农业发展的优劣势评价、农业发展战略目标定位，以及实现战略目标的战略措施三部分组成。

此战略研究中对黄淮海平原发展农业的优势和有利条件的分析是：光、热、水同季且资源丰富；地形平坦辽阔和土层深厚；农业生产历史悠久；大中城市多、经济发达；研究工作积淀多、技术资源丰富，以及黄淮海平原对全国农业举足轻重和地位显赫。发展农业的主要制约因素和不利条件是：在半湿润季风气候影响下，旱涝盐碱灾害频繁、低产土壤多，以及三料（有机肥料、饲料和燃料）缺乏。

根据以上的有利和不利条件分析，《研究报告》提出的黄淮海平原农业发展总体战略目标是：

“以农为主，农林牧副渔综合发展和年净增商品粮100亿斤（较1980年粮食总产翻一番）。近期（至1990年）目标是争取大范围内粮食和肉类自给有余，提供较多的商品棉花和大豆，以及农民生活有初步改善。中期（2000年）目标是：在生态环境与农业投入有显著改善的前提下，把本地区建成为我国最大商品棉基地、重要的商品粮基地和我国第二个商品大豆基地。与此同时，农林牧综合发展，进一步治水造林，改善生态环境，发展多种经营，增加农民收入，基本改变贫穷落后面貌。”

《研究报告》根据黄淮海平原20世纪50年代和60年代冀鲁豫平原部分平均每年吃返销粮3亿斤，70年代能自我持平或稍有贡献的现状；根据6个旱涝盐碱综合治理试验区的成功探索与成果，提出经综合治理后，如能将平均每年成灾面积由5 500万～6 000万亩减少到2 000万亩，新增灌溉面积3 000万～4 000万亩，低产田由1亿亩减少到5 000万亩，以及化肥施用量由每亩85千克提高到150千克，黄淮海平原将可净增粮食100亿斤以上。《研究报告》还论证和提出了黄淮海平原可以建设为我国最大商品棉基地、第二大商品大豆基地。

为实现此战略目标，《研究报告》提出了如下4条战略措施。

第一条战略措施是水。水是黄淮海平原农业的命脉。自然降水高度集中和农业用水较大缺口，决定了水量的科学调节与开源节流的重要性。具体措施有二，一是在防洪排涝的基础上，因地制宜地开发浅层地下水以加强地下蓄水和以不产生土壤次生盐渍化为前提的地面小规模蓄水，以及争取“引黄”“引江”等区外水源；二是大力发展灌区节水农业和占耕地面积45%的非灌区的旱作农业。

第二条战略措施是土。土是黄淮海平原农业发展的基础。黄淮海平原有2.7亿亩农田，其中有盐碱地5 000万亩、砂姜黑土3 000万亩和沙土2 500万亩，有障碍因子的低产土壤占耕地面积的41%。在已有几个试验区的试验成果及群众的经验，采用科学的治理方法可以不需太长时间得到较好治理和农业较快增长的。《研究报告》还提出了当时已经出现的城镇和村庄大量占用农田的倾向（鲁西北农业人口1949年人均占有耕地3.53亩，1981年为1.96亩，以此速度到2000年为1.41亩）；提出了“保护农用土地资源”的战略建议。

第三条战略措施是肥。肥料是提高农业产量的物质基础。《研究报告》提出黄淮海平原农田土壤肥力普遍不高，施肥水平较低和严重缺乏有机质和磷肥的现实。首先是增加有机质的来源，主要是作物秸秆和种植绿肥。增加作物秸秆还田量则需增加秸秆产出和减少燃料消耗，增施化肥和发展农村替代能源是重要的。增施化肥可提高农作物产量和发展养殖业，形成开放式的物质循环系统，化肥起着“引爆”作用。研究报告还提出了化肥使用中的“报酬递减”和“三要素”配比失衡问题。《研究报告》提出的肥料战略原则是“以无机肥促有机肥，有机肥与无机肥结合”。

第四条战略措施是“合理利用资源，调整农业结构”。根据“十一届三中全会”提出的农业要以粮为主和多种经营方针，《研究报告》提出了黄淮海平原光热水土资源区域差异大，根据资源特点，提出了调整农林牧副渔结构的具体建议。种植业方面提出宜“稳定粮食经济作物种植面积，主攻单产”的主导思想；根据黄河以北降水量少、地上和地下水资源贫乏以及春旱严重的水状况，提出了“麦随水走，战略南移”；根据黄河以南降水量较大和秋雨多不利于棉花保铃保桃，而鲁北冀南植棉面积迅速扩展的经验，提出了“苏北皖北棉田跨黄河向北发展”。也

就是麦、棉“南下北上”的战略转移。根据黄淮海平原水热资源尚未得到充分利用的分析，提出了灌溉农田改二年三作制为一年两作制；根据黄淮海平原重种植业而轻养殖业的现象，提出用一二十年将养殖业产值占农业总产值的份额由 10% 提高到 15% ～ 20%。此外，对油料作物、林果和副业的发展也提出了具体建议。

反而观之，20 世纪 80—90 年代，以及以后的黄淮海平原种养殖业基本上是按以上路径发展的，反证了此次“农业发展战略研究”结论的科学性和指导性。《黄淮海平原农业发展战略研究》获得了全国农业区划委员会 1985 年颁发的奖励。

在《黄淮海平原旱涝盐碱综合治理区划》和《黄淮海平原农业发展战略研究》基础上，于 1988 年将有关图幅编纂出版了《黄淮海平原农业图集》。该图集收集和编绘了黄淮海平原农业自然资源、1985 年农业生产条件、农业生产状况等 100 幅图件，是北京农业大学、中国农科院等 13 个单位的 27 位专家承担完成，主编是石元春、贾大林，副主编是董绵昆。该图集是以图件形式集黄淮海平原自然条件与农业资料之大成，也是一部具有历史价值的科技文献资料。

《黄淮海平原农业图集》部分内容（1988 年）

有了《试验区》《区划》《典型工程设计》《发展战略研究》，诸事齐备，还欠东风，就是资金，需要一大笔资金！

改革开放之初，国家需要用钱的地方太多而又国库“羞涩”。即便如此，当时中央仍设法在国民经济计划中逐渐提高农业基础设施的投入，同时积极引进联合国和世界银行的援助性贷款。世界银行的第一批农业贷款就用在了黄淮海平原的综合治理与开发上。

本书上篇第 19 章“阿金斯当场拍板，借外力圆梦曲周”，说的就是联合国国

际农业发展基金（IFAD）和世界银行的曲周试验区与河北南皮试验区贷款项目。这样一大笔资金的注入，将2.8万亩的曲周试验区的研究成果一步放大到曲周县旱涝频发和盐渍化严重的北部23万亩农田。5年实施期后，项目区的田间工程和装备水平、旱涝碱咸综合治理效果、农业产量以及农民收入都有突出表现，获得IFAD的高度评价。

就在IFAD副总裁阿金斯回到总部研究曲周项目和同意立项的时候，世界银行得到了这个信息，感到这么好的项目却让IFAD抢了先。于是与中国农业部联系，提出世界银行的资金和管理实力远胜于IFAD，希望将此项目由他们来做。

中国人讲究“先来后到”，曲周国际贷款项目不宜易主。于是世界银行代表向中国农业部问道：“还有这样的好项目吗？”“有！黄淮海平原还有好些类似的盐碱地改良基点都不错。”于是他们立即派员考察，此次农业部也邀请曲周试验区派人参加，是辛德惠出面的。我与老辛有过商量，曲周项目由IFAD做不要变，其他基点的项目做多做大更好，反正都在黄淮海平原。

一个更大的，由世界银行贷款的“华北平原农业项目”于1982年10月生效，实施建设期5年（1982—1987年）。该项目涉及山东、河南和安徽三省的齐河、禹城、陵县、商丘、民权、宁陵、蒙城、涡阳和濉溪9县的300万亩盐碱低产农田，贷款总额6 000万美元，加国内配套投资共计约3亿元人民币，每亩投资约100元。

为了使引用的外资项目有效实施，农业部曾办过多次干部培训班，此处所附照片是1983年5月由北京农大负责，在曲周实验站举办的华北平原项目县领导干部培训班的全体学员与农业部部长林乎加（前排左起第7人）等的合影（请注意照片右下方的注字）。

在曲周实验站举办的“华北平原项目”县领导干部培训班学员与农业部林乎加部长的合影（1985年）

该项目实施 5 年后，项目区内疏浚河道 70 千米、干支沟 1 260 千米、斗沟 3 200 千米；新打机井 8 460 眼，配套旧机井 4 010 眼；平整土地 60 000 公顷；建桥涵 13 738 座；增加 700 千米的 1 000 伏线路和 1 470 千米 380 伏线路；修建及改善 130 千米的农村道路。由于有各试验区的典型治理经验和这些硬件设施的投入，大大改善了项目区的综合治理和农业生产条件，在治理面积、灌溉面积、粮棉产量、复种系数、人均纯收入等方面均有大幅度增长。

1987 年项目实施完成时由联合国粮农组织与世界银行合作计划署编写报告，世行评议局进行评估，认为项目是成功的，给予了很高评价。遗憾的是，由于此项目的中国管理部门的改换，此次撰写本书时始终未能找到当时的有关报告和资料，不得不写得过于简略，憾甚。

本回书写至此，可谓是：

订战略大政方针，作区划科学引路。
搞工程典型设计，引外资筹措粮饷。

30 冀夯实理论基础，促知行双双升华

“一个民族想要站在科学的最高峰，就一刻也不能没有理论思维。”恩格斯如是说。

黄淮海科技战役目标是治理与开发，乃实用性命题，但对我们的研究对象——黄淮海平原及其旱涝盐碱发生规律，却不能没有理论思维。

我的专业和兴趣是地学和土壤学，在参与《区划》制订和收集整理资料中，如老友重逢般地拥抱着黄淮海平原的气候、地貌、水文、水文地质和土壤资料，从中不断激发起我的地学研究冲动。

科学工作者对客观世界的探索，通常是由少及多、由此及彼、由表及里的认知过程。一个古生物工作者在野外得一化石，就会在周边继续寻找更多可能发现的化石和地质线索，探寻化石出现地层的产状、年代、古地理环境、古生物群落，以恢复该化石存在的地质环境及其演化；一个考古工作者从发现一块人骨、兽骨、陶片或金属制品等开始，也会步步深入地搜寻更多考古证据，以恢复其生存年代与原貌。同样，在《区划》工作过程中，也会不断出现一些新的，一时还说不清楚的问题，需要深入探讨与理论说明。

我的第一个地学冲动是水问题的进一步探讨，水是黄淮海平原的永恒主题。

处处说水，时时说水，但是写《区划》报告时，在手头资料里，怎么也厘不清黄淮海平原每年到底有多少水和以何种途径进入与排出？进入和排出的这些水，在黄淮海平原的地面、土壤、地下和大气的不同介质里是怎样转化的？以及在总量上，黄淮海平原的农作物需要多少水，余乎？缺乎？

经验告诉我，回答这些问题的最好方法是区域水量平衡法，也就是用动态平衡的概念和方法对设定的时间和空间内水量的增减盈亏及其影响要素进行分析，即将黄淮海平原视为一个复杂的储水器，说清楚有多少水量进入和排出，以及水在储水器里是如何转化运行的。

由于上交《区划》报告时间所限，只得先完成区划任务，上交报告后继续收集资料，开展水量平衡研究。

此处所附图是当时提出的黄淮海平原水量平衡概念模型。其中进入项有大气

降水和区外来水（地表及地下）；排出项有蒸散（包括土面和水面蒸发及植物蒸腾）、入海及排出区外径流。转化项有大气水、地面水、土壤水和地下水，即水在大气、地面、土壤和地下含水层四种不同介质间的转化。通过资料整理与计算，得出了平衡区内 12 个平衡要素的水量（左图）及所占份额（右图）。

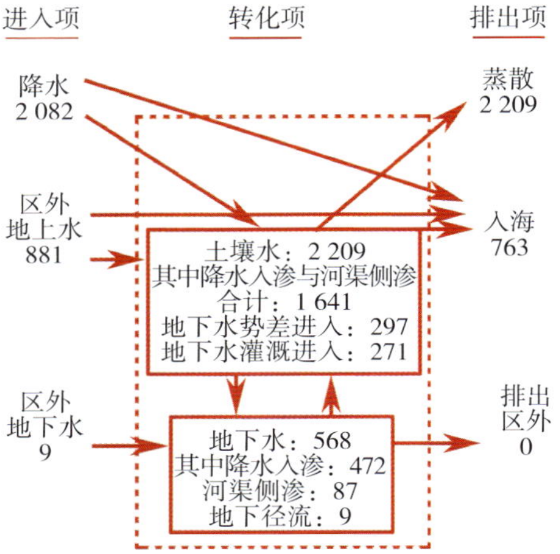

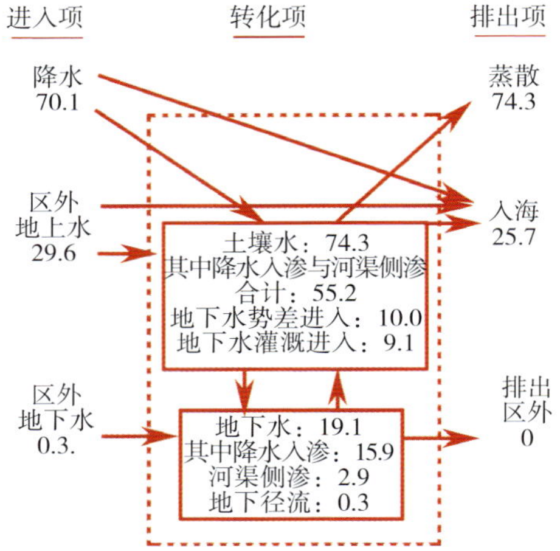

黄淮海平原水量平衡概念模型：左图为各要素之水量，
单位为亿立方米；右图为各要素水量占总水量之百分比

从图中可以看出，在 20 世纪 70 年代后期，黄淮海平原的年进入和排出的总水量是 2 972 亿立方米，进入水量的 70.1% 来自大气降水，排出水量的 74.3% 是蒸散形式。这个研究结果说明了黄淮海平原属典型的降水 – 蒸散型水平衡类型。这个量化的结论很重要，是黄淮海平原水运动和均衡的基本特质，是观察研究黄淮海平原水特征的基本依据和出发点。

水量平衡研究中发现了如下的一些有趣和有价值的实际问题。

其一，在时空分配高度不均的条件下，是 2 972 亿立方米的进入和排出水量维持着当时黄淮海平原农作物生产的水平。如果对春季过少和夏季过多加以人为调节，农作物必将得到更多水量和减少渍涝造成的减产。

其二，以蒸散形式排除的水量中，农田有效利用系数为 0.61，即近 4 成为无效水。如果将利用系数提高到 0.75，即可增加 80 亿立方米的农业用水，相当于对黄淮海平原的全部农田普浇一水，约可增产 160 亿斤粮食，这是通过节水技术可能做到的。

其三，以蒸散形式排除的 2 209 亿立方米水量都是通过土体以实现其进入、转化和排出的。如果提高现土壤入渗率和降低潜水位可蓄水于土，且能减少渍涝和入海水量，以 4 米土体计，全年大气降水即可全部纳入。论文提出了“土壤水库”概念。

其四，黄淮海平原水循环中的19%，即568亿立方米是通过浅层地下水区调节转化的。据地质部水文与水文地质局勘探资料，黄淮海平原中具有良好地下蓄水水文地质条件的区域有74处，面积2.76万平方千米，具有98.4亿立方米的蓄水能力。论文提出了“地下水库”的概念。

与地上水库相比，浅层地下水区的水量调蓄能力大、耗资很少、不占土地、安全性高。黄淮海平原降水集中和年季变率高，区外引水（如“引江”）和拦蓄地表径流等均需大容量的调蓄空间，开发地下水库确是一项好的选择。

此研究结果的实际意义在于进一步肯定发展浅井灌溉，特别是在近3万平方千米的浅层淡水区，具增水源、降潜水位、减少渍涝、吸存大气降水的多重功能。提高农田水的有效利用效率的主要途径是平整土地、节水灌溉和增加复种指数，这些都是不难做到的。

有了“土壤水库”和“地下水库”的调节，因季风气候造成的季节性干旱和渍涝即可得以缓解。这是中医辨证施治中的全机体调节，也符合西医医理和量化诊断与治疗。

此项研究整理成文后以“黄淮海平原的水均衡分析”为题发表在1981年《北京农业大学学报》第8卷第1期上。即上报《区划》报告后不到一年，就“趁热打铁”地完成了这项研究，发表了论文。

我的第二个地学冲动是易溶盐问题的深入探讨，盐是黄淮海平原的又一永恒主题。

《区划》工作中接触到一些关于黄淮海平原地质、水文地质，以及河北地理研究所关于河北平原古河道方面的资料，激发起我对黄淮海平原第四纪地质和易溶盐地球化学研究的冲动。

黄淮海平原的易溶盐是何时和以何种方式开始积聚的？

根据地质学资料，黄淮海平原是中生代晚期（约1亿年前），在燕山运动影响下形成的一个独立的地质构造单元。距今约6 600万年到240万年的第三纪里，黄淮海平原是湿润和炎热的亚热带和热带气候，和现在的闽粤地区气候相像。湿热条件下，易溶盐和较难溶的碳酸钙被淋出土体，强氧化环境使土体富含铁、铝而呈棕红色。距今约240万年前，即进入第四纪地质时期后，黄淮海平原的气候转为干燥温凉，至12万年前的上更新世，气候变得更加干旱，水分蒸发加剧，土体和地下水里开始了易溶盐积聚过程。易溶盐在黄淮海平原积聚已经有12万年的历史了。

易溶盐出现的时间有了，其古地球化学过程和分异规律又是如何？

此处附有转引自我在《黄淮海平原的水盐运动》一书中用的两幅图。其中左图（原出处见该书）显示，黄淮海平原现今地下咸水分布仍保存着北多南少，咸水层以上淡水层北薄（不及20米）南厚（20～50米），以及保持着

HCO_3^-、SO_4^{2-}和 Cl^-盐空间分异的一般规律。北部古河道带遗存有宽窄厚薄不等的 HCO_3^-–Ca^{2+}–Mg^{2+} 或 HCO_3^-–SO_4^{2-}–Ca^{2+}–Mg^{2+} 化学类型的淡水透镜体。

以上是黄淮海平原易溶盐的古地球化学表现，近代表现又是如何？

近代易溶盐的空间分异是在古地球化学过程，以及近代诸地学因素影响下进行的一种复杂的地球化学过程。易溶盐运移的载体是水，影响黄淮海平原水量及其运移的因素主要是自北而南的，由 600 ～ 1 000 毫米的年降水量，以及三面环山，一面临海的中区地貌，依次构成了黄淮海平原易溶盐空间分异的基本框架。

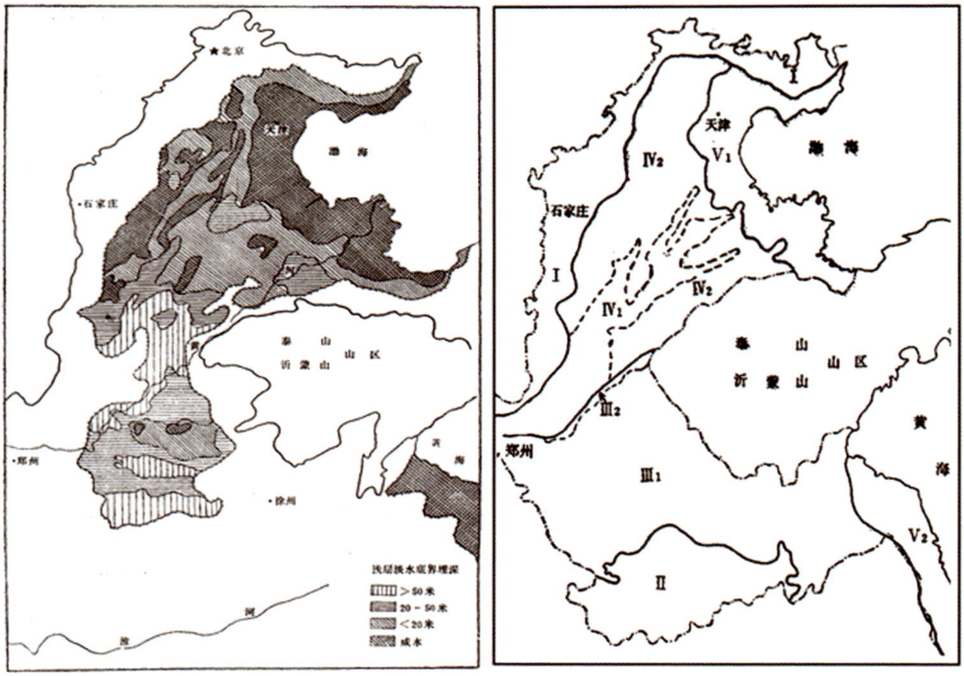

左图为黄淮海平原地下咸水分布状况概图，右图为黄淮海平原易溶盐空间分异概图（图例符号见正文）

所附右图显示，受中区地貌条件控制，易溶盐自西而东表现为 3 个转移积聚区，即西部山前洪积冲积平原的易溶盐淋失转运带的重碳酸钙盐积聚区（图例Ⅰ）、中部冲积平原的硫酸盐－氯化物积聚区（图例$Ⅳ_1$和$Ⅳ_2$），以及东部环渤海－黄海滨海平原的氯化钠积聚区（图例$Ⅴ_1$）。在自北而南的地球化学分异则在年降水量差异影响下而表现出北部的硫酸盐－氯化物积聚区（图例$Ⅳ_1$和$Ⅳ_2$）、南部的苏打积聚区（图例$Ⅲ_1$）和重碳酸钙镁盐积聚区（图例Ⅱ）。

黄淮海平原近代易溶盐分异和 5 类转移积聚区的划分对综合治理旱涝碱咸的

水盐调节与管理上具有重要理论指导意义。

通过此番地学研究，对黄淮海平原易溶盐的古今地球化学过程及空间分异规律，地下咸水和土壤盐渍化的产生有了一个比较全面而理性的认识，这是作为一个黄淮海平原研究的工作者理应搞明白的，不能停留于就事论事地除涝治碱，知其然不知其所以然。

我的第三个地学冲动是黄淮海平原水盐运动的地理学定位问题。

根据以往国内外研究资料，土壤盐渍化过程总是与干旱和半干旱气候地理带联系在一起的，是干旱与半干旱气候地理区的一种典型地理景观，这是一种传统的和经典的盐渍化观。而黄淮海平原的年降水量 600 ～ 1 000 毫米，属半湿润气候区，为何还有那么多易溶盐的存在和如此活跃与猖獗？为何 70% 以上的降水集中降在夏季而其他季节干旱异常和水分强烈蒸发，从而导致旱涝盐碱的并存与交相为害？这些问题是应该得到回答的。

1977 年，在曲周试验区技术总结《旱涝碱咸综合治理研究》中我就提出了“季风气候区的旱涝碱咸地理景观”的观点。首次指出了导致半湿润气候下黄淮海平原降水高度集中于夏季，而秋、冬、春三季极旱的原因是我国的季风气候，加以平原地势低平和排水不畅而导致旱涝盐碱以及地下咸水并存和交相为害，完全不同于传统意义上的干旱和半干旱盐渍化地理景观。在此基础上，继而研究和提出了中国半湿润季风气候区的湿润、半湿润和半干旱三个亚区、半湿润季风气候区的全球地理分布，以及提出了半湿润季风气候区水盐运动理论。

半湿润季风气候区水盐运动理论的主要内容如下。

- 旱涝盐碱和地下咸水共存和交相为害是半湿润季风气候和泛滥平原条件下区域水盐运动所表现出的一组自然现象，是一种独立的地理景观。
- 旱涝盐碱是一个统一的系统和有机整体，因而治理的对象是综合的，不能“头痛医头脚痛医脚”，在治理方法上也必须是综合的。
- 综合治理旱涝盐碱的实质是对区域水盐运动的科学调节与管理，科学调节区域水盐运动的枢纽和杠杆是浅层地下水的开采与回补。

由《区划》工作激发的地学研究冲动而产生的上述三项理论性研究成果，写入了 1983 年出版的《黄淮海平原的水盐运动和旱涝盐碱的综合治理》一书。

人类的贪婪与掠夺破坏了人与自然之间的和谐，有时也与人们的无知有关，因为人与自然打交道也是要“知己知彼”和“互相沟通”的。认识论中有“必然王国”与“自由王国”之说，说的是只有认知客观对象才能把握客观对象，才能进入认识与实践的“自由王国”，如果对客体不了解，你就毫无自由可言，在必然“王国”里误打误撞，两败俱伤。

《增广贤文》中说：“画虎画皮难画骨，知人知面不知心。”我们做的这份地学“功课”，即在于了解黄淮海平原的“心”与“骨”罢了。

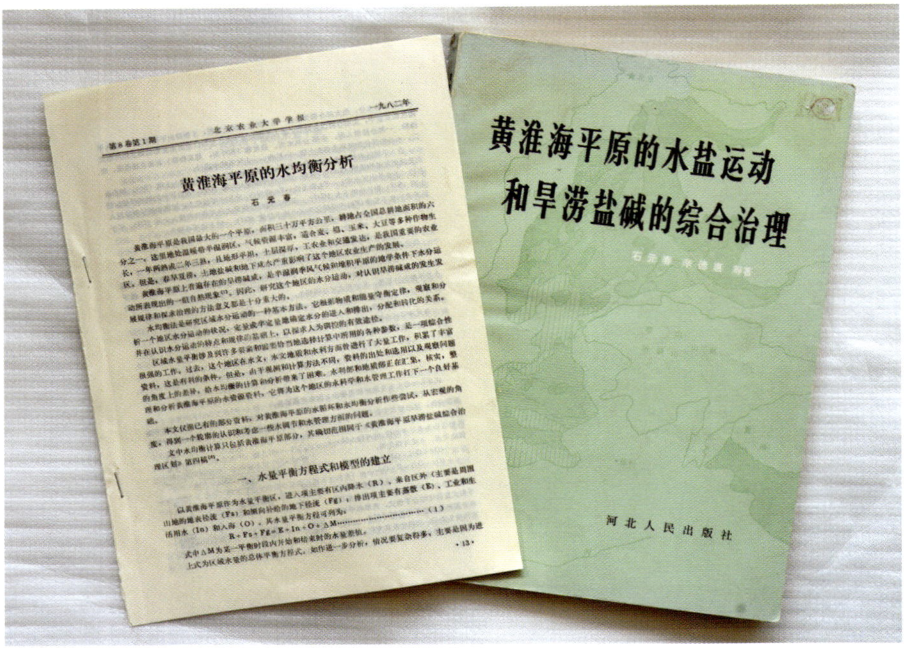

曲周试验区正式出版的专著（1983 年）和我对黄淮海平原水均衡研究的论文（1982 年）

我们常说“一把钥匙开一把锁”。但是现实生活中，拿一把钥匙到处开锁的事情太多了。有了某个“经验”“典型”或“模式”，总以为它是把“万能钥匙”可以到处开锁，哪有那么回事。

且不说 20 世纪五六十年代人们在黄淮海平原对付旱涝盐碱中顾此失彼、被动挨打的那些事。即使后来出现了张庄试验区、禹城试验区等的综合治理旱涝盐碱成功经验，也不是放之黄淮海而皆准的。

水盐运动研究、水量平衡研究、易溶盐地球化学研究，以及《旱涝盐碱综合治理区划》和农业发展战略研究等工作都是为了更多地认识黄淮海平原这个复杂客体及其内在的规律性和差异性，减少因人类无知与莽撞而伤害自然生态系统，做到人与自然的和谐发展。

本回书写到此，可谓是：

大平原辽阔坦荡，凭地学犹如鸟瞰。
论古今时空总揽，重理论知行升华。

31 得天时平原风起，集结号济南吹响

“文革”结束的时候，国家严重缺粮，农民赤贫。改革开放又是从农村开始的，中央工作的重点在农村，农业部门的责任与压力重大，治理与开发黄淮海平原自然成为当时的一个重要突破点。

1979 年 1 月，黄淮海工作“商丘会议”后，进行了组建试验区、制订《区划》、提出《典型工程设计》、研究《农业发展战略》，以及科技强军和引外资筹措粮饷等大量备战工作。临近 1981 年春节，在北京再次召开了黄淮海平原盐碱地改良工作会议，有国家农委、国家建委、进出口管理委员会、财政部、农业部、水利部、地质部以及冀、鲁、豫、苏、皖五省的有关部门领导和试点县代表参加。农委何康副主任主持会议，农业部副部长郝中士和水利部副部长李伯宁在会上强调了治理黄淮海平原盐碱地的重要意义，并就制订治理规划、使用投资等问题讲了话。为了推进此项工作，决定于 1982 年上半年召开一次全国性的黄淮海平原治理与开发的学术会议，即 1982 年 6 月的济南会议，一次吹响黄淮海科技战役集结号的会议。

受国家农委、国家科委、农业部、水电部和林业部委托，中国农学会、中国水利学会、中国林学会，会同冀、鲁、豫、苏、皖五省和京、津二市，于 1982 年 6 月在山东济南召开了“黄淮海平原农业发展学术讨论会”。有中央有关部门和五省二市领导、长期从事黄淮海科研工作的专家代表，以及记者等 370 余人出席会议，会期 10 天。两天大会报告、四天专题交流与讨论、三天专题汇报、讨论和提出建议，最后一天是大会总结。这是一次多学科交汇、献计献策和百家争鸣的盛会。

大会主席，中国农学会会长杨显东在开幕词中说：

“这次讨论会就是由有关部门和有关学科的专家们，为了加快黄淮海平原农业发展这个共同的目的，前来进行交流、讨论和献计献策的学术会议。这次讨论会的内容和要求，主要是围绕黄淮海平原旱涝碱瘦的综合治理和农林牧渔的综合发展两项主题，结合流域规划、农业区划、土壤普查等，正确评价和探讨本地区

自然资源的合理开发利用，交流综合治理与综合发展的科研成果和试点经验，探讨本地区农业发展的战略问题。从而对农业生产布局，科研协作攻关以及当前加快农业发展的重大措施等，向中央和五省二市党政领导部门提出有科学依据的、切实可行的、经济有效的建议。”

“趁这次会议开幕之际，我衷心希望代表同志们，并通过你们，转达到全体从事黄淮海平原治理和建设的同志们。从今以后，我们要更加了解黄淮海，热爱黄淮海，献身黄淮海，团结广大群众，在党的领导下，掀起一个治理和建设黄淮海的高潮。”

大会主席致结束语时提出了“掀起一个治理和建设黄淮海的高潮”的号召，使这次大会成为事实上的一次黄淮海科技战役正式开始的誓师大会。“了解黄淮海，热爱黄淮海，献身黄淮海”讲得真好！

国务院副总理姚依林和全国政协副主席王首道出席会议并作了重要讲话；中国科协副主席王顺桐和山东省副省长李振致辞，国家农委副主任何康和国家科委副主任童大林专题报告。

姚依林副总理在讲话中说：

“我们的农业发展靠政策、靠科学。从十一届三中全会以来，由于各级党和政府贯彻执行了中央的正确路线、方针、政策，纠正了极‘左’的错误，实行多种形式的生产责任制，发展粮食生产，开展多种经营，调动了农民的积极性，打开了农业生产的新局面。同时也看到，农业发展要靠科学，这方面，我们过去做了一些工作，今后要在更大的范围内提到议事日程上来。这次学术讨论会要在靠政策、靠科学的道路上继续向农业发展的广度和深度迈进。”

“在国家的20年规划中有一个农业规划专题，黄淮海平原的农业发展，是全国农业规划的一部分，而且是重要的一部分。因为这个规划经过各级党政机关、各学科专家的讨论研究，以及广大农民的实践，在全国的农业发展规划里还是比较成熟的，可以起到示范作用。”

改革开放之初，姚副总理从全局出发，提出了农业发展“一靠政策，二靠科技”；提出了“黄淮海平原的农业发展规划比较成熟，可以在全国农业发展规划中起示范作用”。

大会发言的题目有“黄淮海平原治水问题”（水电部冯寅副部长）、“黄淮海平原盐碱地治理现状与今后展望”（水电科学研究院黄荣翰）、“南水北调是黄淮海平原农业发展的一项必要措施”（水电部南水北调规划办公室姚榜义等）、“加速黄淮海平原林业建设，保障农牧业生产的发展”（林业部吴博）、“黄淮海平原

农田防护林营造的经验总结”（林科院赵宗哲）、“黄淮海平原农业发展面临的新问题和解决意见”（中科院石山）和“部分利用外资进行黄淮海农业建设的项目情况”（农工院陶鼎来）。

会议的大部分时间是专题组报告和讨论，分了农业发展战略探讨组、水资源与水利建设组、土壤改良与培肥组、农林牧多种经营综合发展组和农业经济效益分析组 5 个专题组。专题组会议阶段结束后再进入大会阶段，刘巽浩、娄溥礼、石元春、李应中分别代表第 1、2、3、5 专题组向大会汇报了本组讨论情况；唐志发、龙庄如、刘少伯、张子明和黄祥祺 5 人分别对黄淮海平原发展农、林、牧、果（桑）、渔作了建议性发言。

那年代没有什么“高端论坛”之类的浮华，会风非常朴实和讲究实际。像这样的全国性重要会议，往往是由政府主管部门出面，将学术讨论与布置工作相结合，要求实实在在地能起到推动黄淮海平原治理与发展的作用，会前、会上与会后一以贯之，突出的是一个“实”字。

会前准备工作本身就是推动工作的一部分。

首先说为这次大会准备的两份重要文件，一份是《黄淮海平原旱涝盐碱综合治理区划》，一份是《黄淮海平原农业发展战略研究》，这不正是国家农委 1979—1981 年下达给我们，历时两年多才完成的两项任务吗？啊！原来我们早就为此次黄淮海科技战役誓师会做准备工作了。

根据 1981 年初两委四部北京会议的布置，冀、鲁、豫、苏、皖五省组织专家对本省黄淮海平原地区进行专题调研并形成报告，上报到大会。看看河南省是怎么做的，下面是 1982 年《农业经济问题》第 9 期的一篇报道，作者是陈连和贲克平。

“河南省黄淮海平原位于我省东部和北部，包括商丘、周口、安阳、新乡、开封、许昌、驻马店和信阳八个地区，七十二个全部或部分县市。土地面积六点七七万平方千米，占全省土地面积的百分之四十点五。该区属暖温带、半湿润气候，热量、雨量和光照资源较丰富，生产潜力很大，对于我省农业发展，举足轻重，具有战略的意义。为改变该地区的低产贫困面貌，河南省科协于 1981 年 9 月进行了河南省黄淮海平原农业综合考察。参加这次考察的有河南省农学会、作物学会、农经学会、土壤学会、园艺学会、蚕茶学会、河南农学院等十四个学术团体和有关单位的教授、专家和科技工作者。考察了原阳、延津、封丘、内黄、浚县、滑县、中牟、尉氏、杞县、唯县、项城、淮阳、西华、正阳等六个地区十四个县四十八个社队、农场和科研单位。考察历时三个多月，行程八千里，采取了点面结合、听看结合、典型与一般相结合深入实地的方法进行考察。通过考察，基本上摸清了该地区的农业生产面貌，从发展战略、生产潜力方面作出了科

学的评价，有分析、有数据地提出了切合实际的农业发展途径和增产措施，写出了综合考察报告”。

河南省为大会提交的报告题目是《河南省黄淮海平原地区农业发展战略问题》，冀、鲁、苏、皖四省提交报告的题目分别是《对河北省黑龙港地区农业发展的几点意见》《鲁西北地区农业发展战略的探讨》《江苏省徐淮地区的综合治理与农业发展》和《加速安徽省淮北地区农业发展的综合性意见》。这5份报告的分量很重，都是来自一线，内容翔实，不乏真知灼见，有很强的指导意义。实际上，各省组织、调研、形成报告和参会过程的本身就是一次本省黄淮海平原地区治理与农业发展的战前动员。

自1979年春，我与何康副主任有过多次接触，总是就事论事地汇报工作或接受任务，不了解其整体想法，这次参加济南会议才得知其“庐山真面目”，原来他就是这场黄淮海科技战役的总指挥和司令员，精心指挥黄淮海战役的备战工作已有三四年了。

听听何司令员在大会报告中对黄淮海平原是怎么说的：

“黄淮海平原发展农业的自然资源和社会经济条件上有许多有利的条件，但由于受季风气候的影响，降水的季节性和年际分配不均，历来是北旱南涝、春旱夏涝，旱涝交错，旱、涝，盐碱相伴发生，生态系统脆弱，农业产量低而不稳。在2.7亿亩耕地中，约有1亿亩低产地，其中盐碱地5 000万亩、砂姜黑土3 000万亩和沙土地2 500万亩。特别是黑龙港地区、鲁西北，豫东、豫北地区，旱、涝、盐碱、风沙等自然灾害严重，但发展生产的潜力很大，亟待治理。解放三十多年来，这个地区进行了大量的农田基本建设，积累了丰富的经验，将这些经验概括起来是：综合研究，综合治理，全面规划，全面发展。”

听听他是怎么谈治理黄淮海平原的缘由的：

“据一些实验区多年治理实践，每亩投资100～200元，快的3～5年，慢的5～7年，即可收到显著增产效果。经过综合治理的土地，粮食亩产由原来的100～200斤提高到500～600斤，甚至达千斤以上。实行综合治理必须多部门、多学科密切协作，重点是搞好综合性科学实验基地，建立地区治理样版，然后在面上推广。这个地区已建立了一批实验基地，农业部门有6个，水利部门有7个，林业部门有5个；各省、市有关单位同广大群众也在进行综合性的试验研究，建立了各种类型的试点。”

听听他是怎么表述信心的：

“黄淮海平原的综合治理和开发，已作为国家重点项目列入长远规划之中。目前开发的条件已基本成熟。其一，这个地区同其他地区相比，已修建了一批大型防洪、排涝的水利骨干工程。20 世纪 50 年代以来国家把治理黄河、海河、淮河作为水利事业的重点，已投资 250 亿元之多，‘六五’计划期间还将投资加固淮河堤坝，新建茨淮新河，以解决皖北、豫东排水出路，引滦济津工程也已开始……目前要加速水利工程配套，以发挥工程效益。其二，这一地区已有多年试验研究工作的基础。20 世纪 50 年代熊毅同志等主持的华北平原土壤调查，60 年代范长江同志组织科研单位在禹城开辟实验样板，70 年代北京农大在曲周建立的实验基地，河北省水科所等单位在南皮搞的改良盐碱地试点，林业部门在扶沟、鄢陵等县搞的平原绿化，都获得了显著成效。这些科学实验基地由于连续地进行工作，取得了大量科研成果和实际经验。”

“近二十多年来，这个地区累计治理面积达 2 000 多万亩，平均每年治理 100 多万亩，特别是党的十一届三中全会以来，农村经济开始活跃，农民生活有显著提高，比以往更有力量来治理旱涝盐碱地。此外，这个地区引用外资的工作也已开始，世界银行，农业发展基金会贷款 8 500 万美元，加上国内资金一共是 25 000 万美元，如果分 5 年投入，一年可有 5 000 万美元。计划投放在 11 个县，改造面积 350 万亩。这些贷款若作为基金加速周转，治理的面积可以不断扩大。”

这次我才明白，为什么中央和各个部门对黄淮海平原如此青睐，和这个决策是怎么形成的。下面也是摘自何康的这次大会讲话：

“所以无论从科学技术工作基础、实践经验以及治理资金来说，黄淮海平原治理开发的条件已日益成熟。同其他地区相比较，三江平原、西双版纳虽然开发的潜力也很大，但位于边远地区，人力和科研力量相对不足；西北黄土高原的自然条件差一些，治理收效的期限会更长；江南红黄壤丘陵山地，水热条件固然好，但土地分散，交通条件也差一些。而治理开发黄淮海平原，目标明确，力量集中，工作基础扎实，有利条件是较多的。有关部委的同志研究过，感到不仅在治理上有现实意义，而且从经济效益上讲也是好的，应当优先治理和开发。当前是要进一步组织各有关部门的力量制订总体规划，实行多部门多学科协作攻关和实施，把它作为一个重点来抓好。”

我可以努力阐述当时对黄淮海平原治理与开发的意义和重视程度，但远不及上述对杨显东、姚依林和何康大会报告文稿的摘录，不可能如此真切地表达出当

时国家的心境和对黄淮海平原的那份期待。希望读者能仔细阅读和品味上述摘录的内容。

这次会议收到论文和报告470余篇，论文集5册约120万字，此处附上了照片。

"黄淮海平原农业发展学术讨论会"的5本论文集（1982年）

根据这次济南会议，《人民日报》于1982年8月25日发表了题为《加快黄淮海平原农业的发展》的社论。以下摘引的两段能较好地反映当时的时代背景和对治理黄淮海平原的迫切心情的文字：

"现在，加强黄淮海平原农业的发展，有了更有利的条件。随着党的农村经济政策的落实，各种责任制的推行，农民发展生产的积极性很高，改善生产条件的力量增强，广大干部和社员都要求把积累的资金和多余的劳力，投入到中低产田的改造。只要国家和集体统筹规划，统一安排，善于组织引导，并且给予必要的支持，就会大大增强农民自力更生的力量。"

"黄淮海平原的综合治理，是全国农业发展规划的重要部分。最近在济南召开的黄淮海平原农业发展学术讨论会上，370多位专家、科技工作者和农业部门的领导干部一致的意见是：要多部门，多学科配合协作，把黄淮海平原建成一个以农为主，农林牧副渔综合发展的商品粮、棉、油、豆、果及畜牧业生产基地。这样大面积的治理，是一项长期的艰巨任务，需要由点到面，分期分批，有计划、有步骤地实施。只要把广大科技人员、干部、社员的积极性调动起来，把各方面的力量拧成一股绳，运用已取得的科技成果和多年的实际经验，坚持进行改造自然的伟大实践，我们的目标是一定能够实现的。"

人民日报
RENMIN RIBAO
1982年8月25日

胡耀邦同志到黑龙江、吉林、内蒙古调查

领导干部下

加快黄淮海平原农业的发展

社论

黄淮海平原，包括冀鲁豫苏皖京津等五省二市的近300个县，面积30多万平方公里，农业人口1.8亿，耕地2.7亿亩，是我国最大的平原。加快黄淮海平原农业的发展，对推进我国农业现代化以至整个四化建设，有重大的战略意义。

建国以来，黄淮海平原的农业生产有了很大进展。最近三年变化更为显著。1980年粮食总产约952亿斤，比建国初期增长了一倍，粮食、油料产量均占全国总产的15%，小麦、棉花分别占全国总产的37%和41%，玉米、大豆、花生、烤烟产量也都有增长。国家对黄淮海平原农业的建设很重视，二十多年来，仅用于水利建设的投资即达250多亿元，兴建的水利工程在防洪排涝抗旱中发挥了很大作用。特别是淮河、海河的治理工程和农田水利工程，减轻了洪涝、盐碱的危害，为这一地区农业的进一步发展打下了物质基础。

但是，由于多年来"左"的指导思想的影响，在黄淮海平原的治理工作中也有过一些失误，国家的一部分投资没有收到应有的经济效益，历史上遗留下来的旱、涝、碱、沙和土壤瘠薄等不利条件，仍然没有根本改变。据统计，黄淮海平原2.7亿亩耕地中，还有三分之二是中低产田，粮食亩产只有二三百斤，农田单位面积产量和农业劳动生产率，都低于全国平均水平，目前粮食还不能自给。广阔的黄淮海平原，农业资源丰富，自然条件有利于农业发展，但是旱涝灾害频繁，使这里陷于贫瘠状态。我们一定要总结过去的经验教训，制定正确的规划，加快开发的步伐，把这里蕴藏着的巨大生产潜力进一步发掘出来。

发展黄淮海平原的农业，要走综合治理、全面发展的道路，合理调整农业结构，逐步改善生态环境，建立一个以种植业为主，农林牧副渔全面发展的生产体系。过去，这个地区治理旱涝灾害偏重于工程措施而忽视生物措施，在生产上偏重于抓粮食而忽视因地制宜地发展多种经营，不注意用地与养地相结合。这种片面做法，是这里的生产面貌未能从根本上改善的重要原因。目前，要把改造中低产田，包括继续治理大量盐碱地，努力提高占全平原耕地三分之二的中低产田的产量，作为一个主攻方向。多年来，一些不同类型试验区的实践证明，采取水、土、林、肥等综合治理，一般中低产田少则三五年，多则十几年，就可以根本改变面貌，农作物产量成倍增长。黄淮海平原有近1亿亩低产田，如果经过综合治理，每亩每年增产100斤粮食，就是100亿斤，对国家的贡献就大了。

现在，加快黄淮海平原农业的发展，有了更有利的条件。随着党的农村经济政策的落实，各种责任制的推行，农民发展生产的积极性很高，改善生产条件的力量增强，广大干部和社员都要求把积累的资金和多余的劳力，投入中低产田的改造。只要国家和集体统筹规划，统一安排，善于组织引导，并且给予必要的支持，就会大大增强农民自力更生的力量。关键是要把综合治理和农民的切身利益结合起来，讲究经济效益，坚决不搞形式主义，不搞一平二调。

黄淮海平原的综合治理，是全国农业发展规划的重要部分。最近在济南召开的黄淮海平原农业发展学术讨论会上，370多位专家、科技工作者和农业部门的领导干部，一致的意见是：要多部门、多学科配合协作，把黄淮海平原建成一个以农为主，农林牧副渔综合发展的商品粮、棉、油、土、果及畜牧业生产基地。这样大面积的治理，是一项长期的艰巨的任务，需要由点到面，分期分批，有计划有步骤地实施。只要把广大的科技人员、干部、社员的积极性调动起来，把各方面的力量拧成一股绳，运用已取得的科技成果和多年的实际经验，坚持进行改造自然的伟大实践，我们的目标是一定能够实现的。

《人民日报》发表了《加快黄淮海平原农业的发展》社论（1982年8月25日）

这次济南会议是黄淮海平原发展历程中的一座里程碑，是黄淮海科技战役的一次群英会、集智会和誓师会。

“只缘身在此山中，不识庐山真面目。”

自1973年创建曲周试验区，到10年后参加此会才清楚，我们不只是在搞一个曲周点的旱涝盐碱综合治理试验，而是在参加一个重大科技战役，完成着一项有着明确和崇高目标的国家大计。

本回书写至此，可谓是：

得天时平原风起，聚群英共商大计。
集结号吹响济南，大战役擂鼓登程。

32 三结合论剑曲周，四年整完成备战

1982 济南会议后，黄淮海战役司令员何康又在策划着下一个重大行动。

严格地说，济南会议前他就开始了这次行动。

当济南会议一切准备停当，何康赴会途中，未山东而先河北，1982 年的 6 月 16 日他到曲周试验区看小麦来了。有意思的是，此次视察，对曲周试验区建立以来的事情问了个遍儿，对综合治理田间工程和试验数据看了个仔细。后来得知，原来他是在为济南会议后的另一个大行动做调研。所附照片上手拿小麦的是何康副部长，右第 3 人穿深色衬衣的是北京农大著名小麦专家王树安。

农业部何康副部长到曲周试验区视察小麦（1982 年 6 月 16 日）

果不其然，1983 年的 1 月 29 日，农牧渔业部下发了关于召开《全国高等农业院校教学、科研、推广三结合经验交流会准备工作的通知》[（83）农（教）字

第 9 号文件]（简称《通知》），复印件可见于下文所附照片。通知中写道："为了加强高等农业院校科技的推广工作，贯彻党的'十二大'和中共中央 1983 年一号文件精神，充分发挥院校科学研究队伍的作用，我部决定于今年 5 月召开'全国高等农业院校教学、科研、推广三结合经验交流会'。"《通知》附件中有全国 30 个省（区）的 53 个农业院校、中国农科院及 10 个省的农业厅局代表。原来何康是要通过这种形式将黄淮海的"试验区经验"及时向全国农业战线传播推广。

农牧渔业部文件

十一位长期深入农村的农科人员受……

鼓励更多的农科工作者到农村去

评论

农业部关于召开全国三结合经验交流会的发文以及《光明日报》关于表彰 11 位农业科技人员的报道和评论（1983 年）

这次会议在邯郸召开，曲周试验区是参观现场并在大会上做重点交流发言，压力当然很大，春节一过，我们就投入了紧张的会议准备工作。

此间，又接农业部通知，请我到农业部参加一个座谈会，内容不详。好在是座谈会，不用什么准备，买张到北京的火车票也就是了。

不想这是一次表彰性的座谈会，是"文革"中曾被贬为"臭老九"的农业战线知识分子第一次受到表彰和见诸报端。参加这次座谈会受表彰的 11 位代表中，参加黄淮海平原综合治理的科技人员有中国农科院陵县试验区的王守纯研究员和北京农业大学曲周试验区石元春二人。

《光明日报》头版头条发布了这条消息和照片，还有一则题为《鼓励更多的农科工作者到农村去》的评论。下面是摘自新华社 1983 年 3 月 31 日的一则电讯：

"长期坚持深入农村，为农业生产服务，并取得显著成绩的 11 位农业科教人员，今天下午在农牧渔业部、中国农学会和首都 6 家新闻单位联合举行的农业科教人员为农业服务座谈会上受到表彰。"

一个多月后，“全国高等农业院校教学、科研、推广三结合经验交流会”在河北邯郸召开了。当时何康副部长在农业部分管农业科技和教育，显然，这两件事必出自他的手笔。

来自全国参加三结合经验交流会的代表于 5 月 12 日到邯郸报到，13 日参观曲周试验区现场，14—16 日在邯郸大会交流。

13 日早餐后，一百多位代表和随行人员从邯郸宾馆出发，浩浩荡荡的车队驶向了曲周试验区。

对曲周试验区而言，接待全国性会议和参观，多么大的大事啊！为了准备这次参观，我们可是下足了功夫，一套是参观现场，一套是参观新批准成立和新建成的曲周实验站。尽管当时接待参观的手段与工具非常传统和简单，但接待观念和做法并不落后。现场参观内容主要是田间工程与治理开发成果，我们设计了一条参观路线，路线图发到每个代表手上。参观点有两种形式，一种是停车而不下车，在车上透过车窗介绍参观现场；另一种是下车参观。

“全国三结合经验交流会”代表在曲周试验区参观（1983 年）

重要的一个细节是每辆车上要有一个称职的讲解员，我主动承担了领导坐的 1 号车上的讲解员任务。问到辛德惠，他说：“这活儿我干不了。”（有些抹不开面子）可能雷浣群和黄仁安也是讲解员，还有两三位条件较好的实验员，都经过了不止一次的现场准备和排练。当时没有电动无绳之类的扩音设备，讲解员人手一个铁皮喇叭筒，其实效果也不错。

代表加随行人员约200人，拥在一起效果不好。我们的设计是，邯郸来的车队一进入曲周境内，即开始缓行和拉开车间距离，相距约15分钟车程，以便一批一批地参观。所附照片是其中一辆车上的代表在“张庄村北的改碱试验丰产方”参观和听讲解员介绍。每辆车的终点站是到曲周实验站的展室看展板。然后就是到休息室喝茶休息，也可以在实验站里到处转转，随意走走。

高兴的是，当时展板的设计和讲解员的讲解词被保留了下来，依次是前言、试验区原貌、盐土农田、县志、试验区模型、开挖排水系统、双层结构的林网、二代试验区、平地洗盐、绿肥与培肥土壤、粮食增长曲线、棉油增长曲线、经济收入与分配增长曲线、水盐运动观测与群井遥控等约30块。

这次参观曲周试验区有一个亮点，就是刚刚建成和投入使用的曲周实验站，以及实验站装备的、刚从匈牙利进口的一套化学测试设备。曲周实验站和新化验室靓丽抢眼，代表参观者众，下文所附照片就是我向林乎加部长介绍化验室时拍摄的，部长左侧是北京农大安民校长和另一位农业部副部长。

农业部林乎加部长（左二）在曲周实验站参观（1983年5月）

这次参会级别最高的官员应当是时任农业部部长林乎加，他是从原北京市委第一书记岗位上调到农业部当部长的，中共中央政治局委员，这次是被何康副部长动员来坐镇这次会议的。他在看完展板后将我拉到一旁，神情庄重地说：“石老师，我有问题想问你。”随后大概提了两个问题，我记不清内容了，但觉得问得很“要害”。我也记不得我是怎么回答的，但感到此后他脸上的表情轻松了许多，

高兴了许多。这使我想起5年前农业部杨立功部长在地头给我的那份尴尬，以及随后笑逐颜开的往事。毕竟，一把手的责任重大，遇事马虎不得，可别受了下面人的蒙蔽。

部长问完后就高高兴兴地和我一起走到实验站主楼前，与农业部在曲周实验站举办的“华北平原项目县领导干部培训班”的全体学员一同到实验站楼前照集体照。

此次会议的现场参观总算是过去了，我大大地舒了口气，随同参观车队回邯郸参加“经验交流会”。晚上还要准备明天的大会发言，免不了要“开夜车”。

14日大会正式开始，开幕式上有林乎加部长和省地领导讲话。开幕式后开始大会交流，我第一个发言。现在看着我当时的发言提纲，总觉得不满意，技术讲得多了，技术推广经验和体会讲得少了。能有几个与会人员会对盐碱地改良技术有兴趣呢？应当重点讲产、学、研三结合和农业技术推广嘛！怎么如此的不成熟，30年以后再说这些还有什么用。不过发言提纲的科技推广部分里，曲周试验区在科技推广上如何由自发到自觉、如何以科研作为技术推广后盾、如何从常规技术到高新技术这三段内容还是不错的。

全国高等农业院校教学、科研、推广三结合经验交流会会场（1983年）

作为农牧渔业部主持召开的一次全国性会议的参观现场，这也是对曲周试验区的一种肯定、褒奖与荣誉。这一天的曲周实验站像过节一样，从未有过同时来自全国的这么多的客人，也从未有过如此节日般的热闹。

自第26章到本章，用了7章的篇幅，说的都是自1979—1983年间，黄淮海

科技战役的启动和四年的备战。四年备战，非常重要，看看做的8件工作。

- 完成了对12个综合治理试验区的整编与组建（1979—1983年）。
- 引进国外先进技术和派员出国考察，提高队伍素质（1979—1983年）。
- 完成了《黄淮海平原旱涝盐碱综合治理区划》（1979—1981年）。
- 完成了《黄淮海平原盐碱地综合治理工程典型规划设计》（1982—1982年）。
- 完成了《黄淮海平原的农业发展战略》研究报告（1982—1983年）。
- 为11县旱涝盐碱综合治理引进1亿美元世界银行贷款（1980—1983年）。
- 召开了济南“黄淮海平原农业发展学术讨论会”（1982年6月）。
- 召开了邯郸“全国高等农业院校‘三结合’经验交流会”（1983年5月）。

以上8项涵盖了黄淮海科技战役备战中的组建队伍、提高素质、制订《区划》与工程设计、战略研究、筹集粮饷以及战斗动员。这8项备战准备中的每一项工作的工作量都很大，动员面很宽，在短短四年里全部出色完成了。这使我回想起当时组织管理工作人员和一线科技人员的那种亢奋与进取的精神状态和工作热情，这是与当时“文革”刚结束，改革开放刚开始的政治氛围分不开的。

我们有必要重温一下1979年9月党的十一届四中全会《关于加快农业发展若干问题的决定》（简称《决定》），看看当时中央的心情是何等沉重。

“1978年全国平均每人占有的粮食大体上还只相当于1957年的水平，全国农业人口平均每人全年的收入只有70多元，有近1/4的生产队社员收入在50元以下，平均每个生产大队的集体积累不到一万元，有的地方甚至不能维持简单再生产。”

当时粮食不能自给，每年要用极其宝贵和十分有限的外汇去进口三四百万吨粮食，“文革”结束时的中国太艰难了。所以《决定》坚定指出：

“摆在我们面前的首要任务，就是要集中精力使目前还很落后的农业尽快得到发展，因为农业是国民经济的基础，农业的高速度发展是保证实现四个现代化的根本条件。我们只有加快发展农业生产，逐步实现农业现代化，才能使占我国人口百分之八十的农民富裕起来，也才能促进整个国民经济蓬勃发展。”

“我们必须着重在最近两三年内采取一系列措施，加快农业发展，减轻农民负担，增加农民收入。……今后三五年内，国家对农业的投资在整个基本建设投资中的比重，要逐步提高到百分之十八左右。”

在改革开放之初，发展农业，增产粮食和增加农民收入是全党全国的“首要任务”。在这种时代背景下，黄淮海平原的治理与开发扮演了一个重要角色，吸

引了从党中央到公众的极大关注与热情。

“文革”十年浩劫，给国家和人民造成太大伤痛。“四人帮”倒台后，广大干部、科技人员和民众工作热情犹如涛涌井喷，对工作真抓实干，雷厉风行，争分夺秒，好像要把失去的10年时间在几天里就夺回来一样。有过那个时代经历的人也许都会有这样的回忆，一种十分令人珍惜而又逐渐离我们远去的回忆。黄淮海科技战役的四年备战正是在这种极佳的政治和干群思想氛围中完成的。

本回书写至此，可谓是：

众高朋聚会邯郸，三结合曲周论剑。
试验区经验总结，农业部全国推广。
为备战八项大事，高效率四年完成。
黄淮海战役在即，迎六五整装待命。

33 喜打响六五战役，初受命领军出征

1983 年，黄淮海科技战役的“六五战役”终于打响了。

“六五战役”为什么不是在 1981 年而是在 1983 年开始？

按说，黄淮海项目是随《1978—1985 年全国科技发展规划纲要（草案）》于 1978 年开始实施的，但未能正常运行，直到经调整后纳入国家“六五”38 项科技攻关项目中第 2 项（“农业区域综合增产技术”）第一课题，即“黄淮海平原中低产地区的综合治理与农业发展”，于 1983 年才正式实施的。1979—1983 年的 4 年间，组建中的各试验区的试验研究工作仍在紧张进行，只是缺少些来自上面的统一号令与管理。

1983 年 2 月，国家科委、农业部、林业部、水利部、中科院联合在北京第三次召开了“黄淮海平原综合治理与综合开发”工作会议，全面部署了黄淮海科技攻关任务，何康副部长与中科院叶笃正副院长在会上讲了话。1983—1985 年黄淮海课题的研究经费 1 500 万元，这在当时是很大一个数字。1983 年上半年，是各承担攻关任务的试验区及承担单位分别与黄淮海课题主持单位农业部签订专题攻关合同，内容包括专题名称、立题依据、攻关目标、攻关内容、完成时间、经费数额等十分明细。北京农大承当了其中的 7 个专题。

“六五战役”正式启动了。

随之，1984 年 6 月 2 日国家科委协调攻关局发文（国科攻字 024 号文），正式成立黄淮海科技攻关课题专家组，协助行政主管部门作科学技术指导和参谋。专家组组长石元春（北京农大研究生院副院长），副组长贾大林（中国农科院灌溉所所长）和左大康（中科院地理所所长），组员有罗焕炎（中科院综考会）、王遵亲（中科院南京土壤所室主任）、李奇真（中国农科院作物所所长）、李应中（中国农科院区划所所长）、闵久康（中国农科院土肥所副所长）、张雄伟（中国农科院棉花所室主任）、辛德惠（北京农大曲周实验站站长）、王树安（北京农大农学系）、刘少伯（北京农大畜牧系）、刘巽浩（北京农大农学系）、董凯忱（北京农大农经系）、崔连山（中国林科院林研所副所长）、娄溥礼（水利部水利水电科学研究院副院长）、王世奎（河北农科院）、俞松烈（山东农大）、赵德芳（河

南农科院）、王腾蛟（安徽省农科院）、钱维朴（南京农学院）等共 21 人。专家组办公室设在北京农大研究院。

1984 年 7 月中旬，国家科委攻关局在郑州召开了黄淮海平原中低产区综合治理和综合发展科技攻关专家组第一次会议暨 9 个课题组主要技术负责人会议。会议通知上是这样写的：

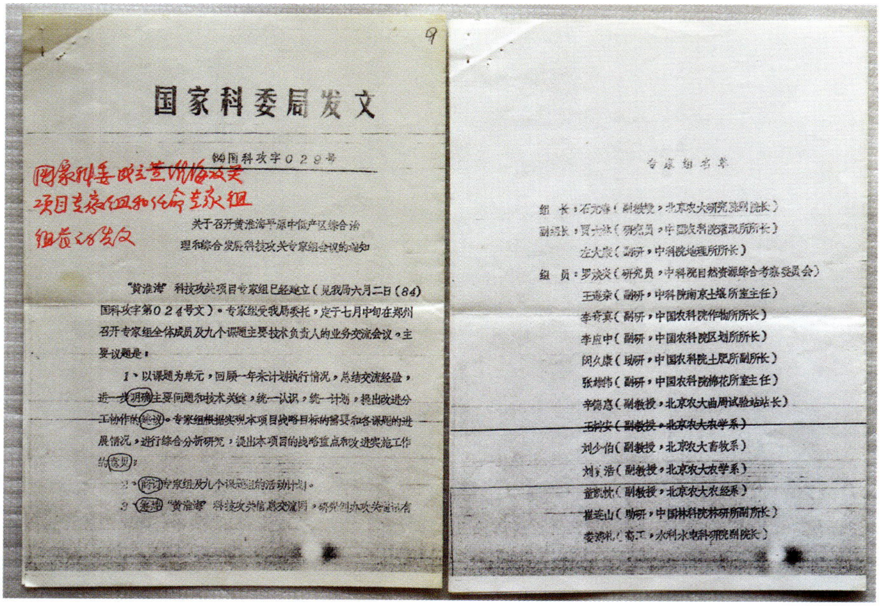
国家科委局发文

(84)国科攻字０２９号

关于召开黄淮海平原中低产区综合治理和综合发展科技攻关专家组会议的通知

“黄淮海”科技攻关项目专家组已经建立（见我局六月二日（84）国科攻字第０２４号文）。专家组受我局委托，定于七月中旬在郑州召开专家组全体成员及九个课题主要技术负责人的业务交流会议。主要议题是：

1、以课题为单元，回顾一年来计划执行情况，总结交流经验，进一步明确主要问题和技术关键，统一认识，统一计划，提出改进分工协作的建议。专家组根据实现本项目战略目标的需要和各课题的进展情况，进行综合分析研究，提出本项目的战略重点和改进实施工作的意见；

2、研讨专家组及九个课题组的活动计划。

3、落实“黄淮海”科技攻关信息交流网……

专家组名单

组长：石元春（副教授，北京农大研究院副院长）

副组长：贾大林（研究员，中国农科院灌溉所所长）

左大康（副研，中科院地理所所长）

组员：罗焕炎（研究员，中科院自然资源综合考察委员会）

王遵亲（副研，中科院南京土壤所室主任）

李竞真（副研，中国农科院作物所所长）

李应中（副研，中国农科院区划所所长）

闵九康（助研，中国农科院土肥所副所长）

张规伟（副研，中国农科院棉花所室主任）

辛德惠（副教授，北京农大曲周试验站站长）

王树安（副教授，北京农大农学系）

刘少伯（副教授，北京农大畜牧系）

刘巽浩（副教授，北京农大农学系）

董凯忱（副教授，北京农大农经系）

崔廷山（助研，中国林科院林研所副所长）

娄溥礼（高工，水利水电科研院副院长）

国家科委关于成立“黄淮海‘六五’科技攻关项目”专家组的发文（1984 年 6 月）

“主要议题是以课题为单元，回顾一年来计划执行情况，总结交流经验，进一步明确主要问题和技术关键，统一认识，统一计划，提出改进分工协作的建议。专家组根据本项目战略目标的需要和各课题的进展情况，进行综合分析研究。提出本项目的战略重点和改进实施工作的意见。”

这是黄淮海“六五战役”打响后的第一次作战会议，一个由各试验区及有关单位各自为战的分散和无组织状态向着有领导、有组织、有计划和有严格要求的统一作战的一次历史性转折。

会议分两段开。先是科委协调攻关局局长奚惠达主持，听取了各试验区汇报与交流后，在总结发言中回顾了本课题立题后的演进过程，重申了本攻关课题的重要意义，以及攻关的总体目标和要求。前段会议主要是统一认识、统一要求和统一计划，以及提出各专题和试验区的分工与协作。

会议的后一段由专家组主持。根据会议前段讨论的本项目战略目标和要求，

一个试验区一个试验区地审议其研究内容并提出调整意见。对每一个课题和试验区的审议非常认真，先是由专题技术负责人从技术角度报告试验区的条件、治理思路与依据、治理措施与难点，攻关内容与预计成果等，然后由21位专家组成员以及其他试验区技术负责人的提问、质疑和建议，会议主持人最后提出结论性意见。这都是要纳入“六五”计划任务书的和必须执行的。

就这样一个试验区一个试验区地过，大伙儿戏称是“过堂”。专家组成员中有水利、土壤、农业、林业、畜牧、地理、农经等多学科领域专家，他们深谙黄淮海平原及其治理，业务造诣颇深，问题提得尖锐具体，建议也中肯务实。

下面说说山东寿光试验区是怎么“过堂”的。

寿光试验区是1979年开始在胶州湾滨海盐土区建立的，自然和生活条件最差，治理难度最大。技术负责人史立本，山东省农科院研究人员，胶东人，中等身材，因长期在野外工作，皮肤黝黑，满脸胡茬，性子急，讲话快，纯正胶东口音，听者多感吃力。他对专家组提问的这种“过堂”方式很不适应。

“你把高矿化地下水（比海水高2～4倍）抽出来晒盐，这是盐业而不是农业。”

“地下水埋藏那么浅，矿化度那么高，土壤含盐那么重，淡水资源又那么缺，靠抽取地下水，降低地下水位和自然降水淋洗能改良得了滨海盐土，长出庄稼吗？”

“这种模式的成本是不是太高，会不会走出试验区就推广不开了？”

这样的问题一个接一个，一个比一个尖锐，让老史只有招架之功，无还手之力。当他说不太清楚和犯急的时候，常使用的撒手锏是：

“反正当地老乡欢迎，不信你们去看。”

我很欣赏山东人的这种朴实与率真，朴实率真到令人可爱可敬的程度。会议是我主持的，有时替他打个圆场，几次提醒：

“老史！别急，慢慢说。”

“老史！我们秋后去看看，你欢迎吗？”“过堂”结束时我补了一句。

“能把你们这些‘神仙’请去，我高兴还来不及哩！”老史的脸已胀得红红，额头上有汗。

当时我不是不相信老史，而是想去看看黄淮海平原上这块最难治理的试验区，看看他们是怎样啃这块硬骨头的。这个试验区我没去过。

说是秋后，其实去时已是初冬，棉衣加身了。十多位专家组成员从济南驱车往东，到寿光县招待所午饭，下午听取汇报和介绍，一夜无话。次日早饭后，汽车直奔寿光试验区而去，一次黄淮海专题之间的业务性现场交流活动就这样开始了。

老史将此次专家组考察当成了一件大事，山东省科技厅厅长来了，山东省农科院院长和党委书记来了，还有寿光县的书记和县长等，能请和该请的都请来了。老史的一切准备工作做得十分细致周到，一点也看不出他粗犷与大大咧咧的

痕迹。

到了莱州湾滨海一带，一大片一大片的盐碱滩，一大片一大片的晒盐场，一大片一大片的养虾池，这里只有渔民和盐民，没有农民，居民点稀少，景象颇是苍凉。这是与其他盐渍化地区完全不同的一幅景观，只可惜当时我没有装备相机。汽车走在坎坷不平的土路上，颠簸得很厉害，但更多的是步行在盐池和养虾池的田埂上。这里几乎全是盐碱土，其中大部分是表层土壤含盐量超过 1% 的滨海盐土，白花花的盐滩更增几分肃杀气氛。

试验区设在地形比较平整，盐碱稍轻些的一片盐碱滩上，中心试验区 2 万亩。试验区的每片晒盐池，都有一两眼风力抽水井和上面竖立着的风车，扇叶都在努力地转动着。晒盐池周边的地就是老史说的通过抽取高矿化咸水，降低地下水位，靠自然降水淋盐改良的土壤，还真长出了高粱、棉花和小片玉米。从留下的秸秆看，长势不会很好，但能长成和有收获就是奇迹，由“不可能”到“可能”的奇迹。

一路走着，专家们一路地提问，一路地出主意。老史跑前跑后，一路地介绍，一路地点头称是，像小孩过年般的高兴。最后走回到试验区西南角，在一片荒芜的盐碱滩上出现了一排低矮平房，四五间大小。老史露出一副不好意思的面孔把我们让了进去，这就是他们的试验基地和职工宿舍。似乎是一座大帐篷的外面包砌了一层砖，不像是正式盖的砖瓦房。

室内是未经分隔的一个大统舱，和我们刚到曲周试验区进驻张庄村时一样，由于地面太潮，铺上了厚厚的油毡。室内一头放了一张试验台，台上摆些简易的测试仪器，墙边放着几把铁锹和土钻，另一头靠墙根摆放着四张铺板床，屋中间有一张大桌子，是工作、开会、吃饭的地方，我们就在桌前落座。

“这是我的床。”老史指着一张床说：

“女同志住在哪里？”一位专家问。

“我向院里已经请示过，我们这个课题组不接受女同志。”老史胸有成竹地回答。

“这是性别歧视呀。”一位专家开玩笑说。

为了迎接我们，屋里两个小炉子的火烧得很旺，但屋里和屋外一样冷，这炉子是做饭、取暖兼用的。

从试验区现场回到寿光县招待所的一路上，汽车颠簸得很厉害，我的思绪也很乱。过去总觉得我们初建曲周试验区时的条件有多么苦，治理有多么难，现在看了寿光试验区，更感受到他们的那份艰辛与激情。这个一身土气的山东汉子老史，在我的心目中变得高大与光鲜起来，平添了我对他的敬重之情。我在想，车上坐着的其他专家一定也会有这类似感受的。

次日上午开了一个“会诊会”或“诸葛亮会”，专家组的同志一起给寿光试

验区出主意，会开得很热烈，发言争先恐后。

记得我提了两条：第一条是肯定“农盐结合”的技术路线，它是莱州湾近4 000万亩高矿化地下水区水盐调节的一种新的和有效的模式。再说，“多种经营”也是十一届三中全会的农业方针，重要的是给当地农民找到了一种可以显著增加收入的生产方式。第二条是建议在试验区取得治理与生产实效的同时，也要注意提高理论研究水平，对环莱州湾高矿化地下咸水的形成原因要有进一步认识，注意观察抽取高矿化地下咸水过程的土壤和地下水的水盐动态规律。

会上我还介绍了曲周试验区的经验与资料，行前将曲周试验区刚出版的《黄淮海平原的水盐运动和旱涝盐碱的综合治理》一书送给了他们。

老史这个人看起来有些粗，大大咧咧的，其实很细。次年5月在济南召开的盐碱土改良国际会议上，老史提交论文的题目是“农盐结合综合改良利用滨海盐渍土”，文中有相当篇幅对莱州湾高矿化地下水带的成因及矿化度垂向演变规律进行了阐述和展示。老史的这个研究专题成果后来获得1992年度国家发明二等奖，这是后话。

专家组的成立，象征着黄淮海平原各试验区不再是各自为战的“散兵游勇”，而是一个有组织、有领导、有统一指挥的作战兵团。试验区之间可以通过多种形式互通情况，取长补短，共享成果，协同进步，他们是大战役中的友邻部队，同一个战壕的战友，他们的共同战斗口令是：“为了黄淮海！”共同的作战目标是：“治理！增产！”

在那个年代，课题给谁，经费多少，表彰何家，都是上面领导的事；在单位内，谁提副教授、谁升教授、谁涨工资、谁能分得住房，也都是上面考虑的事。我们这些“干活”的科技人员可以做到心无旁骛地扑在试验研究和科技攻关上，人人心地单纯、心态稳定。试验区与试验区、个人与个人、单位与单位之间不存在什么“竞争”“嫉妒”“攀比”“拆台”“扯皮”，也不用“托关系”“走门路”“踩对手”“争项目”“抢经费”。科研经费多少也是上面说了算，虽不富裕，但是够用，不必发愁，就“好好干自己的活儿吧！”

我对那个年代的这种机制、氛围和心境至今仍是无限怀念，多好啊！

本回书写至此，可谓是：

主攻战终于打响，初受命领军出征。
发号令郑州会议，各试区临战练兵。

34 带队伍走出国门，请高人指点迷津

郑州会议上对试验区的“过堂”是对黄淮海战役部队的一次单兵教练和检阅。当时我产生一种想法，各试验区治理途径虽针对性与实战性强，各有特色和“绝招”，但在整体套路上仍是大同小异，科学思想与技术上拘谨而不开朗。想起1980年访问匈牙利，之后访问印度和泰国，还有在文献上看到美国、澳大利亚等国外文献资料时，总有一种别有洞天和可以使科学思想活跃起来的感觉。

此时，也使我想到1980年陪联合国国际农业发展基金会副总裁阿金斯考察曲周试验区时，他问过我的一句话：“你们有如此出色的工作，为什么国际上不知道？”想想也是，现在改革开放了，不能关起门搞试验研究，要走到国际上去。为什么不把黄淮海这支队伍拉到国际舞台上去练练，见见世面。

作为黄淮海课题专家组组长，我不能把这支部队带成“看家护院”的武装力量，而应当组建成一支精锐和高水平的国家队。

灵机一动地闪过一个念头：“开国际会议！”

“石元春总是想到一出是一出”“他想干什么，九头牛也拉不回来”，熟悉我的同志常这么说我。还真是如此，当时我就是一门心思地想召开国际会议。

1984年，刚开放不久，能出国参加一次国际学术会议就很了不起了，中国人主持召开国际学术会议，想也不敢想。的确，那时什么是“国际会议”？我和我周边的人都没见过，也没参加过，何谈“主持召开”。再说，“外事无小事”，国际会议能是小事吗？

世上无难事，只怕有心人。

顿然想起了几年前我和辛德惠访问匈牙利的事，想起了前国际土壤学会盐碱土专业委员会主席、匈牙利土壤研究所所长I·萨博尔奇教授这位朋友，不妨把他请来当老师。

我到农业部找何康部长说了这个想法。

“哈哈！石元春呀石元春！你的心越来越大了，搞起国际会议来了。”这是他说出的第一句话。

“好啊！这是好事，我支持你。”紧接着他说。这时的何康，已是农业部部长

兼党组书记，一言九鼎。这位黄淮海治理的热心人和司令员怎会不支持这样的好事呢？

通过农业部外事司，请来了I·萨博尔奇教授夫妇，匈牙利的两位著名土壤学家。他们都是头次来中国，非常兴奋，非常热情。在农大科研楼二楼的外宾接待室里，我们和他们二位谈了整整一个下午。他们仔仔细细地给我们讲什么是国际学术会议和怎么召开国际会议。他们像教小学生启蒙，从“人之初”讲起，什么叫“workshop”，什么叫“symposium”，什么叫“conference”，需要具备什么条件，怎样请主讲人，怎样写邀请信，旅行费谁出，国际上有名气的盐渍土专家有哪些，现场科学考察和学术报告如何组织等。他一边讲一边在纸上写写画画，我们一边做笔记，教与学双方都非常认真，只可惜他那时写写画画的纸片已经找不到了。

我陪他们二位在北京观光了两天后赴曲周试验区。

中午由北京乘火车去邯郸，下榻邯郸地区宾馆，晚饭后各自回房歇息。不一会儿，有人敲我房门，开门一看是I·萨博尔奇教授，一脸的不高兴，要我到他房间去看看。出什么事了？到他房间就直接将我引到衣柜前，柜门是敞着的。

“石教授，为什么衣柜里没有衣架？”我一看果然没有衣架。我叫来了服务员，服务员说这里本来就没有准备衣架。我请服务员到别处去找找，结果还是没有准备。那时的一个地区级宾馆，衣柜里没有衣架本也正常。

“衣服不挂起来，明天怎么穿？”I·萨博尔奇教授无奈地耸耸肩膀。

不过第二天吃早饭时他的心情很好，他说：“石教授，这个饭店的鞋子穿着很舒服，商店里能买到吗？”我想招待所怎么会提供鞋子服务，别又出什么事了。饭后我到他房间看了，原来是双酱棕色的皮拖鞋。这好办，他们回国前，我在北京街上买了好多双送给他，夫妇俩可高兴啦。

这次请他们到曲周试验区，一是介绍我们的盐碱土改良研究工作，一是商量国际会议的现场科学考察怎样准备。因为接待过阿金斯不久，所以资料比较现成，不过这次还要请他到地里看土壤剖面和田间工程现场。他们看得很仔细，问了很多，最后说了一句：“石教授，原来我心里最没底的是中国的盐碱土改良工作是否具备召开国际会议的条件，这次到现场一看，完全放心了，相信这次国际会议一定能够成功。”听他这么讲，我心里也踏实多了。

闲谈时，他不止一次提到对中国的水稻土很好奇，为什么种植水稻就能形成一种土类（“土类”是土壤分类中的高级层次）。我开玩笑地说：“在中国的‘天堂’里就有水稻土。”于是安排了一次杭州之行，从邯郸乘火车经郑州到杭州，请浙江农业大学土化系的老师帮忙接待。

火车驶过徐州，开始看到零星的稻田，过了南京就多了起来，到了浙江的杭嘉湖一带，就是典型的江南水乡了。从火车的车窗望出去，真美，萨博尔奇教授

匈牙利 I. 萨博尔奇教授夫妇在曲周试验区看土壤剖面和西湖的花港观鱼景点（1984 年春）

夫妇看得呆了，他说他曾经在照片上看过这种稻田景观，这次见到的更美，更有科学意念。他问我：“这应当就是天堂了，是吗？”我说：“这里当然是天堂，明天我还会请你到天堂的另一面去看看。”

太阳西下的时候，我们的汽车开进了浙江农大校园。

浙江农业大学位于杭州市东郊，校园建在华家池（中小型湖泊）周边，建筑物高低错落，透出阵阵灵秀之气，素有“小西湖”之称，将这两位外宾惊得直说：“这一定是天堂里的大学校园。”

第二天上午，浙农土化系老师已在离市区不远的一片稻田里挖好了水稻土剖面，二位匈牙利土壤学家下到土坑里，看得津津有味，浙农大的老师给他们讲了水稻土的形成和剖面性状特征，还给了他们一些理化性状的数据。

下午游西湖。乘游船，有导游讲，有翻译翻，萨博尔奇教授夫妇大饱了眼福和耳福，赞不绝口地说：“我们到了人间天堂，东方风景和文化的天堂。”

送走萨博尔奇教授夫妇后的 8 个月里，我只做一件事，就是全力以赴地准备国际会议。

我是个“跳水运动员”性格，只要在跳板上一起跳，就义无反顾地一猛子往水里扎，此时间脑子里只有国际会议。再说，曲周实验站有辛德惠坐镇，水盐运动课题研究有李韵珠、陆锦文等一个团队在坚守，我可以为准备国际会议放手一搏了。

20 世纪 80 年代初期，在国内召开大型国际会议的真不多，黄淮海算是敢想敢干敢吃螃蟹的一个。在那个年代，一切都从 ABC 开始，就说我的那点英文水平吧，在教会中学的底子打得不错，英语是美国老师教的。1949 年上大学的头一学期，有的教授还是半中半英地讲课，无机化学课指定的就是英文原版教材。风云突变，第二学期，抗美援朝打响，英文也成“美帝国主义”而绝迹了，代之而起的是俄语热。

30 年后重拾英语，能好到哪里去？找了一位英文翻译葛苏，还有一位刚分配来的助教朱德举，准备国际会议只能靠这三口人的日夜苦斗了。要发会议通知，一次、二次、三次；每位被邀请外宾至少要有三次信件来往才能确定来或不来；最大的工作量还是百余篇会议论文的中译英和英译中工作。会议上发出的中文版论文集有 400 多页，英文版上、下册共 692 页。

那时，没有电脑，没有打印机，没有互联网，没有“Google”和百度，最先进的是一台只有葛苏会用的英文打字机，情急时，我也会用一个指头敲打英文信，中文也是请打字员手敲油印的。其工作量之大，现在想起都后怕，而当时能拼得上去的也就是大量投入时间和精力，更重要的是毅力。

我的办公室在新落成的科研楼 11 层，这是我们三人准备国际会议的工作室。葛苏家不住在学校，朱德举住宿舍，我晚上就住在这间办公室里。这 8 个月里，家里只是吃午饭和晚饭的“食堂”，晚饭后带着第二天早餐重回办公室，一直工作到深夜。天冷了，室内有了暖气，但没有冰箱，早餐牛奶放在屋子里肯定会坏，于是巧妙地用网兜把奶瓶吊在窗外过夜，整整一个冬天都是这么干的。

因为日夜都工作在办公室，其他很少活动，所以在这半年多的时间里，从不乘电梯，每天靠爬楼梯往返于 1 楼与 11 楼之间。那时报纸上有篇报道，说每爬一层楼梯可以多活 4 分钟，所以每上楼一次，就暗示自己，又可以多活 1 个小时了，爬楼梯时的心情特好，像吃长生不老丸。

北京农大科研大楼和在其中工作室产生的中英文版国际会议论文集

我对葛苏和朱德举说，我们就是要用武侠小说里的“闭关”办法修炼真功，

用“愚公移山”和“蚂蚁啃骨头”的笨办法准备国际会议，交出一份黄淮海专家组将队伍带出国门的“处女作”。

此处所附照片是北京农大新落成的科研大楼，高 12 层，我们的工作室在 11 层向左的第三个房间。照片的下方加贴上了这间工作室里产生的重要成就，一部中文的会议论文集和上、下册的英文版论文集。

正是此时，我遇到一生中最艰难的一次选择。

20 世纪 80 年代初，国内高校开始了首轮出国潮，一是从录取的研究生中挑选公派出国留学生，二是在中年教师中选派“高级访问学者”。学校已将我列入“高访”名单，联系去美国康乃尔大学进修一年。1984 年 5 月，部分“高访”教师到北医三院体检，和我同次体检的记得有土化系的钱传范等，多是 1949 年前后入学的。

我们这批中年教师，科学事业上的黄金年龄被“文化大革命”耽误了，那些年对世界科技发展到什么样子，两眼一抹黑。改革开放了，可以走出国门，去看看外面的世界，谁不渴望出去见见世面，开拓专业眼界，结识学界朋友，提高英语能力，为以后的业务发展创造条件。特别是对我们这些年届五旬的中年教师，这是“最后一班车”，可不能错过了！

当时我面临的两难选择是，要么选择这次绝佳机会提高自己，要么就去圆黄淮海科技攻关和召开国际会议的梦。

这年秋天的一天下午下班后，在家属区 14 号楼前见到学校教务处分管师资工作的副处长李士钦。

“喂！李士钦，我不去美国了！”

“什么？”他显得一惊。

“我说我工作离不开，不打算去美国进修了。”我又补充说。

“你不会开玩笑吧，多少人想去都去不成，你的所有手续都办好了，就等买飞机票了？”

“我不是开玩笑的，真的是不去了。”我说得很认真。

“你可别后悔！我可把这个名额给别人了。”

“放心吧。送给别人吧。”

这也许是北京农大唯一案例，因为谁也不会傻到“临门一脚”时放弃这么好的出国机会。

难道我不想搭最后一班车出国开阔眼界吗？当然不是。

主要是黄淮海项目刚完成《黄淮海平原旱涝盐碱综合治理区划》和《农业发展战略研究》，“六五”科技攻关刚起步，我又是专家组组长，能临阵退去吗？另一个原因是正在酝酿着的盐渍土改良国际会议，能够弃梦而不圆吗？这两条原因太硬了。

“有舍才有得。”30年后回头看，放弃这次出国机会的选择是正确的、值得的。

1984年初冬，我又面临人生的另一个重要选择。

1984年初冬，人民大会堂有个晚会。学校有十多人参加，乘坐的一辆“中面包”停在了人民大会堂北门，十多人一路进了大会堂。副校长刘仪和我走在了一起，走过大厅的一处摆有沙发的地方时，刘副校长对我说：

“石元春，咱们在这里坐会儿。”

“好啊！”我有些纳闷，大堂里挺冷，很暗，坐在这里干嘛！

“曲周那边工作怎么样？”刘仪打开了话题。

“挺好的，有干不完的事。”我简述了曲周工作。

“石元春，你不能只考虑曲周工作，也要考虑些学校的工作”刘仪开始说到正题。

“曲周工作不就是学校工作吗？”我没明白他的意思。

“我是说到学校做些管理工作。”

“曲周工作都忙不过来，干嘛要到学校做管理工作？”

过了一个多星期，刘副校长正式找我谈话：“党委要我跟你谈话，打算安排你到研究院做副院长。”农大研究院院长就是刘仪副校长兼的，原来他是想找个帮手。

“刘校长，曲周那边工作真是忙不过来，再说我从没有做过管理工作，请组织上考虑其他同志去做更好。”我毫无思想准备便拒绝了。

过了不久，刘仪同志又找我谈话：“党委再次研究，你担任副院长的安排不变了。”

到了这一步，作为一名党员，总不能不服从组织安排吧！但还是提出了一点条件和请求：“我正在筹备明年5月在济南召开的盐碱土国际会议，工作非常紧张，能否等国际会议开完后再到研究院报到。”

“这没问题，我可以向党委汇报你的这个要求。”刘仪同志答应了。

直到济南国际会议开完，将曲周实验站的事安排妥当，秋季开学前才去北京农大研究院报到。从此，我走上了2年副校长和8年校长之路。后来见到刘仪同志时开玩笑说：“是你把我拉上‘贼船’的！”

本回书写至此，可谓是：

带队伍追求精锐，练兵场摆阵国际。
请高人指点迷津，舍小我圆梦成真。

35 济南府国际大会，提素质联合“军演”

1985 年，“国际盐渍土改良学术讨论会”终于要在中国泉城济南召开了！

I·萨博尔奇教授在邯郸宾馆发生的衣架与拖鞋两桩小事提醒了我，决不能忽视国际会议中的一些细节小事。我提前三四天就来到济南南山宾馆，大到会场布置与会标，小到餐厅菜谱和房间设施都一一过问到位，“外事无小事”嘛！好在山东省的南山宾馆相当于北京的“钓鱼台国宾馆”，环境幽静，设施不错，过去中央领导人多下榻于此，有毛泽东、刘少奇、周恩来、朱德等中央领导人住过的 7 座小楼。

这次会议是由农业部主持，北京农大和中国农科院承办，会议名称是“国际盐渍土改良学术讨论会”，名誉主席是农业部何康部长。参加会议的有来自澳大利亚、加拿大、匈牙利、伊拉克、日本、荷兰、泰国、美国、苏联、南斯拉夫和中国等 14 个国家的专家，其中外国专家 30 人，中国专家 50 人。

国外代表和部分中国代表于 5 月 10—12 日到北京友谊宾馆报到注册。12 日晚何康部长举行欢迎宴会，那五洲四海、群贤毕至、众星璀璨、中西交融的场面是我从未感受过的，何康部长和 I·萨博尔奇教授热情洋溢的致辞更将气氛推向了高潮。我朝思暮想和为之日夜拼搏了一年的梦终于开场了。下文的照片是招待宴会开始前何康部长接见外国来宾和部分中国专家时的合影及致辞时的照片。

次日开始了为期 4 天的野外科学考察。

13 日由北京赴邯郸转曲周，下榻曲周县招待所。14 日参观曲周试验区，看了治理前的盐渍景观、一代和二代试验区的田间工程与林网、治理后的高产稳产农田、壮观的麦浪和浓绿的棉地、生态适应性和合理施肥的田间试验等。回到实验站，介绍了主要研究成果，参观了水盐运动研究的田间监测系统和室内模拟实验室。下文所附照片是外国专家在曲周实验站科学考察的现场及实验站主楼前的合影。

济南“国际盐渍土改良学术”讨论会的欢迎宴会（1985 年 5 月于北京）

济南“国际盐渍土改良学术”讨论会议国外专家到曲周试验区作野外科学考察

（1985 年 5 月 14 日）

参会外国专家在曲周实验站主楼前合影（1985 年 5 月 14 日）

次日由曲周乘汽车赴陵县和参观陵县试验区，考察了古黄河背河洼地的盐渍原貌、提灌提排等水利工程设施和盐碱地植棉技术。16 日由陵县赴禹城参观禹城试验区治理前后的现场以及水盐运动模拟试验、田间气象观测及数据微机处理系统等。由于我先行赴济南会场，未能随队考察，故此着墨不多。

此片所附的照片是在陵县试验区的考察。

济南国际会议的国外专家在东陵县试验区考察

野外科学考察是此次国际会议的重要组成部分，特别是对外国专家。除I·萨博尔奇教授夫妇外，这些外国专家几乎全是头次来中国，他们需要到实地去了解黄淮海平原的盐渍土及其形成条件，这对他们了解我们的综合治理理念和措施很重要。许多概念在大会报告和讨论中不容易说清楚，到现场边看、边讲、边问、边讨论就比较容易沟通。

例如，I·萨博尔奇教授夫妇上次到曲周试验区之前，我对他们讲突破浅层地下咸水禁区和以浅层地下水位作为杠杆的浅井深沟体系，他们很难理解。到了曲周现场，我指给他们看，这就是深沟和浅沟，这就是深井和浅井，这里是地下水位水质监测点等，春天和旱季怎么调动水分和盐分，雨季和秋季又怎么调动水分和盐分，再将我们测定的有关数据和曲线摆给他们看，他们听得津津有味，对我说："石教授，你们是在变戏法，这是东方思维与智慧，西方人理解是很不容易的。"这就是中国人常说的"百闻不如一见"工作方法的运用。

此次国际会议的野外科学考察和大会学术报告提问中，I·萨博尔奇教授起着至关重要的作用，凡中国专家讲不清楚，翻译词不达意，外国专家感到困惑的时候，他就会站出来，用西方人容易理解的方法和语言做解释和补充，老外听着直点头。每当这个时候，我总是暗暗地说："感谢I·萨博尔奇，去年把您请来太对了。"

16日晚，包括参加科学考察的全体参会专家聚会到了会议地点济南南山宾馆。5月17日，大会在济南南山宾馆正式开幕了。

开幕式上由农业部何康部长致开幕辞（臧存跃司长代），山东省省长李振致欢迎辞，北京农大校长安民、农科院院长卢良恕、国际土壤学会盐渍土专业委员会主席并印度中央土壤盐渍化研究所所长I.P.Abrol、美国土壤学会主席Donald R.Nielsen教授相继在大会致辞。

I.P.Abrol主席在致辞中说：

"我以十分兴奋的心情参加这次由中国科学家组织的国际盐渍土改良学术讨论会。在中国召开这样一次会议是十分必要和及时的。它为世界各国科学家提供了一个良好的机会，共同关心使土壤保持长期和持续生产能力的这样一个重大问题。同时，也给各国科学家提供了一个机会，了解中国科学家在盐渍土改良领域的科学研究、改良实践以及如何解决这个问题的经验和办法。"

学术讲演开始。

第一个出场的是中国农业部农业局副局长张世贤的主旨讲演，题目是"中国北方的一种重要土地资源——盐渍土的利用和改良"；第二个出场的是I·萨博尔奇教授，讲演的题目是"盐渍土是个世界性的问题"。大会讲演的还有中科

院王遵亲副研究员的“中国土壤的盐渍过程及盐渍分区”、联合国粮农组织代表 Maurice Purnell 博士的“为改良服务的盐渍化土地评价”等。

济南“国际盐渍土改良学术讨论会”的大会会场（1985 年 5 月）

在三天大会学术交流时间里，共40位中外专家做了学术讲演，涉及盐渍土及其改良的各个方面。有世界和中国视野的宏观与战略讲演；有盐渍土发生、分类与制图的理论性讲演；有盐渍土的理化性质和水盐运动方面的讲演；有盐渍土改良和治理方面的讲演；有最新研究方法与技术研究成果讲演。这是一次盐渍土及其改良理论与技术的世界盛宴，是黄淮海战士学习和扩展思路的大课堂。

I·萨博尔奇教授在讲演中指出：

“几乎地球陆地总表面的10%为不同类型的盐渍土所覆盖，有100个国家分布有盐渍土（资料略）。世界人口的急剧增长和对粮食的要求，迫使人们更加集约化开发土地资源，但是土壤盐渍化妨碍了这一目标的实现。……不仅由于原生土壤形成过程所造成的盐渍土问题严重，‘次生盐渍化’问题更为严重，它们主要出现在古老的亚洲和美洲的干旱灌溉农业地区，是几千年来的不当灌溉方法所引起的。……令人痛心的是这些灌区及其周边地区的次生盐渍化有增无减。据联合国粮农组织和教科文卫组织的估计，世界上现存灌溉体系中有一半处在次生盐渍化和渍涝的影响之下。根据这一估计，每年有约1 000万公顷土地因退化而被荒弃。”

苏联科学院院士V·A·科夫达在他的讲演（代宣读）中尖锐指出：

“由于盐渍化而丧失肥沃的土壤是使人类、环境、生物圈濒临绝境的一个危险现象。为了目前和将来的利益，人类必须寻找科学的和经济的对策。人为的土壤盐渍化和土壤肥力的丧失是由于不正确地利用水和土地资源引起的，是由于忽视陆地盐的地球化学规律，忽视干旱地区灌溉水和地下水的蒸发作用而造成的。”

正如张世贤在讲演中所呼吁的：

“让我们学术界同行向世界发出呼吁，为了人类幸福生活，救救土壤！”

三天学术讲演中，南斯拉夫、苏联、墨西哥、印度、泰国、澳大利亚、伊拉克、伊朗等多国专家也介绍了各国盐渍土状况和改良的最新研究成果。这些外国专家中，有我们特邀的本领域的国际一流专家，有考虑到专业需要和地区特点邀请的专家，也有本人主动报名参会的专家。I·萨博尔奇教授认为，此次会议主办方和被邀专家以及他们提交的论文都是高水平的，这无疑是一次高水平的盐渍土改良国际会议。

我想说说我们邀请苏联B·A·科夫达院士的故事。

B·A·科夫达院士是国际上顶尖的盐渍土方面专家。20世纪40年代出版的

《盐渍土的发生与演变》享誉世界，50 年代被翻译成中文，是我的盐渍土启蒙教材。50 年代，他曾担任中国科学院苏联专家顾问团团长并在中国工作多年，我在 1958 年参加中科院新疆综合考察队期间有幸远远地看到他一眼，成为他终生的“粉丝”。他当然是这次国际会议我最想邀请到的“大腕”。

我们两次去信诚挚相邀，特别提到希望他 25 年后故地重游，看看改革开放后的中国，我们想，这一点最能打动他的心。后来他终于回信，同意出席，并寄来了他的参会文章，这使我喜出望外。然而遗憾的是，会前一个星期，苏联科学院来电报说他因身体原因不能出席会议。当时他已 80 高龄，苏方的这个考虑是能够理解的，他寄来的参会文章更显得弥足珍贵了。

I·萨博尔奇教授“盐渍土是个世界性的问题”的报告和联合国粮农组织专家 M.F.Purnell 博士的学术讲演、B·A·科夫达院士的文章，都是从全球视角观察盐渍土及其改良，使我们将黄淮海平原的旱涝盐碱治理纳入世界盐渍土治理的大视野，黄淮海的科技攻关只是世界保护人类土地资源大战役中的一个分战场。这是黄淮海科技攻关战士在认识与理念上的一次升华。

美国加州大学的 D.R.Nielsen 教授和 J.W.Biggar 教授关于用地统计学方法研究监测土壤水盐状况的空间分析是当时国际上的最新研究成果，首先在黄淮海项目中得到传播；匈牙利专家关于盐渍土改良过程中的离子交换研究和荷兰专家关于盐渍地区新的排水工程技术可供对黄淮海项目参考；苏联、印度、伊朗以及我国专家在碱化和苏打化盐渍土方面的研究对黄淮海平原南部苏打盐渍化的研究与治理有重要参考价值。

我国老一辈的土壤学家宋达泉和陈恩凤分别做了题为“中国的海涂资源”和“以水肥为中心的综合措施是改良盐碱土的有效途径”的讲演，水利工程专家黄荣翰作了题为“中国盐碱地的水利土壤改良”的讲演，黄运祥等报告了新疆焉耆盆地盐碱土综合治理与博斯腾湖生态保护优化模型研究等重要研究成果。

三天学术考察和三天大会报告交流中，黄淮海项目一直在衡量和展示着自己。给参会者印象最深的是，黄淮海项目研究者提出的半湿润季风气候区旱涝盐碱和地下咸水并存的地理景观理念及其特有的水盐运动特点，以及根据不同地学条件实行不同的旱涝盐碱综合治理模式，并实现了农业产量的大幅度提高。此外，中国北方盐渍土的多样性及盐渍化分区，黄淮海平原水盐运动的监测、调控与管理，黄淮海平原盐渍地区农田生态系统，黄淮海平原土壤盐渍化的卫星遥感监测技术等在国际上都处于先进水平。

水盐平衡理念与方法是受 B·A·科夫达院士《盐渍土的发生与演变》启蒙而在曲周试验区开展大规模研究的。此次他提交的会议文章题目是“水盐平衡和盐渍化引起耕地损失”，多么希望看到我的启蒙老师在水盐平衡方面的最新研究成果。可惜文章重点在于“耕地损失”而少有水盐平衡方面的研究成果，会后从

其他途径也未能查到。如他能莅会，相信定会为中国黄淮海平原水盐运动研究新进展而感到高兴。

济南“国际盐渍土改良学术讨论会”的会外活动

国际学术讨论会是个多国专家相互交流的平台。此时黄淮海项目正值“六五”期末和“七五”科技攻关即将启动之时，这次国际会议可相当于一个地方军区（黄淮海）主持的，有全国和多国部队参加的一次“联合军演”。对黄淮海部队，既是学习提高，又是衡量及展示自身实力的机会。

三天的野外学术考察中，有曲周、陵县、禹城三个试验区直接投入“演练”；三天的学术交流活动中，除沙地改良和砂姜黑土改良的两个试验区外，其他试验区均有学术报告，参加了“演练”。参加会议的黄淮海 12 个试验区的主要科技人员一致反映，参加这次国际会议开阔了视野，打开了思路，再也不是在试验区里“坐井观天”，大有“会上方七日，游走全世界”之感。

最后一天，5 月 21 日上午的安排有些特别，先有两个小时的分组会及一个小时的大会发言，内容是会诊点评中国黄淮海平原盐渍土改良研究与实践，是会议举办方真诚向与会专家征询意见。这是国际会议惯例中所没有过的一种中国式安排。为了这两个小时的议程我与“私人顾问”I·萨博尔奇教授商量过两次。

“会议的最后，能否安排两个小时请与会专家对中国黄淮海平原盐渍土改良工作和这次会议提出建议。”

“没有这个必要嘛！主办方中国的盐渍土改良工作非常出色，国际会议的组织安排也堪称完美，没有必要请与会专家批评。”开始他说。

“我说的是听取建议，这次是中国盐渍土改良工作第一次正式走向国际，总会有一些不足，希望得到与会专家，特别是外国专家们的帮助，我们的这个考虑是真诚的。”我向他解释说。

“我明白你们的意思了，这样安排也很好。”他高兴地同意了。请看下文所附照片的左上幅，I·萨博尔奇教授与我争论得蛮激烈的。

不想这项中国式议程却引来与会专家对这次国际会议的诸多褒奖，以及充满对友谊的珍惜和对未来交流合作的期待。意见簿上满满地书写着英文、中文、阿拉伯文的热情洋溢文字，请看下文照片右下幅。

小组会上也提出了一些很好的批评和建议，如认为中国黄淮海平原盐渍土改良的重复性研究较多，如果做好分工与合作，会有更好效果；中国专家学术报告在幻灯片制作上欠讲究和英语水平有待提高等。

会议主席团的几位外国专家起草了一份会议纪要并在闭幕会议上宣读，此处所附照片的右上幅是纪要起草人向我征求对纪要稿的意见。纪要对中国黄淮海平原的盐渍土改良研究和实践工作给予了很高评价；对这次会议的成功充分肯定，认为这是中国与各国盐渍土改良专家的一次成功的交流，一个很好的开始。会议纪要中写道：

“通过讨论和黄淮海平原的野外考察，会议对中国科学家提出的半湿润季风气候区盐渍土的水盐运动的有关理论，以及采用灌溉、排水、水管理、农业和林

讨论最后一次会议议程和会议纪要稿、会议邀请书及嘉宾留言簿

业开发的综合治理盐渍土的方法予以肯定。外国土壤科学家认为，中国人民可以为他们在盐渍土改良和利用方面的成就而自豪。中国在此领域的成功给外国与会者以深刻印象。”

这次会议对国内土壤和水利工程学界也起到了很好的交流、凝聚与激励的作用。老一辈的土壤学家宋达泉和陈恩凤、水利工程专家黄荣翰等在大会上作了学术讲演。中科院土壤所副研究员王遵亲在留言簿上写道：“这次在我国召开国际盐渍土改良学术讨论会，是首次，加强了国际盐渍土研究和改良经验的交流，增进了国际盐渍土工作者的友谊，是一个非常好的开端。”华裔加拿大籍专家张治教授在留言簿上写道：“我们很谢谢大家的热情招待，此次大会很成功，中国各地渐渐改进，将一定会成为世界一大强国。”

下面的照片是闭幕式后在济南南山宾馆会议大厅门外的合影。

这次会议的学术活动安排得挺好，食住行和游览的安排也颇细致周到。5月19日是星期日，故安排了与会专家游览济南的大名湖、趵突泉、南山等多个景点及购物。

大会结束后，由上海出境的外国专家还可以组织到苏州、杭州和上海市区观光游览。

会议后，《光明日报》头版头条大篇幅地做了报道，标题是《中国的盐渍土改良工作是世界一流的》，这是该报道援引了国际土壤学会副秘书长、著名土壤学家I·萨博尔奇教授的讲话。

济南“国际盐渍土改良学术讨论会”全体代表合影（1985年5月21日）

光明日報

GUANG MING RIBAO 1985年7月13日 星期六

（代号1—16） 农历乙丑年五月廿六 第13011号

组织力量 突击抢运 解决进口钢材压港压船

国家经委等有关部门 坚决制止企业销售残次

“中国盐渍土的改良工作是世界第一流的”

北农大的一些教师，住“三漏屋”，吃红薯干，在河北省曲周县辛勤工作十二载，终于找到治理盐碱地的“药方”，他们的实验区中度和重度盐碱地由百分之六十七下降到百分之七，赢得了到我国来考察的二十几位世界知名土壤学家的称赞

献身于祖国盐碱土治理事业的崇高理想，产生出巨大的力量，使他们甘愿离开城市，来到荒凉的盐碱滩上……

通向理想的路是不平坦的，他们大胆实践，勇于进取，终于揭开了地下盐碱之谜，建立了一套行之有效的综合治理措施，登上世界盐碱土治理的高峰

我国第一个关于自然保护区的法规

森林和野生动物类型自然保护区

《光明日报》对济南“国际盐渍土改良学术讨论会议”的报道（1985年7月13日）

会议结束后，美国土壤学会前理事长D.R.Nielsen根据“会议纪要”主动撰稿，在《国际土壤学会会员通讯》1985年2期登载了长达两页的中国济南会议介绍。

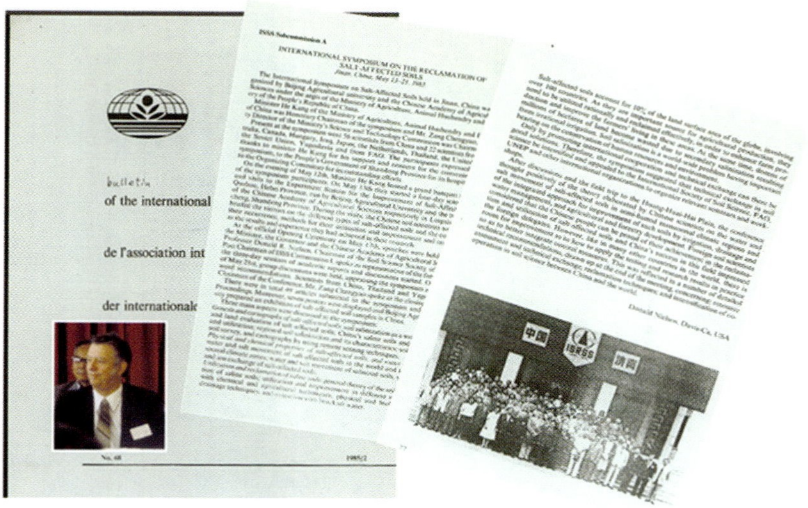

bulletin of the international

de l'association int

der internationale

No. 68 1985/2

ISSS Subcommission A

INTERNATIONAL SYMPOSIUM ON THE RECLAMATION OF SALT-AFFECTED SOILS

Jinan, China, May 13-21, 1985

Donald Nielsen, Davis-Ca, USA

D.R.Nielsen撰写的登载在《国际土壤学会会员通讯》的济南会议介绍

济南“国际盐渍土改良学术讨论会”落幕了，会议开创了中国盐渍土改良走向世界之先河，是黄淮海科技战役中的一次“多国部队联合演习”。在“六五”

科技攻关期末，“七五”科技攻关即将开始的时刻，这次“大练兵”大大鼓舞了全体指战员的士气与信心，在科学思想和技术上也产生了深远影响。

本回书写至此，可谓是：

济南府国际大会，搞军演部队练兵。
重博采众家之长，黄淮海扬名四方。

36 勤耕耘六五丰收，以一斑试窥全豹

1985 年济南盐渍土改良国际会议结束不久，农业部就开始组织对黄淮海“六五”科技攻关成果进行验收和鉴定了。

黄淮海课题自 1980 年开始立项，一直延续到 1983 年才正式纳入国家“六五”计划实施，由国家科委攻关局和农业部科技司与各专题承担单位签订合同任务书。时隔 30 年，现已难找到当时的档案和资料，恢复黄淮海课题“六五”攻关的细节了。下面是 1986 年 6 月国家科委和农业部主持编写的黄淮海“七五”科技攻关计划可行性论证报告中的一段有关“六五”成果的片段记载：

“‘六五’期间，黄淮海平原中低产地区综合治理综合发展的科研攻关工作，在国家科委组织和领导下，中央和地方 367 个有关科研单位、高等院校和业务部门协同攻关共同努力，共鉴定了 166 项专题，取得了一批重大科研成果，促进了黄淮海平原区域经济建设，总经济效益为 14 亿元，并为‘七五’科技工作打下了良好基础。”

1998 年出版的，由国家科委农村科技司编撰的《中低产田治理与区域农业综合发展》书中第 21 页也提供了如下资料：

黄淮海课题“六五”期间投入的科研经费 1 180 万元（国拨 515.6 万元，地方 664.4 万元），投入科技人员 429 人，通过鉴定成果 78 项，获奖 25 项，发表论文著作 269 篇，经济效益 30 090 万元，推广面积 2 342 万亩，社会经济效益 74 165 万元。

以上两处摘引描述了黄淮海“六五”科技攻关的轮廓，均出自国家科委资料。

本章以参战单位中的北京农业大学作例，拟以一斑而窥全豹。

这要先说到 1985 年 6 月盐渍土改良国际会议结束不久，我即如约到北京农大研究院报到，分管全校科研工作。上任后即遇“六五”科技攻关总结，于

1986 年 4 月举办了一次全校性“六五”科研成果汇报展览，黄淮海课题成果是其中的重要内容，故而保存了较为完整的资料。

在 1980 年 3 月 8 日，北京农大就与国家科委签订了题为《黄淮海平原旱涝碱咸综合治理的研究》的专项合同，这是现存的黄淮海科技战役中最早签订的一份正式合同。主要内容有综合治理区划、水盐运动及其监测预报、旱涝碱咸综合治理及盐渍化农田生态系统的改造和调控，以及现代技术研究等四项。该合同内容为手写，乃我笔迹，故被我保存了下来。

3 年后的 1983 年 7 月 4 日，再次与国家科委协调攻关局签订了“六五”科技攻关专项合同书。课题名称是“黄淮海中低产地区综合治理与综合开发”，归属项目是“农业区划增产综合技术”（全国 38 个科技攻关项目的第 2 项），承担单位是北京农业大学研究院，起止年限是 1983—1985 年。北京农大承担了该课题的如下 7 个专题。

1. 旱涝碱咸综合治理与农业综合发展试验区（曲周试验区）。
2. 区域水盐运动和旱涝盐碱监测预报技术研究。
3. 提高化肥效益和快速培肥土壤技术研究。
4. 夏、秋粮均衡增产综合栽培技术体系研究。
5. 作物布局、种植制度与农业生产结构调整研究。
6. 京津奶业开发研究（饲料基地部分）。
7. 黄淮海平原盐碱地棉花早熟高产的化学控制技术研究。

为完成此科技攻关任务，北京农大组织了农学、土化、气象、农经、畜牧等 7 个系有关专业的 52 位教师、35 名研究生、30 名实验员以及大学生等近 200 名科技人员的庞大队伍。建立了曲周、吴桥和北京北郊农场三个综合性试验基地和 43 个研究基点，以及参加面上考察调研的累计有 1 500 人次，还有山东农大、山东气象局等 13 个协作单位协同攻关。为组织好这次攻关战役，北京农大研究院指派副院长石元春专门负责黄淮海课题，做好协调管理工作。

此处所附照片的左侧是 1980 年 3 月 8 日签订的专项合同；中间是 1983 年 7 月 4 日签订的专项合同，右侧是 1986 年 4 月《北京农业大学“六五”科研成果展览简介》封面。

曲周试验区的旱涝碱咸综合治理与农业综合发展研究是北京农大 7 个“六五”攻关专题的重中之重。

在长达 12 年的试验研究基础上，“六五”研究中系统总结提出了“半湿润季风气候区水盐运动及其调节理论”和“盐渍地区农田生态 – 经济系统的改造调控技术体系”。一代（张庄）试验区的旱涝碱咸已得全面治理和实现有效的科学控制，进入农业高产优质发展阶段。粮播亩产由治理前的 158 斤提高到 1984 年的 717 斤；总产由 37.2 万斤提高到 296 万斤；年人均年贡献商品粮由 11 斤提高到 2 967 斤；

北京农业大学与国家科委签订的黄淮海“六五”攻关合同书及
《北京农业大学“六五”科技成果展览简介》封面

农民年人均收入由165元提高到1 121元。1979年开始建立的二代（王庄）试验区，5年内粮播亩产由治理前的178斤提高到403斤；粮食总产由37.4万斤提高到185万斤；农民年人均收入由117元提高到733元。

根据农业部科技司的安排，曲周试验区“六五”技术鉴定专家组的正副组长分别是张世贤和方生，组员有阳含熙、许铁城、史孝石、傅积平、黄照愿、张洪杰和赵守仁，鉴定时间是1986年2月26日。以下摘自该《技术鉴定证书》：

“在9年（一代试区）和4年（二代试区）研究的基础上，开展了‘六五’国家科技攻关课题‘黄淮海平原盐渍化低产地区综合治理和综合发展配套技术研究’工作，完成了‘六五’攻关项目专项合同的内容和计划，在理论上、方法上、配套技术上取得了有价值的科研成果，经济、社会、生态效益显著，已在曲周县北部地区23万亩联合国农业发展基金会的外资项目区推广应用，并建立了有一定影响的样板，得到了国内和国际的承认和支持。”

“应用系统理论和方法来解决黄淮海平原浅层咸水盐渍化低产地区农田生态系统和农业生态经济系统的改造与调控，形成了系统的思想和方法，以人与生物圈关系为核心的农业发展统一理论。”

“上述研究成果中，理论和方法具有普遍意义，配套技术系统在同类型盐渍化低产地区的综合治理和综合发展中均有实际应用的重要参考价值，试验已起到示范作用，深受当地领导和群众的欢迎和支持。这项研究成果在国内和国际上具

有先进水平。”

从《技术鉴定证书》中可以看到，“六五”期间，有12年区龄的曲周试验区的综合治理与发展配套技术体系已趋成熟和上升到农田生态系统的理论与方法；已经扩散影响到23万亩引用外资的项目区以及整个同类型盐渍化低产地区的综合治理和综合发展，其技术在国内外达到先进水平。

第二个专项，“区域水盐运动和旱涝盐碱监测预报技术研究”是在系统总结和提出“半湿润季风气候水盐运动理论”的同时，对高难度的水盐运动监测预报技术提出了挑战。主攻方向是运用水动力学原理和溶质运移规律，为以非稳态条件下一维非饱和土体水流方程和溶质运移方程预报土壤水分和盐分运动，对土壤水运动参数和土壤溶质运移参数作了重点研究；侧攻方向是运用区域水均衡方法和潜水位与气候相关性方法预报地下水位；突破口是应用了先进的水盐运动观测方法，如盐分传感器、溶液提取器、四电极土壤电导仪、便携式压力传感张力计、田间土壤水盐及地下水位信息的收集系统、资源卫星及航空遥感技术等。“六五”期间已开始在曲周全县建立完整的区域水盐运动监测体系，为进一步的区域水盐运动监测预报做准备。

第三个专题，提高化肥效益和快速培肥土壤技术研究中，以曲周试验区为基点，进行了养分测试方法、多点田间肥料试验以及建立数学模型等的基础性工作，建立了提高化肥效益为重点的测土施肥服务系统，为“七五”攻关中全面建立黄淮海地区测土施肥服务系统做好准备。

第四个专题，“夏秋粮均衡增产综合栽培技术体系研究”提出了不同地区的粮与棉、夏粮与秋粮以及秋粮中的夏玉米与其他夏作物的合理种植比例，以及相应的品种和栽培技术体系；在具备条件的农田通过间套复种技术可以争取季节，躲避旱涝低温，提高复种指数，一年两作较一年一作增产77%～103%，较两熟平作增产7%～8%，可将年亩总产稳定在1 600斤左右。

在吴桥和曲周两个试验区多年定点研究提出的冬小麦抗逆栽培法可节省种子5～10斤、少施尿素15斤，少浇一次返青水，亩产增加20%，对黄淮海平原大面积的中轻度盐碱地具有推广意义。

以上是北京农业大学黄淮海“六五”科技攻关取得的部分战果。此处所附两张照片分别是各专题上报的总结报告以及由国家计划委员会、国家经济计划委员会、国家科技委员会和财政部颁发给北京农业大学的“六五”科技攻关奖状。

北京农业大学黄淮海“六五”科技攻关专题总结报告

“四部委”给北京农大黄淮海“六五”科技攻关成果颁发的奖状

“黄淮海平原低产土壤遥感调查”归属于另一科技攻关课题，由北京农大主持，主持人林培。《技术鉴定证书》指出：

“为了准确快速、经济和大面积地了解黄淮海平原低产土壤的分布，探索利用遥感技术进行土壤解译和制图方法的可行性和优势，以及探索地区级土壤汇总时的遥感技术应用问题和土壤改良利用分区的遥感技术优势。该项目设置了 4 个样区：邢台地区砂性土壤样区和沧州地区盐渍土壤样区由北京农大负责；德州地

区黏性土壤样区由中国农科院负责；淮北宿县地区砂姜黑土样区由中国农业工程研究设计院负责。”

“此项研究利用（1∶50 000）～（1∶200 000）比例尺土壤图和发挥遥感影像多波段和多时相的优势，取得了比常规方法节省人力物力和时间约 90% 的结果，经济效益十分显著。”

此“六五”遥感项目鉴定专家组组长是陈述彭教授，副组长是承继成教授。

黄淮海“六五战役”的丰硕成果，使各级领导看到了中低产田综合治理与开发对提高国家粮食和农业产量，增加农民收入的巨大潜力，更加坚定了在黄淮海平原以及全国更大范围开展中低产田综合治理与开发的信心与决心。

据国家科委资料称：

“黄淮海‘六五’科技攻关取得了一批重要科研成果，促进了黄淮海平原农业发展和经济建设，进一步证实了中低产地区的治理与开发具有很大增产潜力。既发展了生产与经济，又保护与改善了资源与环境，在国家农业发展和经济建设中有着重要意义。”

本回书写至此，可谓是：

喜丰收六五攻关，举案例解剖麻雀。
增信心扩大影响，迎七五再创佳绩。

37 谋七五两线作战，布奇兵巧赢全盘

1983年上半年签“六五”科技攻关合同，1987年年初签“七五”合同，两次都比“国民经济计划”的起始时间慢了小半拍。

1986年春天，在完成各专题“六五”验收鉴定后，黄淮海课题专家组接到国家科委和农业部关于制订“七五”科技攻关计划的通知。不久，我们在北京西郊动物园附近的一个宾馆里安营扎寨，被“封闭”了一个多星期。

此计划是在国家科委和农业部领导下，由我和贾大林同志牵头，部分专家组成员参加下制订的，有国家科委攻关局申茂向副处长和农业部科技司刘兴海副处长参加。这是我第一次参加和主持制订黄淮海课题科技攻关计划。

经4年备战和3年“六五战役”，组织一次大战役的时机已经成熟。

“七五战役”是黄淮海科技战役中决战决胜的关键一役。

兵书云：“上兵伐谋。”制订一份决战性作战计划，意义与责任之重大可想而知。

此间，从总结“六五战役”战果、经验和问题入手，继而讨论了指导思想和工作原则、攻关战略和战术，以及提出诸项研究专题和保障措施等，最后提出了“七五”科技攻关项目的计划及《可行性论证报告》。

在讨论总结“六五”攻关的经验和不足中认为，改革开放的大好形势，国家对发展农业、粮食增产和农民增收的重大需求是组织和淮海战役的良好时机。如“七五”计划沿袭过去科技部门“上项目”的做法，缺乏战略战术思路；与367个单位签订166项专题合同显然分散。这些都将要在“七五战役”计划制订中得到改进。

报告中对当时黄淮海平原存在的问题是这样写的：

“当前，黄淮海平原中低产地区存在的主要问题是：1. 抗御自然灾害能力仍然脆弱，时旱时涝，中低产农田仍近亿亩。受旱涝盐碱风沙威胁的面积更大，生产很不稳定，1985年粮食减产五百万吨说明了在整个中低产地区普遍进行综合治理的必要性；2. 农业结构中牧业比重过小，农牧结合不够，种植结构有待进一步改进；3. 水肥投入的转化效率低，施肥技术不合理、不配套，水土资源的合理

利用问题有待解决；4. 林业比重小，农业生态环境需要改善；5. 优质高产抗逆的栽培技术应当加快研究和推广；6. 农民收入水平仅达温饱，扩大再生产能力弱，距小康目标尚远。”

在讨论“指导思想和工作原则”中大家都意识到，根据当时全国农村改革和农业的大好形势，以及黄淮海课题“六五”攻关取得的成果，“七五”攻关不能停留在20世纪70年代末和80年代初期的单纯旱涝盐碱综合治理，而应提升到“在治理基础上，面向区域经济建设，大力发展商品生产，使农民尽快富裕起来”。所以在课题名称上也增加了“和农业发展”。这是黄淮海平原旱涝盐碱综合治理发展的新阶段和战略理念上的一次升华。

《可行性论证报告》里提出了以下四条指导思想和工作原则：

1. 面向区域经济建设，大力发展商品生产，使农民尽快富裕起来。

2. 从区域经济发展的全局着眼，合理利用农业资源，调整农业结构，改变生产条件，按不同类型区域采用有效的适用综合技术，使农林牧副渔因地制宜地协调发展，提高总体效益。

3. 开展宏观的区域性研究，为国家对黄淮海平原中低产地区综合治理与发展战略决策提供依据。

4. 治理与开发结合，点与面结合。整个课题的重点是搞好综合治理试验区，并建立相当面积的示范区，与此同时，着力抓好有关的关键技术与超前技术的研究。

计划制订中讨论和争论得最多的是“七五战役”的战术思路与布局。一种意见是在“六五”百余专题基础上“删并改增”，这样继承性好，执行顺手，缺点是缺乏创意与开拓；另一种意见是根据新的形势和要求，打破原来格局，重布战局。大家觉得第二种想法好，但新的战术布局是什么？这是个难题。

讨论中大家先肯定了一个大前提，就是12个试验区是整个战役的主战场，但也有个主战场如何打法的问题。

经过几年或十多年建设，各试验区在整体上已经具备组织总攻条件，问题是如何让她更好地实现整个黄淮海战役的战略意图，而且仗要打得干净漂亮。所谓整个战役的战略意图，就是要使试验区与黄淮海平原面上约2亿亩中低产田的治理与开发紧密结合，为之提供鲜明而强力的技术支持。在这一点上大家得到了共识。

根据《区划》，在黄淮海平原的盐渍化区设有9个试验区，另3个试验区设在沙土、砂姜黑土和大型灌区。应当将它们打造成能打开黄淮海平原2亿亩多种

多样中低产田治理开发之门的12把“钥匙”，干净利索和不拖泥带水地提出12种中低产类型区综合治理和综合发展的配套技术和模式。为此，采取了“分兵把口，明确责任，各个击破”战术。这12个试验区以及承担攻关的单位与技术负责人分别是：

- 浅层淡水－河间浅平洼地（山东禹城试验区，中科院地理所与中国农科院土肥所，程维新、谢承陶）
- 浅层微咸水－河间浅平洼地（河北曲周试验区，北京农大，辛德惠）
- 黄河古背河洼地（山东陵县试验区，中国农科院土肥所，魏由庆、许志坤）
- 黄河背河洼地（河南商丘试验区，中国农科院灌溉研究所，贾大林；封丘试验区，中科院南京土壤研究所，傅积平）
- 近滨海河间洼地（南皮试验区，中科院现代化研究所，罗焕炎、田魁祥；龙王河试验区，北京农大、沧州盐改所，王树安、朱福星）
- 滨海平原地下高矿化咸水区（山东寿光试验区，山东省农科院土肥所，史立本）
- 苏北徐淮低平原（江苏睢宁试验区，江苏省农科院土肥所，赵守仁）
- 黄河决口扇形沙地（河南开封试验区，河南省农科院土肥所，任素坤、江汉霖）
- 古黄河扇缘脱沼泽砂姜黑土地（安徽蒙城试验区，安徽省农科院土肥所，张绍孚、周恩嘉）
- 大型引黄灌区（中国水科院、水电部灌溉所、河南省水利厅、河南新乡人民胜利渠灌区，王士英、胡达吉、方成荣）

对12个试验区提出的共同考核目标是：

“针对本类型试验区提出综合治理与综合发展的规范化综合配套技术，出一批高质量的综合治理和综合发展的样板和高质量的研究论文与试验研究报告。具体的技术经济指标是在万亩左右的试验区，五年内达到粮食亩产400～750公斤，棉花亩产皮棉75公斤以上，畜牧业在农业中的比重在原基础上增加3%～4%，人均收入达到700～1 500元，此4项的年均增长速度在10%以上。”

此处所附照片的是在《黄淮海平原旱涝盐碱综合治理区划》的9个一级区（太行山及燕山山前平原区、海河平原区、豫北黄河平原区、南四湖西平原区、淮北平原区、渤海滨海平原区）上部署的12个旱涝盐碱综合治理试验区的分布概图。

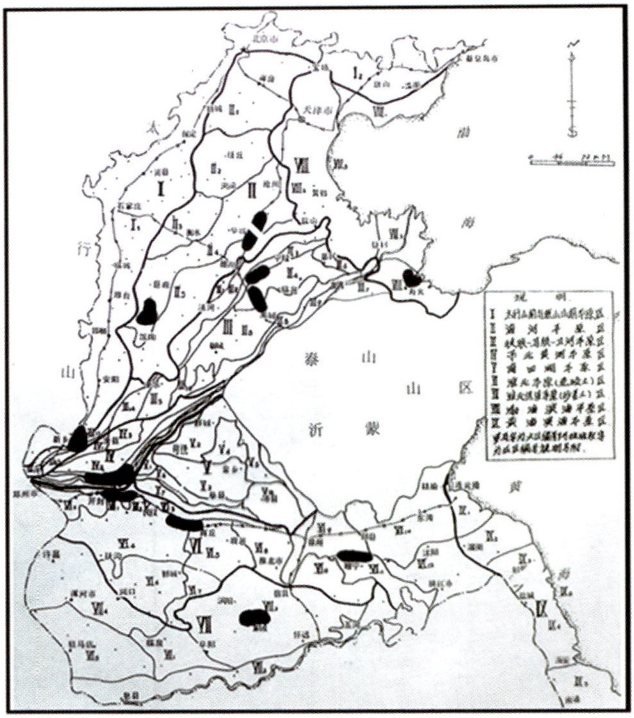

黄淮海科技战役中 12 个试验区布局图

兵法云："以正合，以奇胜。"

"以正合"是指战役指挥者将其主要兵力部署在与敌主力的对阵上；"以奇胜"是指另设一支奇兵，出奇制胜地进入战局关键环节，给以关键一击，整个战局的主动权以至最终胜利往往系于这支"奇兵"。

如上 12 个类型试验区的部署做到了"以正合"，那么，"奇兵"安在？

"奇兵"即"大幅度增产粮食"，即试验区在千头万绪的治理与开发试验中必须突出"大幅度增长粮食"。粮食，对当时吃"返销粮"的农民，产量低而不稳的黄淮海平原，以及缺粮的中国都是最大的需要与渴求；是治理的终极目标；是显示治理开发成果的最具说服力的标尺；是对群众和领导最具影响力的一种动员。

可惜，过去有些试验区在综合治理中常犯一个毛病，或存在一种误区，即重试验与治理实践而轻粮食与农业生产。热衷于农田工程建了多少，灌溉面积扩大了多少，除涝标准提高了多少，盐碱地面积减少了多少，试验研究中的表格与曲线画了多少，报告论文和获奖有多少等等，而将粮食和农业产量放在了"副产品"的位置。这种目标错位和"文出万言，言不及义"的毛病，正是这些试验区"作为平平"和"久战不决"的原因。

对此，曲周试验区的做法和经验是有参考价值的。

曲周试验区尽管布置有大量田间工程、试验研究、模拟试验和理论研究，但在建区之初的1973年冬季，就部署上了一支“奇兵”。在当地旱涝碱咸最重的400亩地上组织了一次“奇袭”，即在上沟、渠、林、路、井、电和建筑物等田间工程以及部署各种试验研究的同时，集中力量和尽其所能地投入了平地、压盐、重肥、良种，以及配套的各种农业增产措施，使以往寸草不生的重盐碱地第二年就长出了喜人的小麦和玉米，震动了张庄和四邻八乡的农民，引起了当地领导高度关注，这叫“集中优势兵力打歼灭战”。

按照这个思路和做法，仅4年，4 000多亩试验区的粮食亩产由100多斤过了“长江”。一时间，“北京来了高人”的传言在试验区周边不胫而走，农业部杨立功部长看后随即投入500万元用于推广这项成果，“奇兵”在整个试验区取得了“投一子而全盘皆活”的意想不到的效果。

正是出于这种经验与考虑，黄淮海“七五”攻关设计中，对12个试验区提出了粮、棉、牧、农民人均收入以及年均增长率的5项具体生产和经济指标。为了展示试验区的影响力和推广其成果，在总面积21.7万亩的12个试验区周围条件相近的地区布置了369万亩的示范区和724万亩的扩散区，形成试验区成果和经验逐级放大扩散的稳定机制，以带动整个黄淮海平原中低产地区的治理与开发。由此提出了通过“七五战役”，黄淮海平原增产900万吨粮食，10年后新增1 500万吨粮食的预计，这对国家和省、市很重要。

请不要小看“以奇胜”的战术思想和部署，看到第43章摘引的《“七五”攻关成果验收组报告》是如何浓墨重彩着笔于“粮食增产与农民增收”，即可知此言不虚。

黄淮海平原条件十分复杂，试验区解决了区域性综合治理技术与农业增产问题，但还有一些有关的共性和重要的技术难题需要解决。讨论中，一是认为必须克服过去研究分散、重复和零星的缺点；二是要选高起点的，对黄淮海平原具有共性和超前意义的关键技术作为主攻目标，我们称之“重大专项技术研究”。

经反复讨论和筛选，提出了如下6项专题，并确定了主持单位和主持人（其中3个专题在原计划中未列出主持人），他们是：

- 区域水盐运动规律和水盐监测预报技术研究（北京农大，石元春）。
- 大面积培肥地力和经济施肥技术研究（中国农科院土肥所，杨守春）。
- 灌排技术措施的研究（中国水科院水科所）。
- 主要作物优质高产抗逆配套栽培技术研究（中国农科院、北京农大）。
- 不同类型区综合防护林体系配套技术和生态、经济效益的研究（中国林科院）。
- 农业资源开发利用的总体方案以及农业结构、布局与种植制度的研究（中科院，王天铎；北京农大，刘巽浩）。

为此6项关键与超前技术研究设置的共同考核目标是：

取得突破性技术研究成果，达到同领域国内或国际先进水平并初步用于实践。具体考核目标是：建立水盐运动监测预报区并开始作试验性监测预报；建立县级施肥监测、推荐和咨询系统并开展全县范围的施肥推荐服务；提出优化防护林配套技术，林木覆盖率达到15%～20%，比对照林网区的林木生长量提高50%；提供井灌区节水节能的有效成套技术和砂姜黑土区的有效排涝技术；提供主要作物的优质高产抗逆的规范化综合栽培技术，以及区域经济发展所需的有实用价值的区域综合治理与开发的总体方案。

此次“七五”攻关计划制订中的得意之作，是将试验区战场与专项研究战场明确区分开来。将试验区战线与专题研究战线明确分开，既有利于各试验区集中注意力于其所代表地区的综合治理和综合发展研究，又有利于突出对黄淮海平原有全局意义的重大关键与超前技术的专项研究，做到黄淮海平原的区域差异性研究与共性研究的两不误和有机结合。这就是我们说的，试验区研究和超前技术研究的“两线作战”“比翼双飞”。

至此，黄淮海“七五战役”的战术思路和部署已经跃然纸面了。

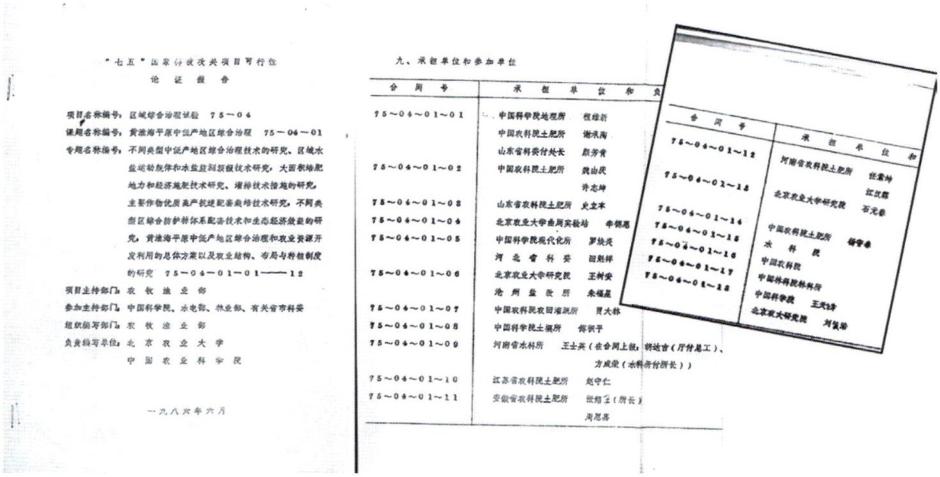
“七五”国家科技攻关项目可行性
论证报告

项目名称编号：区域综合治理试验 75—04
课题名称编号：黄淮海平原中低产地区综合治理 75—04—01
专题名称编号：不同类型中低产地区综合治理技术的研究、区域水盐运动规律和水盐监测预报技术研究，大面积培肥地力和经济施肥技术研究、灌排技术措施的研究，主要作物优质高产抗逆配套栽培技术研究，不同类型区综合防护林体系配套技术和生态经济效益的研究，黄淮海平原中低产地区综合治理和农业资源开发利用的总体方案以及农业结构、布局与种植制度的研究 75—04—01—01——12
项目主持部门：农牧渔业部
参加主持部门：中国科学院、水电部、林业部、有关省市科委
组织编写部门：农牧渔业部
负责编写单位：北京农业大学
中国农业科学院

一九八六年六月

九、承担单位和参加单位

合同号	承担单位和负
75～04～01～01	中国科学院地理所 程维新 中国农科院土肥所 谢承陶 山东省科委付处长 颜芳青
75～04～01～02	中国农科院土肥所 魏由庆 许志坤
75～04～01～03	山东省农科院土肥所 史文本
75～04～01～04	北京农业大学曲周实验站 辛德惠
75～04～01～05	中国科学院现代化所 罗焕炎 河北省科委 田魁祥
75～04～01～06	北京农业大学研究院 王树安 沧州盐改所 朱福星
75～04～01～07	中国农科院农田灌溉所 贾大林
75～04～01～08	中国科学院土壤所 傅积平
75～04～01～09	河南省水科所 王士英（在合同上填：胡达吉（厅付总工）、方成荣（水科所付所长））
75～04～01～10	江苏省农科院土肥所 赵守仁
75～04～01～11	安徽省农科院土肥所 张绍王（所长） 周恩高

合同号	承担单位和
75～04～01～12	河南省农科院土肥所 任崇帅
75～04～01～13	江汉群 北京农业大学研究院 石元春
75～04～01～14	中国农科院土肥所 林守泰
75～04～01～15	水科院
75～04～01～16	中国农科院
75～04～01～17	中国林科院林科所
75～04～01～18	中国科学院 王文诗 北京农大研究院 刘复恭

我们起草编制的《黄淮海“七五”科技攻关计划》论证报告（1986年春）

人们常说，一个好的计划是成功的一半，很有道理。

这天下午，我和老贾写完了“七五”攻关计划初稿，大大地舒了一口气。

“老石，咱们逛动物园去，犒劳犒劳自己。”这是老贾少有的一次如此善待自己的建议，当然会得到我的立即响应。

我们编写计划的宾馆就在北京动物园旁边，只要有宾馆的居住证，下午 3 点以后从动物园东侧门进去可以不用买票，能占得一分方便与便宜。我们二人从侧门进去，溜达不远到了猴山。猴子动作与人酷似，十分矫捷可爱，于是驻足欣赏起来。

此时，一只小猴从池底蹭蹭几跳就上到猴山顶上的一块方石上蹲坐下来，面不改色气不喘，悠闲自在地向四周游人观望，极尽的潇洒。

“这猴子登攀起来竟是如此轻松，为什么人的登攀那么困难？”我不经意地说出口来。这些天我们费了很大力气才算编完了攻关计划初稿，从计划里已经预感到未来五年的黄淮海“七五”战役会打得很艰苦，所以才会有感而发地道出这番感慨。

“老石，你年轻又瘦，登攀起来会容易些，我年纪大，又胖，登攀就更难了。”老贾在揶揄和幽默中似乎有一丝感慨。

自我 1979 年由张庄试验区转战到黄淮海平原，从接受第一个任务黄淮海平原旱涝盐碱综合治理区划以来，我和老贾一直是搭档。先是他主我副，1984 年后位置调换了，但他始终是我心目中的一位令人尊敬的忠厚长者和师辈，我们间一直以工作为重，相互支持与尊重，配合默契。每当看到 1994 年我二人在人民大会堂一起领特奖时的照片（见第 44 章），总会想起“七五”战役前夕我二人在北京动物园的这段“猴山对话”。

我们编制的《黄淮海“七五”科技攻关计划》于 1986 年 4 月 29 日，经 19 位专家组成的专家组论证正式通过。同年 8 月 11 日和 14 日，农业部与国家科委分别审查批准。随后，根据此课题“七五”攻关计划书的精神和要求，12 个试验区和 6 项技术的 18 个研究专题承担单位分别制订了专题级研究计划，并分别论证通过后与农牧渔业部科技司签订了 18 个专题一级的合同任务书。继而再由 18 个专题与其下的 92 个子专题签订二级合同任务书。

黄淮海课题的起讫时间仍为 1986—1990 年，5 年的总经费是 1 750 万元。项目的主持部门是农牧渔业部，参加主持部门是中国科学院、水电部、林业部及有关省、市科委；报告编写单位是北京农业大学和中国农业科学院。

至此，黄淮海平原的“七五”科技战役的部署已全部到位。

本回书写至此，可谓是：

迎七五上兵伐谋，求决胜运筹帷幄。
以正合两线作战，出奇兵赢得全局。

38 大决战帷幕轻启，催战鼓捷报频传

黄淮海“七五战役”的大幕是在1987年4月8日拉开的。

1987年4月8—10日，在北京召开了“黄淮海平原中低产地区综合治理”课题的专题负责人会议，会议由课题负责人北京农业大学副校长石元春教授和中国农业科学院灌溉研究所所长贾大林研究员主持。国家计委科技局徐邦宜副处长、国家科委农村技术发展中心申茂向副处长、农牧渔业部科技司朱鑫泉处长在会上就加强黄淮海课题科技攻关的意义、任务、目标、技术要求及加强课题组织领导和管理工作等作了讲话。国家“七五”科技攻关领导和主持部门，三委一部在会上正式宣布北京农业大学为黄淮海课题主持单位，中国农科院为参加主持单位；北京农大副校长石元春教授、中国农科院灌溉所所长贾大林研究员为课题主持人。

为了早日启动“七五战役”，各专题组没有等待签订合同，144个科技单位的329位高中级职称的科技人员就已投入战斗；国家经费没有下达，各部门和单位先拨款172万元支援前线，如水利部为所承担的9个子专题拨款33万元，表现了各参战单位和人员的高度积极性与主动性。

会上，18个专题负责人分别报告了1986年的工作和1987年的计划。会议讨论了如何贯彻“七五”国家科技攻关精神和打好黄淮海平原中低产地区综合治理的攻关战役，以及完成1987年计划的有关问题。

我在会议上做的总结发言中指出，从12个试验区的合同任务书，以及在这次会议上各试验区的汇报中发现，存在的主要问题是内容分散，重点不突出，对课题“七五”攻关计划中的主体思想理解和体现不够。如果这个问题得不到解决，将严重影响整个黄淮海课题攻关的质量和水平，并为此提出了8点意见。由于此总结发言较全面反映了当时“六五”攻关到“七五”攻关的重要转折和对“七五”攻关的全面部署，故作如下较为详细的摘引。

总结发言提出的第一点意见，也是讲得最多的是：“试验区工作要抓住重点，明确主攻方向”。下面是对这一部分讲话的摘引：

部署黄淮海“七五”科技战役的工作会议（1987 年 4 月）

“12 个试验区几乎全部是老试验区，短者四五年，长者十几年，都有一定的基础。但是，每个试验区也都面临着一个共同的问题。就是在‘七五’攻关中将有什么新的发展和突破，这是一个不小的也是必须回答的难题。

在课题论证报告和合同书上已经写到，‘在六五期间已建立的综合试验区基础上，发挥承担单位特长，根据试区实际，创造治水改土、农林牧副渔综合发展的、各具特色的综合治理样板，分别完成所代表类型区的综合治理和开发的规范化配套技术，建设一定面积的示范区。’因此每个试验区都要突出自己的主体思想和主攻方向。确定主体思想和主攻方向的依据是反映和抓住所代表的类型区（要有明确的地域范围）在综合治理中存在的主要问题，通过试验区进行解剖，研究和提出综合治理的‘规范化配套技术’，并在实践中取得经验和提出样板。黑龙港地区水资源严重不足。淮北平源的防渍排涝和改良砂姜黑土等是地区性综合治理中存在的主要问题，也就是类型区的主体和主攻方向。如果主体和主攻方向若明若暗，而热衷于‘综合’和‘配套’，或其中的一般开发项目，表面看来似乎很热闹，总难免失之于浅薄和一般化。因为我们不是在搞一般性样板，而是国家的科技攻关课题，一定要抓住针对性这个关键，各试验区的特色就会显示出来，‘拳头’成果也会有了。

另外，还要处理好‘综合’、‘配套’与突出重点的关系。综合与配套应当体现和紧密围绕主题。综合和配套的内容可以很多很多，范围可以很宽很宽，但一定要围绕主题，有个主次轻重，有取有舍。不能看到别人养鸡我也养鸡，看到别人种草我也种草。削枝强干，突出重点的思想很重要，不仅客观上需要这样做，在十分有限的资金、人力和时间的条件下，也要有个投入重点和提高投入效益的

考虑。我们要精打细算，十分珍惜这有限的人力、财力和时间，要加强效益观。

还有一点要强调的，就是我们提出的技术应当是先进的，而且能从理论上加以阐明。”

总结发言中的第二点，关于“关键与超前技术研究”部分提出了：

“这类专题的主攻目标是清楚的，六个专题的汇报充分说明和体现了这一点。灌排技术专题组在总结已有经验基础上，围绕低压管道输水系统，正在研究提出多规格、系列化和定型化的技术和产品；水盐运动测报专题组召集了六片、九个单位开了两次会议，围绕如何提供水盐测报的实用性技术统一了认识、要求和方法，制定了技术规范；经济施肥技术专题组围绕如何提出不同土壤和作物的最佳施肥方案，在五个县建立县级施肥监测、推荐和咨询系统；抗逆栽培技术专题组在棉花品种筛选、丰产优质栽培技术以及商品化生产方面进行系统研究；防护林体系建设专题组将针对不同类型区的特点提出造林、抚育、经营管理的配套技术。对这6个专题的共同要求是必须强调和做到技术上的先进性、实用性和高水平，请6个专题组会后作进一步研究和部署。”

总结发言中的其他诸点概要是：

- 要随着攻关形势发展，注意在综合治理和开发中发现有重大实际意义的苗头，形成课题级的重点或重中之重，创造条件，促其早出成果，出好成果，作大贡献。课题主持人和各专题负责人都要敏锐地发现和积极地推荐。
- 对已趋成熟的实用性成果，可及时就地转化，不要等到项目结束鉴定后再行动，如此次汇报中提到的籽粒苋、高油玉米、低压灌溉管道、微咸水养鱼、风动泵车等。要强化及时转化实用性成果的观念。
- 在配套技术中要突出本类型区的重点，不要面面俱到，不要见兄弟试验区搞什么也跟着搞什么。各试验区和各专题间要注意互通情报，互通有无，如良种良法、通用技术、先进的试验方法和仪器设备等都可以互相引用。6个关键与超前技术组的研究成果可以先在相关试验区布置应用性试验。
- 我们承担的是区域综合治理与开发课题，是为当地生产服务的，因此要加强与成果应用单位的联系，听取当地的指导和意见，不要都等到1990年成果鉴定后“算总账”。这也是对“密切为国民经济建设服务”的科技攻关指导思想的体现。
- 作为国家科技攻关课题，要求在理论、技术、方法与手段上的先进性，每个专题都要及时掌握和跟踪国内外在本领域的最新进展和科技前沿。如果说不清楚这些，到成果鉴定时就别想提什么国内或国际的“领先”和“先进”水平。

• 要加强课题管理和对外宣传报道工作。这次会议，我们制订了《黄淮海平原“七五”攻关课题管理暂行办法》和开始编发《黄淮海平原“七五”科技攻关通讯》。今年秋后，本课题将组织一次现场的互查互学活动，以促进攻关工作的开展。此后每年一月份开一次像这样的工作会议，总结汇报过去一年工作，讨论和部署新的一年的工作，这要形成制度。另外，也要通过报纸刊物、广播电视等报道攻关进展，取得的最新成果和先进的人和事，以扩大攻关课题的社会影响。

总结发言最后讲道：

“1987 年和 1988 年是‘七五’攻关的关键年，这次会议是一次战地动员会，作战部署会。在座的都是 18 个专题的主持人，也是‘黄淮海战役’中的 18 路部队的指挥员。请你们把国家计委、国家科委和农牧渔业部的指示精神带回去，向上汇报，向下传达，部署好工作，动员好群众，迎接秋后的互查互学。

‘黄淮海平原中低产地区综合治理’科技攻关课题，是一个多部门多学科和综合性很强的一个有机整体，与会同志一致表示要加强单位之间、专题之间，个人之间广泛的横向联系。要团结协作。协同作战，向国家交一份满意的答卷。”

此总结发言的全文刊登在“‘七五’黄淮海平原中低产地区综合治理研究”《科技攻关通讯》第一期上，此处所附照片是该刊首页及总结发言提纲手稿。

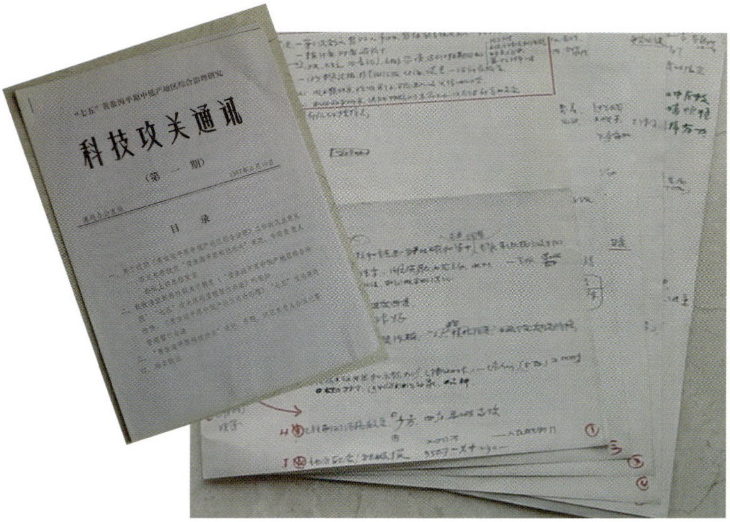

“七五”黄淮海项目《科技攻关通讯》封面及总结发言提纲手稿（1987 年 4 月）

四月会议结束，18 个专题负责人满怀信心与激情地回到了攻关一线。

根据四月会议的决定，5 个月后的 9 月和 10 月间，由课题主持部门代表刘

兴海、杨刚、何力春、王天铎；课题主持人贾大林；课题办公室祖康祺、史孝石、尹幼奇；地方科委代表刘春台、李洪昭，以及试验区和专题代表宋兆民和黄仁安等 13 人组成的检查组对 12 个试验区和 6 个关键超前技术专题进行了历时 25 天的现场检查，以贯彻四月会议精神与要求。

现场检查报告书中详细报告了 18 个专题的攻关情况与经验，也提出了应当注意的，综合发展中要粮食优先、治理与开发中要注意相互促进、关键技术专题与试验区成果要相得益彰等五个共性问题。现场检查工作既是“督战”，更是加强各战区间的联络和鼓舞前线战士的士气。

在现场检查工作和掌握前线战况基础上，1987 年 12 月 24—26 日在北京召开了“黄淮海课题科技攻关 1988 年工作会议”。18 个专题组分别向会上递交了 1987 年的工作总结报告（见下图）。

各专题组上报的 1987 年工作总结

会上先是 18 个专题组汇报工作，继而是调查组的全面介绍与补充，重点讨论的是 1988 年攻关工作。12 月 26 日，我在会议总结发言中突出谈到综合治理中严峻的水形势，对各试验区提出了“立足本地水资源，以节水为中心”的指导思想；提出建立“扩大水源（引水和浅层微咸水利用）、适水种植、加大防渗、改善灌溉方法、减少田面蒸发”等 5 项节水农业技术措施。

总结发言中再次强调少数试验区仍然存在不同程度的攻关目标不集中问题，再次提出试验区的攻关的目标是治理旱涝盐碱和必须把粮食产量搞上去；攻关的面向是试验区所在的类型区；攻关的主要内容是水土肥与粮食产量；攻关的特色

是发展农林牧。我把话说得如此直白、明确与具体，因为我最担心的是一些试验区的工作很努力，事情做了许多，但分散而没有集中在要害上，鼓声阵阵，没敲在点子上，所以才三番五次和苦口婆心地念这本“集中经”。会上，重点解析了山东寿光试验区和河南新乡人民胜利渠灌区两个试验区。

在对两条战线 18 个专题 1988 年攻关任务做出部署后，提出了一个重大和带全局性的问题，即在中共十一届三中全会关于农业问题的决议和 5 个一号文件的指引下，全国和黄淮海平原的农业形势发生了深刻变化，需要对黄淮海平原的战略地位有个再认识。因此在 18 专题应当注意研究黄淮海平原在全国粮食“上两个台阶”中的作用、全国棉花生产中黄淮海棉区的战略地位，以及黄淮海平原的商品粮、棉、油、肉的发展潜力及在全国的地位。

1988 年攻关工作会议很重要，它是 1987 年 4 月会议的继续与深入。通过这两次工作会议以及其间的现场检查，才将整个攻关战役的战场形势纳入轨道，战役部署到位，使仗越打越精，越打越出战绩。同样的年度工作会议在 1989 年 1 月和 1990 年 1 月继续召开，步步为营，环环扣紧，直到课题“七五”攻关的最后总结与验收。

可谓是“万事实头方稳当，十分足陌莫跷除”。

从黄淮海科技战役全过程看，20 世纪 70 年代的前哨战——河北省黑龙港科技大会战打得艰苦惨烈（见上篇），但对旱涝盐碱的综合治理，从实践到理论上取得了根本性突破和基本共识；70 年代末和 80 年代初的 4 年备战和 3 年“六五”攻关为整个战役打下了扎实基础；“七五战役”则是集其大成，为实现总战役目标，黄淮海平原 2 亿亩中低产田的治理与开发提供科技基础与支撑。“七五战役”是黄淮海战役决战决胜的关键一役。

作为黄淮海“六五战役”和“七五战役”的一名指挥员，对把握战略目标和战役全局始终要保持清醒认识，恪尽职守，不偏不倚地使科技攻关取得最佳成果。1987 年的 4 月会议不久，我被任命为北京农大校长，但一时一刻也不敢放松自己肩上的黄淮海战役重任。

本回书写到这里，可谓是：

战七五关键一役，任首席重任在肩。
催战鼓环环紧扣，各专题愈战愈精。

39 李总理一线视察，北戴河做客休假

黄淮海“七五战役”打响以后，李鹏总理两次亲临一线视察和邀请科技人员代表到北戴河做客休假，颁发国务院嘉奖令，大大鼓舞了全体将士的士气。

1986 年 6 月，国务院总理李鹏、国务委员陈俊生和 9 个部委领导亲临视察了中国科学院设在山东的禹城试验区，这是国家对黄淮海科技战役的一种肯定、鼓舞与期待。可惜现在已难收集到当时的相关资料和照片。

1988 年 6 月 14 日，李鹏总理再临北京农大曲周试验区视察，陪同视察的有国务院秘书长、国务委员陈俊生，国务院农村政策研究中心主任杜润生，农业部部长何康等，在河北省省委书记邢崇智、省长岳岐峰及地县领导陪同下，视察了

1988 年 6 月 14 日李鹏总理到河北曲周试验区观察

曲周试验区旱涝盐碱综合治理现场，在北京农大曲周实验站听取了站长辛德惠教授的汇报。

1988 年 7 月，国务院作出了“关于表彰奖励参加黄淮海平原农业开发试验的科技人员的决定”，并以李鹏总理名义邀请参加黄淮海平原综合治理的科技人员代表到北戴河休假。参加这次休假活动的有北京农大的石元春、辛德惠和王树安，中国农科院的贾大林、张雄伟，中科院的王遵亲、傅积平和程维新，中国水科院的黄荣翰，中国林科院的宋兆民等十余人。

1988 年仲夏的一日清晨，我们一行十余人乘汽车由北京出发，中午抵达北戴河，下榻中国铁路职工疗养院。北京的一些大单位在北戴河多建有职工疗养院、培训中心之类的，铁路职工疗养院是其中条件较好的一处。

疗养院院长与部分职工、服务员等已经在院门外两侧列队欢迎我们，下车时一边搀扶一边说：“欢迎总理的客人！”我们这些刚从黄淮海农村一线下来、身上还散发着泥土气味的战士，还真有些手足无措，颇不适应了。

疗养院的院落很大，建筑与园林布局不俗，格调雅致，建筑物的浅黄颜色透出一股大气。我们每人住一个套间房，宽敞明亮，有大露台、藤躺椅，可一眼望到院外海滩，那有节奏的阵阵涛声让人逐渐平和舒展起来。

与何康部长一起

与王树安一同嬉水

黄淮海项目科技人员代表应李鹏总理邀请到北戴河做客休假（1988 年 7 月）

次日上午10时许，我们的车进到国务院北戴河驻地，在一座不高的楼房外停了下来。我们陆续下车，李鹏总理一行也正从楼内走出，迎到车前与我们一一握手，说着："欢迎你们啊！黄淮海的科学家们！"总理亲自出面接待，规格可谓高矣。和总理一同欢迎我们的有副总理姚依林、副总理田纪云、外交部长吴学谦、国务委员胡启立、国家科委主任宋健、国务院农村政策研究中心主任杜润生、农业部部长何康等。

李鹏总理等领导在北戴河欢迎黄淮海项目科技人员代表（1988年7月）

我们没有进楼，在工作人员引导下，与总理一行走过了一段小坡，边走边聊地在一座大礼堂似的建筑物前停下，准备照相。大家随意地聚拢起来，总理说："同志们！邀请你们来是休假的，大家都随便些，可别拘束了。"工作人员安排一

行人分四排站好，李鹏总理在前排正中，我与他相隔一人。忽然，他站出来说："今天你们是客人，我不能站在中间。"一把将我拉在了他站的位置，还说，"你们是黄淮海功臣，你们应当站在中间。"我一时毫无思想准备地被拉在了中间位置。如果看得仔细，我在照片上还留下了一脸的拘谨。

本书作者与李鹏总理合影

照完相后，总理说："今天中午就在我们食堂吃个便饭。"

食堂中等大小，摆有七八张大圆桌，我们和随同工作人员坐满了4桌。桌上已经摆好了6盘菜，一会儿，给每人上了一支好大的螃蟹，然后才上四大盘热菜，三荤一素，质与量都是上乘，随后上了一大盆香味浓厚的排骨汤。对我们这些来自农村一线的将士，这顿便餐可是大快朵颐，美美地解馋了一番。

第二天吃晚饭时，工作人员通知我们，明天下午两点，首长与我们座谈，听取我们对中低产地区综合治理的意见。次日早饭后我们开了个短会，然后留下几位重点发言人，酝酿一下发言内容就分头准备去了。

座谈会是在国务院北戴河驻地的一个会议室里开的，李鹏总理、主管经济的副总理姚依林、主管农业的副总理田纪云、国务委员兼国务院秘书长陈俊生等参会。陈俊生主持会议，先是李鹏总理的开场白："你们是黄淮海平原治理与开发的功臣，这次请你们来休假，本不该开会，但是我们不想放弃这个机会，听听你们一线工作专家对中低产地区的治理开发，增产粮食的意见。大家放松些，随便谈。"

我第一个发言，简单汇报了黄淮海平原中低产地区综合治理与开发的情况。紧接着发言的有黄荣翰总工、贾大林研究员、王遵亲研究员等四五位，他们各就某一方面提出了建议，都是言简意赅，之后就是领导们的提问与座谈了。记得座谈中比较集中的问题是：黄淮海平原情况复杂，过去很难办，现在何以能走上有效治理轨道？黄淮海平原的增产潜力如何？对开展全国中低产地区治理与开发有什么看法等（国务院正在准备在全国开展中低产地区综合治理与农业开发的文件）。田纪云副总理提的问题多，问得也仔细，因为这一块是他分管。

此处所附照片的会议桌一侧是李鹏总理等领导，对面一侧是发言的黄淮海攻关科技人员代表。

李鹏总理、姚依林副总理、田纪云副总理等领导与黄淮海项目科技人员代表座谈

记得是第四天上午传来消息，说小平同志下午要去游泳。我们一干人等，不论会游的或是不会游的，下午都拿上游泳裤进到国务院海滨游泳场，心想能与小平同志同泳也是一生中难得的机会。等了许久，游泳场的警卫和救生员一点动静也没有，原来这天下午天气阴沉，风浪大，取消了小平同志的游泳安排，让我们空欢喜了一场。

一天晚餐时，工作人员通知我们国务院驻地今晚放电影，有车在疗养院门外，愿意看电影的代表可到时乘车去。我等对看电影并不感兴趣，但都不愿放弃这个机会，好奇心让我们都想去感受一下在国务院驻地看电影是什么感觉。

这里不像是个正式的电影放映厅，像是个中等大小的会议室临时改用的。一侧挂上了大布幕，前面放了六七排有扶手的沙发椅，后面放的是有靠背的软椅，放映前的室内灯光很暗。工作人员将我们安排坐在第 3—5 排的中间，应当是给客人留下的最好位置。我们后面软椅上坐的多是国务院领导和工作人员的家属，小孩子叽叽喳喳声不断。我们总有些拘谨，不便东张西望。散场后回疗养院的车上，一位工作人员对我说，坐在我后面一排的是李鹏总理的夫人和孙子。

一周北戴河休假就这样匆匆过去了，给我们留下了作“总理客人”的难忘记忆。能得此佳遇的只是我等十多人，但却是代表着参加黄淮海战役的上千将士。

證 書

石元春 同志在黄淮海平原农业开发试点中成绩突出，国务院决定给予表彰、奖励。

中华人民共和国国务院

一九八八年七月十七日

国务院为黄淮海攻关科技人员颁发奖励证书

各人回到单位后不几天，得到通知，国务院给黄淮海治理有功人员颁发的奖励证书已经下发到各单位了。但谁也顾不得去领，因为早已回到前线，这时正是争取 1988 年大秋收成的关键时候，一刻也是耽误不得的。此处所附是国务院奖励证书的照片，上面写的日期是 1988 年 7 月 17 日。

本回书写至此，可谓是：

李总理一线视察，北戴河做客休假。
国务院颁令嘉奖，黄淮海战士荣光。

40 黄淮海效应放大，促结束缺粮历史

20 世纪 80 年代，黄淮海平原治理与开发何以受到如此般的关注与期待，是因为它找到了一条振兴农业、增产粮食和增加农民收入之路。用这把钥匙可以挖掘出黄淮海“粮矿”，全国农田中有 2/3 的中低产农田，是不是也可以用这把钥匙来挖掘“粮矿”呢？

每个试验区都是中低产田综合治理与开发的小“雪球”，先是派在了整个黄淮海平原，继而黄淮海这个“大雪球”在全国越滚越大，我们称之“黄淮海效应”。

20 世纪 70 年代初，黄淮海平原上出现了曲周、陵县等几个旱涝盐碱综合治理的试验区。试验区里一锹一锹地挖土，一批一批地测试数据，如同一片一片的雪花聚成一个一个的“小雪球”。正是这些小雪球促进了黄淮海平原中低产田治理第一个进入《1978—1985 年全国科技发展规划》。正是因为黄淮海平原治理的显著成效，使 1983 年开始的“六五”国家科技攻关计划中，新增了“松嫩 - 三江平原”；1986 年开始的“七五”攻关新增了黄土高原和北方旱区；“八五”攻关再增南方红黄壤丘陵区，在全国形成了以黄淮海平原为“龙头”的 5 大中低产田综合治理区。

请看，国家科委 1998 年出版的《中低产田治理与区域农业综合开发》书中对黄淮海平原攻关项目的一段总结性叙述：

国家科委编写的《中低产田治理与区域农业综合开发》(1998 年)

“黄淮海平原旱涝盐碱沙薄综合治理与农业发展研究是国家最早设立的区域科技攻关项目，也正是它的成功，创造了适合中国农业科研实际的新型模式——综合试验区，这在世界上也是一个创举。它为

我国农业区域治理科研工作确定了一条有效的道路，促进了区域经济的发展。此项目的成功，也推动了三江平原、黄土高原、北方旱区和南方红黄壤等中低产地区综合治理科技攻关工作的开展。黄淮海平原农业区域攻关研究成果也为我国农业重大决策的制定提供了依据，如为建设四个全国性成片商品基地方案、《“区域综合治理和农业开发”规划（1998—2000年）》以及在我国北方发展‘节水农业’等重要决定的形成提供了科学依据和经验。特别是80年代末开始的全国农业综合开发就是以攻关研究成果为依据制定的，而且也是按照各试验区的典型模式实施的，从黄淮海平原开始逐步推向全国。”

请看该书对列为国家科技攻关计划的五大区域成就的如下表述：

“从‘六五’开始，国家陆续将黄淮海平原、松嫩－三江平原、北方旱区、黄土高原、南方红黄壤五大区域的农业综合治理与开发研究列为国家科技攻关计划，先后在五大区域建了51个综合治理试验区，开展了以中低产田改良和区域农业综合发展为主攻方向的科技攻关。经过3 000多名科技人员近20年的艰苦努力，团结奋斗，取得了辉煌的成绩。从理论上、实践上提出了一系列技术体系和发展模式。据初步统计，五大区域农业综合开发共取得科技成果809项，获省部级奖励323项，发表论文5 300多篇，推广实用技术500多项，累计获社会经济效益200多亿元，为我国区域综合治理和区域综合发展做出了巨大贡献。其中，‘黄淮海地区农业综合开发研究’和‘黄土高原综合治理定位研究’分别荣获国家科技进步特等奖和一等奖，受到党和国家领导人的高度赞赏和重视。”

请看该书对“五大区”的重要贡献的表述：

“黄淮海平原、松嫩－三江平原、北方旱区、黄土高原、南方红黄壤五大区域是我国农业资源富集带及全国农产品的主体产区，生产经济地位十分显要。这五大区基本覆盖了除新疆、青海等省（自治区）以外的大部分国土，分布着全国60%的人口、70%的耕地、80%的中低产田，生产了占全国约75%的粮食、80%的肉类。这五大区域的国民生产总值占全国农村社会总产值的50%。国家在20世纪末要实现新增粮食1 000亿斤、棉花1 000万担、肉类1 000万吨、农民人均收入达到1 200元的宏伟目标，这在很大程度上取决于区域农业综合开发。”

多难可以兴邦，多难也能兴区立人。

黄淮海平原自然条件复杂，旱、涝、盐碱和地下咸水并存，以及因治理失当而导致的土地大面积次生盐渍化，农业凋敝，农民受苦，但却将中央与社会的目

光吸引到了这片富饶而又多难的土地上来。由于这里是靠近京畿的中原腹地，又有一支较强科技队伍参与，打下了较好工作基础，所以在区域综合治理中一直冲锋在前，引领诸区。

如果说中低产田综合治理“雪球”在国家科技攻关层面上由黄淮海平原扩大到“五大区”是黄淮海效应的一级放大的话，那么进入国民经济建设计划层面，更大规模地推进区域治理与开发则是黄淮海效应的二级放大，这就是1988年开始实施的《1988—2000年国家农业区域综合开发规划》。

记得是1987年春，国家计委在北京友谊宾馆开会，是工作性质的，邀请我在会上介绍黄淮海平原综合治理和开发情况和经验。当时我不知道会议缘由，后来得知这是根据国务院的一个重要决策，讨论和制订全国农业区域综合开发计划的一次会议。

至此，有必要说说80年代中期粮食生产与改革开放的形势。

改革开放是1978年中共十一届三中全会后从农村开始的，英明的政策和激发起的农民生产积极性，使全国粮食总产由1978—1984年的短短6年间，由3亿吨跃上了4亿吨台阶，平均年新增近2 000万吨。但是1985年以后，由于种种原因，粮食产量连续几年停留在4亿吨徘徊不前。此时的全国改革重点开始转向城市，经济迅速发展，对粮食与农产品需求剧增，而早期的农业政策效应渐减，被占用的耕地面积大增，农业基础设施老化失修，农业增长后劲严重不足，国家面临改革开放新形势下出现的、更加严峻和深刻的粮食和农产品供应危机。

英雄造时势，时势造英雄，自古如此。

此时黄淮海“六五战役”的成果再一次证明，中低产田综合治理是提高粮食和农产品产量的一条有效而较快的途径，此已成为领导和公众的一种共识。共识是一种隐形而强大的社会力量，当国家再次面临严重粮食与农产品供需危机时，中低产田综合治理就会油然而入国务院决策者视野，及时制订和出台了《1988—2000年农业区域综合开发计划》。

该计划确定以黄淮海平原、松辽平原、三江平原、黄河河套灌区、河西走廊、湘南、赣西南以及沿海滩涂等10大片作为重点农业综合开发区，涉及20个省市、3.8亿人口、4.7亿亩耕地，以集中科技力量和资金进行全面治理和开发。

“中低产地区综合治理与开发”由国家科委转移到国家计委，在国家科技和经济两条战线同时运作开来。1988年国务院设立了土地开发建设专项基金（后改为农业综合开发资金）后，一场史无前例的有组织有计划的大规模农业综合开发的帷幕在全国拉开。此计划于2000年总结结束，但仍以其他途径延续至今。

以下是2008年9月刊载在《中国财政》半月刊总第527期的王建国所著《农业综合开发二十年发展历程回顾》一文，较系统地记载了这段历史。以下资料主要摘引自该文：

“1988 年，农业综合开发范围仅涉及黄淮海平原、东北平原和长江中下游平原等 11 个省（自治区）的 746 个县和国营农牧场，到 2007 年，即经过 20 年，开发范围遍及全国 31 个省（自治区、直辖市）、3 个计划单列市以及新疆生产建设兵团、黑龙江省农垦总局、广东省农垦总局的 1 916 个县（市、区、旗）和 220 个国有农（牧、林）场，开发县数约占全国总县数的 2/3。”

农业综合开发的主要内容是平整土地、兴修水利、改良土壤、开垦荒地、植树造林、装备机械、改进生产技术、发展多种经营等，以全面和综合配套地提高中低产地区的农业综合生产能力：

“1988—2007 年的 20 年间，农业综合开发共投入各项资金

3 193.4 亿元，其中中央财政资金 989.2 亿元，地方财政配套资金 765.4 亿元，银行贷款 327.8 亿元，自筹资金 1 111 亿元。农业综合开发累计改造中低产田 5.2 亿亩，新增和改善灌溉面积 4.8 亿亩，新增和改善除涝面积 2.1 亿亩，从根本上改善了全国中低产地区的农业生产条件，大大提高了农业综合生产能力。20 年间，累计新增粮食生产能力 1 788.7 亿斤、棉花生产能力 34.3 亿斤、油料生产能力 89.6 亿斤和糖料生产能力 528.4 亿斤。

20 年间，还通过生态专项建设，改良草地和草场 4 897.4 万亩、治理土地沙化面积 182.4 万亩、丘陵山区水土流失小流域治理 351.5 万亩、新增农田林网防护面积 3.3 亿亩等。”

那么，此项“全国农业综合区域开发计划”对解决国家粮食和农产品供需矛盾的贡献如何呢？

根据目前所收集到数据，画了两条曲线，很能说明问题（参见附图）。

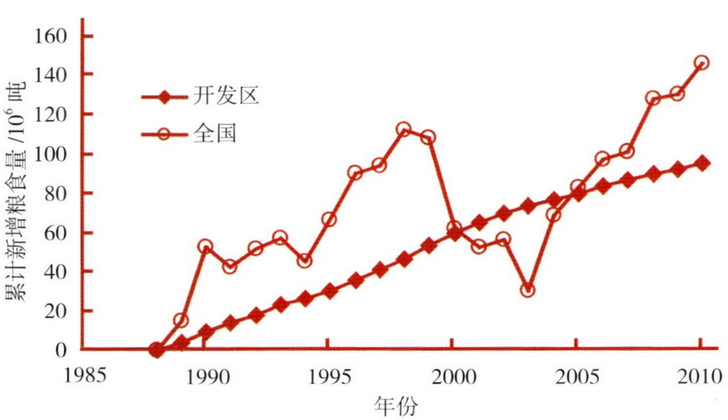

全国农业综合开发区的粮食累计新增量与全国的对比（1988—2010 年）

全国农业综合开发区提供的资料是以提高土地质量后的新增生产能力来表示治理效果的。下图的这两条曲线的起讫时间是 1988—2010 年，均以 1988 年为基数 0 的累计粮食增量。

插图下侧曲线是按全国农业综合开发区累计新增粮食量绘制的。该曲线显示全国农业综合治理区的粮食累计新增生产能力是平稳上升的，由 1989 年的年新增 405 万吨累积到 2010 年的 9 718 万吨，即此 22 年间平均每年为国家新增 442 万吨粮食。

另一条波动较大的曲线，是按全国粮食总产逐年累计新增量绘制的，原始资料来源于《中国农业统计年鉴》。资料表示，由 1989 年较 1988 年新增 1 512 万吨起步，到 2010 年的 1.471 亿吨，年均新增 669 万吨粮食。曲线显示了总体上升趋势，但因政策原因出现 1999 年与 2007 年间的粮食减产波谷，其原因此处不拟论及。

现在我们将这两条曲线作一对比。如果按终点 2010 年的“总账”计，全国粮食总产的新增量是 1.471 亿吨，而全国农业综合开发区的新增粮食生产能力是 0.972 亿吨，后者是前者的 66.1%。也就是说在这 22 年间，由于国家通过相对集中资金、科技和管理用于治理开发中低产区的这项计划，所新增的粮食占全国粮食总产新增量的 2/3，这个贡献是够大的。也就是黄淮海平原中低产田的治理与农业开发的经验是可以在全国重复或复制的。

令全国人民欣喜和振奋的是，全国粮食总产于 1998 年迈上了 5 亿吨台阶，这是中国粮食生产史上的一座丰碑。

当时我是全国政协委员，在“两会”上听到朱镕基总理在政府工作报告中宣布，我国粮食总产已超过 5 亿吨，中国结束了几千年的缺粮历史，现在可以做到基本自给、丰年有余的时候，作为一个农业工作者，黄淮海科技战役的参战一员，心情激动得一时难以平静。当想到黄淮海平原的旱涝盐碱综合治理试验区的“雪球”越滚越大，想到黄淮海效应，想到区域农业综合治理与开发在全国开花的时候，每个“黄淮海人”都会为自己曾为这座丰碑投入过的一沙一石而感到自豪。作为一个科技工作者，能将自己的工作与国家重大需要与进步联系在一起，就会油然产生一种幸福感与自豪。

本回书写到此，可谓是：

黄淮海效应放大，滚雪球渐行渐长。
庆结束缺粮历史，为丰碑添沙加石。

41 中国年随团访苏，黄淮海再出国门

1989年春节刚过，还没开学，接国家科委通知，派我为中国科学家代表团成员于7月访苏。听到这消息，尚不知其任务为何就激动了起来，几乎夜不成寐，恨不得在梦境中就能飞去了苏联。此时我已出访过多个国家，为何听到去苏联，就会高兴成这个样子？

这要从三四十年前的事情说起。

新中国成立之初上大学的我们这一代人，多曾有过“恋苏情节”。

当时党中央号召中国“一边倒”“向苏联老大哥学习”。学校党委书记施平访苏归来，在全校大会上讲：“北京农业大学的目标就是要办成中国的季米里亚捷夫农学院”。全面采用苏联教材，请苏联专家为全国农业院校教师办讲习班，连苏联大学从早8点上课到下午2点的“6小时一贯制”也要试行，直到师生中午饿得受不了才作罢。苏联土壤学的宗师道库恰耶夫和威廉士，当然也是我们这批土化系研究生们顶礼膜拜的祖师爷。

那年代，热读苏联小说，高尔基的《母亲》、奥斯特洛夫斯基的《钢铁是怎样炼成的》、科斯莫杰米扬斯卡娅的《卓娅与舒拉的故事》；看苏联电影，《列宁在1918》《保卫斯大林格勒》《金星英雄》；唱苏联歌曲，《莫斯科郊外的晚上》《喀秋莎》《红莓花儿开》，几乎无时无刻，随时随地，苏联的影子都在我们的身边和心里。从科学和教育，到思想和文化，整整影响了我们年轻的10年。

“留苏”是当时青年学子的无上向往，但这个极佳的机会只能赐予那少数“出身好和政治可靠”的幸运儿，端的与我无缘。好在当时人们头脑里有很强的“服从组织安排”意识，绝无不满和嫉妒，稍有苗头也会自动向组织暴露思想和作自我批评。那时，每每收到一封留苏同学的来信，总要收藏起来，不时阅读，特别是他们与苏联同学在克林姆宁宫狂欢和听新年钟声的那封信和照片，我爱不释手。留不了苏，可以“神往”嘛！吃不着葡萄，更觉葡萄甘甜。

时间过得真快，已经到了20世纪的80年代。想不到，30多年后还能圆我青年时代未能实现的苏联梦，能不激动吗？

根据中苏两国协议，1988年在中国举办了“苏联年”，1989年在苏联举办“中

国年”，科技交流是重要内容之一，包括举办科技成果展览、科学家学术讲演与交流等。1989 年访苏的中国科学家代表团团长是时任国家科委主任宋健，给我交代的讲演和交流任务是“中国黄淮海平原的综合治理与农业开发”，黄淮海再次走出国门，我非常高兴。中国科学家代表团成员里有超导专家赵忠贤等五六位，由苏方分别组织接待和安排。

为访苏做准备，围绕黄淮海主题，我撰写了一篇综合性介绍文章，中俄两种文本，还准备了报告用的幻灯片。最花功夫的是为中国科技成果展览准备的北京农大曲周试验区模型，全电动，配发“北京农业大学曲周实验站”的中、英、俄文介绍资料。我这个人要想做什么事，总是朝着我认为的最高目标去做，绝不惜力，这次更是这样。

7 月 11 日，中国科学家代表团一行随团长宋健主任同机由北京抵莫斯科，苏方官员到机场欢迎。在汽车从机场驶往下榻地的一路上，我两眼一直盯着车窗外景色和建筑物，生怕遗漏了什么，因为这一切都曾使我魂牵梦萦过。

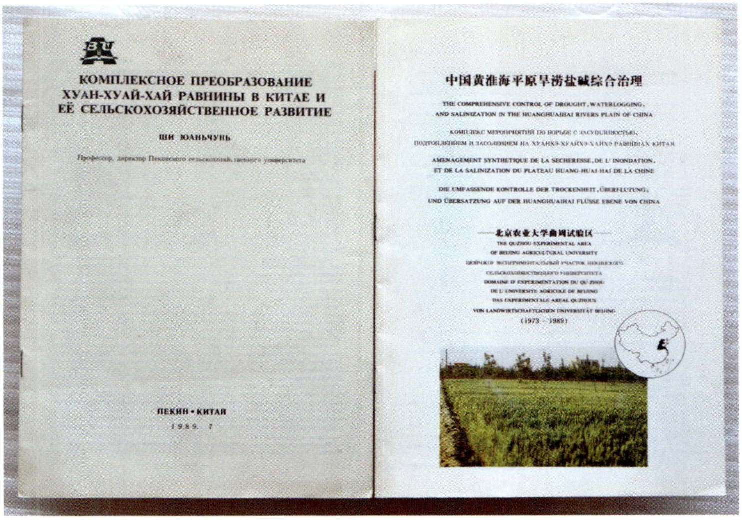

这是访苏时讲演用的俄文版论文及曲周实验站介绍（1989 年）

傍晚，代表团一行的汽车抵达中国驻苏大使馆，使馆建筑气势宏大，一派大国风范。晚上中国驻苏大使设宴招待，工作人员向我们交代了在莫斯科期间的注意事项。次日上午，我们移住到苏方安排的宾馆。安排停当后，我急不可待地到宾馆附近走动，领略那莫斯科街景、建筑、товарищ（同志），任何的气息都感到新鲜和亲切，如久别重逢一般。

第三日，“中国科技展”在国家展览中心正式开幕，观众十分踊跃。苏联部长会议副主席和中国国家科委主任宋健分别致辞，随后领导和观众一同进入展

厅。我顾不上了解中国科技展全貌，直奔农业科技成果展区，协助讲解人员接待参观者。

在莫斯科举行的中国科技展览开幕式组图（1989 年）

农业展区的观众很踊跃，文明，守秩序，凡有三人即自觉排队，如就餐时使用刀叉般的习惯与自然。参观者对中国农业成就和科技充满好奇感，似乎总想透过它了解一些中国改革开放的秘密。讲解员用电动模型介绍曲周试验区时，观众很关注，两位年长的观众与我交谈，希望知道更多的治理细节，看上去，他们是农业科技工作者，因为问得很专业。

中午在餐厅吃工作餐后，稍事休息，学术报告 1 点半就开始。

报告厅在展厅一侧，200 多座位，已经坐得满满。主持人介绍后我做了 1 个小时讲演，题目是“中国黄淮海平原的综合治理和农业开发”，边讲边放幻灯片演示。

讲演中我介绍了黄淮海平原及近 20 年的治理与成效；介绍了 10 项理论和技术研究成果，它们是：黄淮海平原的自然与农业条件研究、农业生产与增产潜力研究、半湿润季风气候条件下的水盐运动理论研究、综合治理和开发试验区研究、综合防护林体系建设研究、节水农业体系建设研究、区域水盐运动监测预报体系建设研究、科学施肥体系建设研究、作物良种和科学栽培体系建设研究，以

及农业信息系统建设研究等。

讲演结束后有 20 分钟提问与回答，一切都很规范与流畅。

在莫斯科举行的中国科技展一角和访苏中国科学家（1989 年）

次日下午安排了一个十多人的小范围专业对口交流座谈，主要是参加过报告会的，对此内容有兴趣的大学教师和科研院所研究人员。座谈中，他们对中国政府能持续 20 年，依靠科技治理一个平原感到非常钦佩。有人问科技攻关是什么意思，是不是就是改革开放。另外，对我们黄淮海平原综合治理的思路感兴趣，一位专家说："这是一种东方的思维方式和智慧。"有两位年轻专家对我讲的水盐运动监测预报技术和农业信息系统感兴趣，问得很仔细，可能与他们正在进行的研究工作有关。

访苏的最后三天是参观访问。

初到时，苏方接待人员就征求我对参观访问有什么要求，我提出了季米里亚捷夫农学院、莫斯科大学土壤系和道库恰耶夫土壤研究所三处。这是我 30 多年前何等向往的地方啊！

我是以北京农业大学校长身份访问季米里亚捷夫农学院的，他们按对等规格接待，由院长、党委书记和几位系主任和教授陪同参观介绍。参观结束后，在学校的一个小餐厅休息室座谈，座谈后摆上饭菜，一同用餐，甚是方便，没有中国接待外宾时的那般烦琐与隆重。因为同是农业院校工作者，双方有谈不完的共同

话题，大有相见恨晚之感。

我访问季米里亚捷夫农学院，是希望知道苏联的这所名牌农业高等学府当时的办学理念和发展程度，这会对改革开放中的北京农大办学有所帮助。用餐中，我举杯答谢院长等的热情接待，盛赞季米利亚捷夫农学院的成就，同时代表北京农业大学发出对他们回访的邀请。座谈与用餐中的此情此景，不禁激起我的联想，38 年前北京农业大学校长施平访问季米里亚捷夫农学院时会是怎样的？真是时光荏苒，世事无常啊！

莫斯科大学是世界著名高等学府，苏联的骄傲。学校主楼建在莫斯科市西南的列宁山上，是莫斯科大学最宏伟的标志性建筑。楼顶正中有一颗标有 CCCP 的大红星，有镰刀锤子的苏联国徽。正门门厅高大宽敞，上方有一面浮雕的旗帜，一男一女两个手执长杖的雕塑，两侧各有一个类似于华表的灯柱。主楼正门外是大学广场，广场正中有俄罗斯科学之父罗蒙诺索夫的大型雕像，两侧是俄罗斯历史上著名科学家的大型群雕。我点名参观访问的是土壤系，由系主任和几位教授出面接待，引领我一一参观和介绍教学计划、教材、教具、教室、实验室等。

访问莫斯科大学土壤系（1989 年）

走马观花地看了两所苏联高等学府，给我突出印象的是，从方方面面和细枝末节中显现出的苏联高等学府的那种学术至上、教育至上、严肃与严谨的科学态度与学风，感受不到一丝的浮躁，这正是高校之精髓与灵魂。深感今日中国之高教，最缺的不是先进科技与经费，而是这种科学精神与教育灵魂。

访问苏联科学院道库恰耶夫土壤研究所又是另一番景象与感慨。

苏联有着优良的科学传统，有苏联科学之父罗蒙诺索夫、有化学元素周期表发现者门捷列夫、“条件反射”现象发现者生理学家巴甫洛夫、有切连科夫和弗兰克等世界著名的物理学家等。苏联学界有许多学派，各学派各具其独立学术思想、成就、风格与团队。这次我们要去访问的道库恰耶夫土壤研究所就是享誉世界的苏联土壤发生学学派的发祥地。苏联国土东西跨欧亚两洲、南北自寒带到亚

热带的地域优势成就了土壤发生学学派，其有着深厚的哲学和方法论基础，特别是土壤地理学。

新中国成立后成长的我们这一代土壤科学工作者，无不深受苏联土壤发生学学派的影响。在我的半湿润季风气候水盐运动的理论研究、黄淮海平原旱涝盐碱综合治理区划、易溶盐地球化学过程研究等工作中，无不蕴含苏联土壤发生学在我身上的影响。这次能拜谒土壤发生学的圣地，苏联科学院道库恰耶夫土壤研究所的土壤博物馆，实乃三生有幸。馆长一行三人接待了我和中国科学院南京土壤研究所的刘文政研究员。当时在莫斯科大学学习的，我的老师华孟的女儿华乐做我们的译员。

土壤博物馆门外立有一尊高大的道库恰耶夫全身铜像，我主动要求，在铜像前留下了一帧极有纪念意义的照片（下文一组照片的左上幅）。随后进入的土壤博物馆，高大肃穆，令参观者敬而仰之（左下幅照片）。参观后在大厅一角的一张圆桌旁坐下休息与座谈（右上幅照片），我向馆长提出了道库恰耶夫土壤学在苏联发展的最新情况，是想与30年前我学习道库恰耶夫土壤学做些比较。当然，馆长只是一般性地和恰如其分地回答，不是很专业很深入。

1989年7月15日访问苏联科学院道库恰耶夫土壤研究所。
左上在道库恰耶夫铜像前合影；左下进入土壤标本馆；右上与馆长座谈。

这次访苏有个意外惊喜，终生难忘的惊喜。

1958年我参加中科院新疆综合考察时，有十多位苏联专家加盟。我们土壤

组有3位苏联专家，一位是土壤地理方面的诺辛教授，一位是盐碱土改良方面的30多岁的女苏联专家查哈琳娜，还有一位是年轻的水利工程师。这年我们土壤组分两个小组行动，一组由林培带领考察天山山地土壤，诺辛专家参加；一组由我负责塔里木河流域盐渍土考察，查哈琳娜专家参加，在南疆生产建设兵团塔里木一场做盐碱土冲洗试验。查哈琳娜热情开朗，风趣，爱开玩笑，由于年龄相差不大，相处融洽热络。可惜1958年在京一别，因中苏关系恶化，再也没有见过。

就是在我做科学讲演的这次，当我走进报告厅，一眼就见到在第一排就座的一位年龄在70岁上下的苏联女听众，庄重高雅。她见我进来后，立即起身迎了过来。

“你还认识我吗？”我毫无思想准备，一时没有反应过来。

“我是查哈琳娜！”她接着说。

此时似乎周围的一切都不复存在了，紧紧地握手与拥抱，释放着30年后老友重逢的那份惊喜，看出她两眼已饱含热泪。

“当我得知作报告的人是你，我高兴得晚上睡不着觉，今天我很早就带着我的孙子来到会场了。”说着就向我介绍了站在她身旁的一位帅气十足的苏联小伙子，腮下浓浓的须髯特别引人注目。由于报告会即将开始，他们回到了第一排座位，一直在聚精会神地听着我的讲演。

报告会结束后，我们在咖啡厅谈了许久。

她说，1959年回到苏联后就不能再来中国了。参加中国科学院新疆综合考察队的苏联专家都很喜欢和中国专家一起工作。她惋惜地说到我们土壤组的诺辛教授，他是联共党员，因为公开表示对当时苏共对中国政策的不满而在党内受到批判，提前退休，退休后不久就去世了。

她说，曾经在中国工作过的苏联专家都很喜欢中国，但当时谁也不敢说话。后来得知中国改革开放后进步得非常快，特别高兴。苏联人都认为中国是个伟大国家，中国人聪明勤劳，他们不会总是落后的。她得意地说到她身边的孙子，在他很小的时候，就给他讲奶奶在中国工作的故事，后来在她的影响和支持下，孙子到中国留学，已经在中国人民大学学习两三年了，对中国医学特别有兴趣。

最后说到她听我介绍黄淮海平原综合治理的报告时的那份激动。她说：“如果我还像30多年前那么年轻的话，我一定会申请和你们一起工作的。”

我回国后，在老照片中找到了一张1958年国庆节我们土壤组与苏联专家在新疆精河的一张合影，我正好与查哈琳娜站在一起。此处所附照片，是将30年前老照片的剪裁版居中，右侧是30年后我在莫斯科讲演照，左侧是查哈琳娜祖孙听讲演照，三张照片放在了一起，我觉得很有意义。

本书作者在莫斯科作学术讲演和他国遇故知地见到了查哈琳娜祖孙（1989 年）

事隔 30 年，这次访苏，他国遇故人，与查哈琳娜的不期相逢，真乃人生一大乐事，不禁使我想起“岁寒知松柏，患难见真情”的汪洙诗句。政治上可以翻云覆雨，而人间真情总如涓涓溪水，永恒地静静流淌着。

本回书写至此，可谓是：

国家队访问苏联，黄淮海再出国门。
求交流也曾蹉跎，不期遇他国故人。

42 迎挑战请缨攻坚，奔前沿国际领先

黄淮海科技战役主攻治理与开发，实用性强，但一刻不忘理论思维与技术先进。“区域水盐运动监测预报技术研究”是追求技术先进和国际一流的一例。

20 世纪 70 年代的曲周试验区全力投入旱涝碱咸综合治理实践和水盐运动调节研究。70 年代末，水盐运动研究向着两个方向深入：一是第 30 章所介绍的，偏理论性的地学研究；二是本章要讲的，偏技术性的监测预报技术研究。

头痛、眩晕、胸闷、气短、乏力等症状，病因常在于血压、血脂或血糖，病理是心脑血管上出了问题，故医学视控“三高”和保护心脑血管运行系统为一级预防。同于此理，黄淮海平原旱涝盐碱的病症，病因在于水和盐，病理是区域水盐运动出了问题，水盐运动调理顺了，旱涝盐碱也就逐渐消退了。

现代医学发达，诊断手段越来越多越先进。病人述说病情后，医生会开好多张单子，查血、查 CT、做核磁……然后才做诊断与开处方。水盐运动，一个何等复杂的系统，要作出科学诊断，也要有种种检查，水量与水位啊，盐量与组成啊，土壤容重之类的，然后才能作出判断和提出调节方案与措施，道理都是一样的。旱涝盐碱不仅要看病治病，更要注重预防，因为一旦发生，治理就很难和需时很长了，所以更需有系统“监测预报”，短期的和中期的。

在黄淮海项目被列入国家科技发展计划之初的 1979 年，我们就顺势提出了黄淮海平原水盐运动监测预报研究专题，而这在当时国际上也是一项难度很大的、探索性的前沿研究，提出此课题本身即是对自我的一种大胆挑战和自信的表现。

为此，“六五”期间，我们组织了一个由多学科构成的协同攻关团队。团队中有多年从事土壤物理和水分研究的，有我的研究生同窗李韵珠和陆锦文两位老师；有农业气象系的鹿洁忠、魏淑秋和林家栋老师；有生物物理系的鲁铁相、黄坚、白广存和潘大志老师；有研究生马步洲、谢经荣、耿雯、王少英、陶陶等 20 余人。团队以曲周试验区为基地，组织起对此世界科技难题的攻关。

这一阶段的研究重点是开始运用水动力学原理和溶质运移理论，以及物理模拟等方法，以探求水盐运动的物理和化学过程及机理。试验性测报在两个路径上探索：一个路径是进行土壤水盐运动各主要参数（水分特征曲线、非饱和导水

率、盐分扩散 – 弥散系数）的测定与检验，试以非稳态条件下一维非饱和土壤水流方程计算土壤水分运动和用水分平衡原理进行农田土壤水分状况测报。另一个路径是用黑箱理论和数理统计方法，对长系列气象与地下水位资料作相关性研究，以逐步回归方法提出常年型和旱年型的春、夏、秋季的预报模式，并在三个验证性观测孔取得了预报与实测十分相近的结果。

根据研究工作需要，这个团队还进行了如便携式压力传感张力计和 TY–1 型四电极土壤电导仪的试制与应用，以及航天航空遥感信息的应用等多种测报方法与设备的研制和试用等。

“六五”攻关，成果斐然。1986 年 2 月 26 日，农业部科技司组织了以贾大林为组长、王遵亲和黄荣翰为副组长的专家组对此成果进行了技术鉴定，以下是鉴定报告的摘录：

“本课题对区域水盐运动和旱涝盐碱监测预报技术进行了系统而综合的研究，运用了国际上先进的理论、方法和手段，在半湿润季风气候下水盐运动的特征、水盐运动类型的划分与制图、潜水位的监测预报、土壤水盐运动的监测预报等 5 部分取得了显著进展。”

“此项水盐运动测报技术有重要实际意义，为黄淮海平原旱涝盐碱的治理提供了重要科学依据，并将对该地区水盐管理的改善有促进作用”

通过技术鉴定以后，我们将“六五”研究成果整理汇编，于 1986 年出版了《盐渍土水盐运动》一书。此成果获国家教委 1988 年度科技进步一等奖。

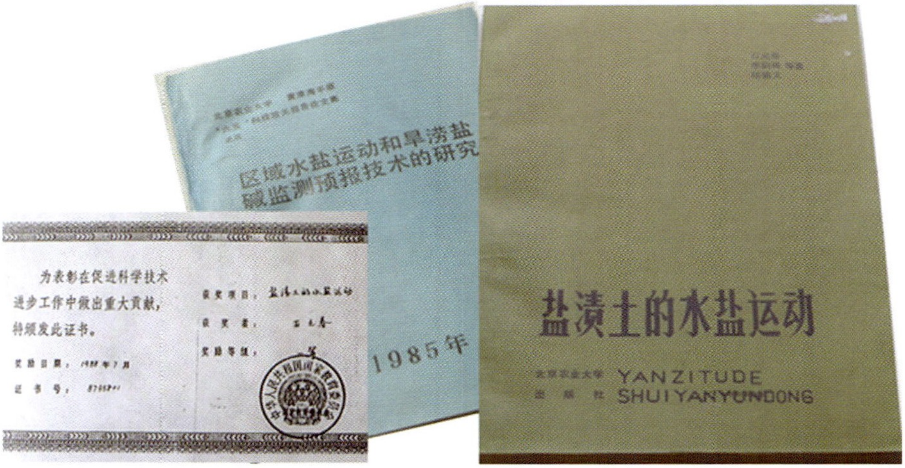

水盐运动和监测预报的“六五”成果及获奖证书

尽管水盐运动监测预报技术的“六五”攻关取得了丰硕成果，但是越深入研究越感不足，越感到要真正做到监测预报的系统化和实用化必须实现整个系统的数字化和计算机化处理与实施，这几乎成为我当时的一块心病。特别是1985年济南盐渍土改良国际会议上，美国D.R.Nielsen教授和J.W.Biggar教授关于地统计学和土壤空间变异研究的启示，使我更坚信黄淮海平原的水盐运动一定能够用数字化表示和计算机的处理与实施。

显然，这在当时只是一种科学预想与前瞻，而“觊觎”这个国际上才刚刚兴起的技术前沿确是一种不自量力和过于奢侈的狂想。摆在眼前的难题是，当时参战黄淮海战役的，我们这批50年代接受大学教育的农学、水利和地学领域科技人员几乎都是数字化盲和计算机盲，这个拦路虎就很难跨越。

但是，有想法就有目标，有目标就有方向，只要下功夫，不信过不去这座“火焰山”。当时我最想得到的是一位既懂土壤学，又懂数字化和计算机的人，实际上，当时不存在这样的人才。1984年春季开学以后，学校开始招收研究生，我想招一个土壤学和数学兼优的复合型研究生，如不可得兼，宁舍“土壤”而保“数学”。

据闻，当时本校土化系应届毕业大学生中有几位拟报考于我名下，后来有位叫李保国的也来报名，不想原先报考的那几位同学都改报考其他导师了。这是怎么回事？我问到班主任才知道，原来李保国在他们班年纪最小，学习成绩最好，他报了石老师的研究生，其他同学当然是知难而退了。

我查了他大学期间学习成绩，数理和其他课程都是高分。我想，一个家在农村和县级中学学习的16岁少年，能够考入北京农业大学，且四年学业成绩优秀不群，想必定有过人之处。于是请班主任带他来见我，他中等个子，山西襄汾县人，说话声音低而快，脸上还留着腼腆的稚气。

“你为什么要报考我的研究生？”我开门见山地问。

“我对您在曲周和黄淮海的研究工作感兴趣。”

“参加这个课题的研究是很辛苦的，你有思想准备吗？”在回答我他对我的研究工作的了解后，我问道。

“我是农村来的，不怕吃苦。”

“你愿意到山东莱州湾参加盐渍土调查实习吗？”这时系里正安排毕业班学生生产实习，我顺便问了他。

“我愿意。”他连头也没抬。

于是我安排谢经荣老师带他去莱州湾完成了这次土壤调查实习，让他熟悉一下盐渍土改良的实地情况，也可了解他的实际工作能力。

李保国是硕博连读，在他由硕转博做选题前，我先给他出了一道试题，题目是“区域水盐运动数学模型初拟”，限半个月交卷，才10天他就将卷子交上来了。

没想到的是，过去一二十年里，我用传统方法和文字在课堂和文章中描述的土壤盐渍化和水盐运动，他用一个简单明晰的概念模型和数学表达式就表达得清清楚楚。我高兴极了，我要的不就是这个吗？老师做不到，只有靠学生了，他定能堪当水盐运动测报系统数字化的重任。

1987 年是“七五”攻关，也是李保国攻博的第一年。在和他讨论博士论文选题的一次谈话中，我用了一张概念和工作流程图系统讲述了我对整个水盐测报技术系统的构思。讲完后，用笔在工作流程图的一角画了个圈，对他说：

“这一部分内容交给你做，能行吗？”

“没问题！”没问题成了他的口头语，总是“初生牛犊不怕虎”的那股子劲，我喜欢。

“如果你能在这次黄淮海攻关中拿下这块高地，绝对是一篇高水平博士论文”我鼓励他说。

为了加强数字化的技术力量，请来了数学教研室教计算数学的陈研老师；为了加强计算机的数据处理和数据库建设，请来了学校计算机中心的汪强老师，与李保国组成一个战斗小组，协同攻关。正是因为有了“六五”攻关的深厚基础，和后来这支年轻的现代化兵种的出现，改变了整个测报专题的战场局势，将研究层次上升到一个新的高度，实现了专题的先进性、实用性和走向国际前沿的目标。此处附图为一支年轻的计算机数据处理团队，左后二为陈研（女），右后二为汪强。

参加水盐运动监测预报专题攻关的年轻计算机团队

李保国提前半年于 1990 年 1 月完成了他的博士论文，由清华大学惠士博等 5 位教授担任论文评阅人。评阅通过后，于 3 月组织由 7 人组成的答辩委员会，

主任是北京师范大学李天杰教授。答辩以全票通过，建议授予李保国理学博士学位并推荐为优秀博士论文。评语中写道：

“该论文涉及系统学、信息学、地学、土壤学、水文、气候、作物、计算机技术、预测及控制理论与技术。作者阅读了国内外大量文献资料，说明作者的知识宽度、广度和深度都达到一定水平，反映了作者有扎实的理论基础和实验、设计与计算等技能，学风严谨，科学态度严肃。

论文撰写逻辑性较强，层次清晰，文字简明流畅。答辩中回答问题准确流利。”

李保国博士论文、答辩委员会组成、答辩现场、评语及决议（1990 年 3 月 19 日）

言归正传，还是回过头来说水盐运动监测预报技术的“七五”攻关。

数字化和计算机管理攻关的队伍组织起来了，而面上的组织工作还是十分繁重。

“六五”的水盐运动监测预报技术研究只是在北京农大曲周试验区进行，“七五”攻关专题则扩增为曲周、商丘、马颊河流域、人民胜利渠、梁济运河和封丘等 6 个测报区，分别由北京农大、农科院灌溉所、农科院土肥所、水科院、山东农大和中科院南京土壤研究所 6 家承担，专题主持单位是北京农大，我是主持人。

各科技队伍和各测报区工作背景与基础很不相同，测报方法和工作习惯各

异，而测报技术体系又必须要求有严格和统一的工作规范和进度，其组织工作难度可想而知。

1986 年的 11 月，专题组为统一思想召开了 6 个子专题负责人的专门会议，会上将专题目标确定在：为“南水北调”和其他大中型农田水利工程的设计和实施服务，为地县级或小流域抗旱、防涝、改土和防治次生盐渍化的水盐管理服务，以及为综合治理旱涝盐碱服务。各子专题提交的具体成果是各测报区作出的季节性旱情、涝情和盐情预报图幅及相应的对策建议，为领导部门提供决策依据。

两个月后，1987 年 1 月召开了统一技术规范的专门会议，由具体操作人员参加，对测报区范围、基本资料和图幅、监测网点布置、参数确定、预报模型、数据库和信息系统等制定了工作规范，以便各测报区按规范要求统一实施。

以后的每年年初都要召开有 6 个子专题负责人的专题工作会议，年中各子专题要上报半年工作小结和汇报，1988 年夏天还专门组织过一次联组现场检查与交流。“七五”期间的攻关工作抓得非常紧，因为任务太繁重了。

下面摘引一段“七五”攻关后期的“1989 年上半年工作报告”（1989 年 7 月 28 日）的部分内容，可从中感受到当时攻关推进的大体情况：

“各测报区的水盐运动模型有的已经完成，有的正在进行试报和检验。已建地下水位预报模型中应用的方法有有限元法、RC 网络法、多元回归法和趋势法；地下水质预报模型主要应用的是有限元法和 RC 网络法；土壤水盐预报模型应用的是平衡法和统计法，已经完成的有曲周、商丘和人民胜利渠；灌溉所已完成地下水位 – 地下水质 – 土壤水分 – 土壤盐分的耦合模型，对土层盐分储量预报的相对误差小于 5%。年型预报、蒸散预报和后来指标等工作正在进行中。”

“北京农大已初步完成区域水盐预报系统的 PWS 系统模型的组装与信息库的建立，包括建立了 PWS 预报系统的人机对话系统、数字化图形的计算机输入和输出，以及曲周测报区 1988 年和其他测报区 1987 年的水盐观测数据的入库。”

“下半年在继续完成计划和正在进行的各项工作的同时，工作重点将逐渐进入全面总结阶段，请各子专题拟订好成果编写提纲、撰写计划、着手准备幻灯片和录像等。年底举行 6 个子专题的汇报交流会，全面检阅专题成果，并制订 1990 年的最后冲刺与扫尾计划，迎接专题的“七五”验收与鉴定。”

农业部科技司于 1990 年 6 月 28 日，在北京农大“中德中心”会议室召开了“七五”区域水盐运动监测预报技术专题鉴定会。根据鉴定组织单位安排，先对北京农业大学的“PWS 区域水盐运动监测预报体系”子专题成果鉴定，随之对整个专题成果进行鉴定。参加此专题研究的科技攻关人员有北京农大石元春、李

保国等20人；中国农科院贾大林、王应求等20人；中国水电科学院和武汉水电学院黄荣翰、张蔚臻等8人；中科院南京土壤研究所尤文瑞、俞仁培等9人；山东农大3人等共约60人。

鉴定委员会主任薛松，副主任惠士博、贾如江，秘书长李天杰、费瑾，委员杨国荣、杨宝臻、方生和赵守仁。

“七五”黄淮海平原区域水盐运动规律与监测预报技术鉴定验收会（1990年）

我代表专题组作了汇报。鉴定专家组对此成果给予了很高评价，鉴定意见书上是这样写的：

“对区域水盐运动进行监测和预报是一项难度很大，至今仍是国内外科学家十分关注和正在探索中的课题。此研究在以下四个方面取得了重要进展或突破。

一是运用系统分析、数学式表达和建立概念模型，使对区域水盐运动这个复杂系统的认识由传统的阐述发展为概念清晰、科学和规范的表达，并为系统预报打下了基础。

二是在不同类型与条件的测报区内，应用水盐均衡、数理统计、水动力学、专家识别等多种方法，针对不同目的建立了四个子系统预报模型。各子模型应用灵活，可根据预报要求选用子模型，作出一定时段内的趋势性或定量化的预报。

三是按四个子系统的自然关系，以其物质流和能量流的流向与流量构成系统预报模型，从实验室模拟到田间预报模型，从一点到多点，和通过分布式动态模型和栅格化数字图幅叠加等方法拓展为面的预报。整个预报具有明显的实用性。

四是比较充分地应用了地理信息系统和计算机技术，初步实现了从信息（数据）输入、计算、管理到图幅和数据文件输出的计算机自动化运行系统。整个系统的技术和方法先进，操作性强。

通过对国内外文献检索未见同类报道。

鉴定委员会认为此项研究成果在研究思想和设计、多项内容的水平以及系统性、完整性、先进性上达到了国际领先水平。”

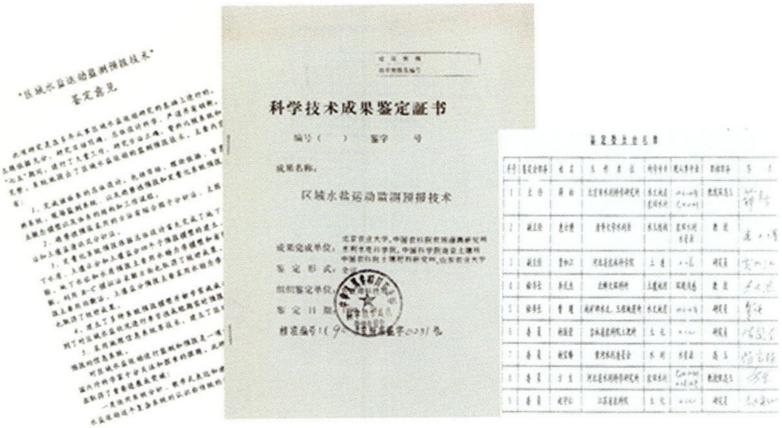

区域水盐运动监测预报专题的鉴定意见书（1990 年）

鉴定会结束后，我临时召集参会的 6 个子专题负责人，布置参加黄淮海攻关课题验收的准备工作，同时提出今后由李保国代表我主持北京农大子专题和参加整个专题工作。散会后走出“中德中心”，中科院南京土壤研究所俞仁培研究员对我说：“石校长，让李保国代表你主持这么大的专题，他是不是嫩了点？”我一边笑着一边说：“嫩点好啊，你也是李保国的老师，带带他，帮帮他，我可拜托你了。”的确，李保国博士论文刚通过答辩，学位证书还没拿到手，6 个子专题负责人都是他的师辈，的确是嫩了点。

李保国留校后进步很快，获得博士学位后四年多，1995 年 1 月晋升为资源与环境学院教授、博士生导师，任土壤和水科学系系主任；2000 年 9 月被聘为中国农业大学首批“长江学者奖励计划”的特聘教授；2001 年任资源与环境学院副院长，兼任中国土壤学会常务理事，是我国土壤过程数字化新学科的开拓者。

此间有件趣事。李保国念硕士研究生时，陈研老师是给他讲授“计算数学”的授课老师，后成为李保国科技攻关组成员，再后报考了李保国教授的土壤学博士研究生，当同事们开玩笑问他们二人谁是老师，谁是学生时，他们的回答是“说不清”。

专题鉴定后，北京农大团队总结了十多年的工作，出版了《黄淮海平原水盐

运动监测预报》一书，学界反响很好。下面是几位同行专家的书评。

地质矿产部水文地质工程地质研究所所长费瑾研究员的书评是：

“长期以来，国内外各有关科学家们都在更多地致力于对这一系统的各个具体问题作深入的研究，而恰好对整个系统的研究，却停留在定性分析、经验判断等初级阶段。本书的最大成就，就在于在尽量吸取这些具体个别问题研究的基础上，着力于系统分析，吸收了 GIS 技术，尽可能定量描述，建立了一个完整的 PWS 系统方法，并初步在曲周等地通过实践加以验证。因而应该认为是一个重大突破，是在该问题研究过程中具有里程碑性质的一个重大进展。”

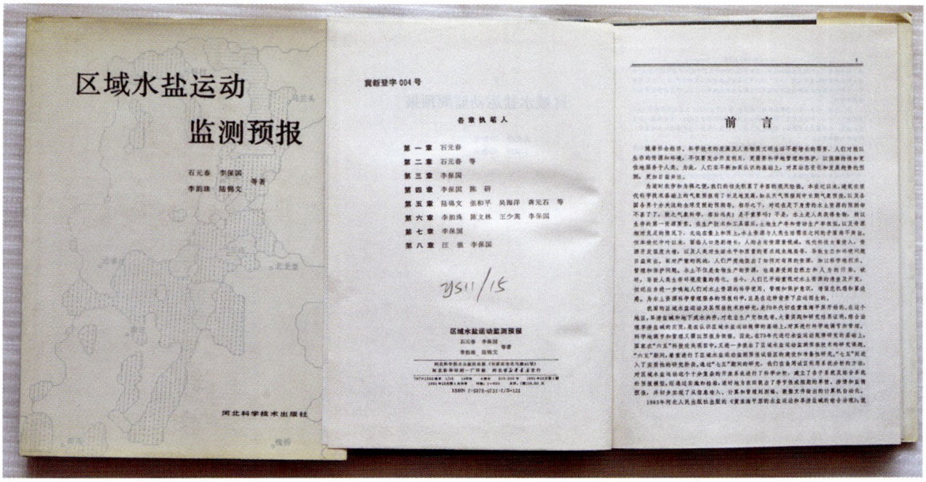

十年一剑，1991 年正式出版了水盐运动监测预报的学术专著

水利水电科学研究院高级工程师黄荣翰的书评是：

“本书为国内第一本有关区域水盐运动（或动态）监测与预报的专著，内容新颖，资料丰富，在同类出版物中居领先地位，写作方面层次分明，图文并茂，逻辑性较强，编辑方面，印刷、装订均属上乘，为目前国内所少见。全书概念明确，理论分析与实际应用并重，对黄淮海平原北部水土资源合理利用及盐碱化防治有重要的参考应用价值。”

北京师范大学环境科学研究所教授李天杰的书评是：

“石元春等同志著作的《区域水盐运动监测预报》一书（由河北科学技术出版社出版，1991 年 1 月），是部值得推荐的专著，它具有如下特色（略）。我认为该书是现代区域水盐运动研究专著中的一部代表作。”

黄淮海平原水盐运动及其监测预报技术是北京农大一大批老师在曲周试验区十多年的研究成果，还有其他 5 个测报点的大量研究工作的积累，这是监测预报技术研究专题的主体和基础，而李保国、汪强、陈研等这支数字化和信息化研究奇兵的出现，搞活了整个专题研究的全局，将成果上升到一个全新水平。这是“以奇胜”战法在科技战役中的又一个成功战例。

再说，一个学术思想的发展不只是某几个人或某一代人的事，而要靠一代一代人的薪火相传。

本回书写至此，可谓是：

为国家请缨出征挑战自我，
选人才不拘一格终成正果。
紧部署调兵遣将攻关掠寨，
奔前沿敢作敢为国际领先。

43 十二葩各献一方，六利剑游走三河

1990年，一个金色的年度，是“七五攻关”硕果丰收的一年，黄淮海战役战绩彰显的一年。

收获季节也是最忙碌的季节，上面的作战指挥部和下面的18支作战部队都在忙着“验收”与“鉴定”。

所谓验收，是指上级主管部门组织由有关科技管理人员和技术专家组成的验收组，按合同任务书上的任务和指标检查执行情况；所谓技术鉴定，是指上级主管部门组织由技术专家组成的专家组，对技术资料的完整性、技术路线和研究成果进行检查并做出技术水平的评价。验收与技术鉴定都是按照严格规定和程序进行的。

12个试验区的验收是分两批到各个试验区现场进行的，一批是在1990年5月后半个月进行，另一批是在9月后半个月；6个重大与超前技术专题以现场与会议相结合的形式分别于9月进行。18个专题组分别准备着技术资料、研究成果、技术总结、工作总结、成果展览、现场录像，以及验收和技术鉴定会议上的口头汇报。

这时的12个试验区，如同黄淮海大花园中盛开的12朵奇葩，披上了节日盛装，各领风采于一方。

你看那里，河北曲周试验区通过水盐运动的科学调节与管理，旱涝盐碱已悄然遁去，粮食亩产早已过千斤，棉、油、牧和农民收入大幅增长，还总结提出了半湿润季风气候水盐运动理论与农业生态经济统一发展理论与配套技术。

你看那里，山东陵县试验区提出了适用于背河洼地等涝洼盐渍地区综合治理与开发的“提灌提排水利工程和培肥改土、农牧结合”的配套技术系统。

你看那里，山东禹城试验区提出了适用于河间浅平洼地盐渍类型地区的以生态学原理和系统工程方法，针对风沙危害严重的沙河洼、封闭型季节性积水的辛店洼、盐沙薄的北丘洼“三大片”提出的不同综合治理与发展模式。

你看那里，河南商丘试验区提出了适合于古黄河背河盐渍洼地类型综合治理与开发的“灌排工程模式”与“农水结合的节水农业”技术体系，取得了出色的

生态、经济和社会三效益。

你看那里，河北南皮试验区提出了适用于浅层地下咸水和重盐渍化地区综合治理与开发的“抽咸换淡，走发展人工牧草，开发新型非蛋白氮饲料的农牧结合道路”及其技术体系。

你看那里，河北龙王河试验区提出了适用于缺乏地上水、浅层地下咸水和重盐渍化地区综合治理与开发的“四水转化（大气降水、地表水、地下水、土壤水）与低产田高产”的配套技术体系，绽放了“吨粮田”高产技术的绚丽花朵。

你看那里，山东寿光试验区提出了适用于约 4 000 万亩高矿化地下水型滨海盐土的生态系统分层次综合开发利用的“农盐牧结合模式”，获得了国家发明二等奖（1992）。

你看那里，封丘试验区提出了适用于黄河泛滥改道堆积平原综合治理与开发的“盐碱沙薄治理”和“二高一优（高产高效和优质）农业”技术体系，在 32 万亩的五个不同类型的综合治理示范区搞得有声有色。

你看那里，江苏睢宁试验区提出了适用于苏北平原花碱土地区综合治理与开发的“调整农业结构和经济施肥与培肥”的技术体系，形成万亩试验区—26 万亩示范区—睢宁宿迁两县的扩散机制与模式。

你看那里，安徽蒙城试验区针对黄河古扇缘沼泽洼地在淮北平原遗留下约 4 000 万亩的土质黏重、易旱易涝的砂姜黑土，提出了“排涝防渍，改土高产”的综合治理与开发技术体系。

你看那里，河南开封试验区针对黄河决口遗留下的大面积黄泛沙地，提出了“经济先导，培肥改土”的技术体系，粮食和农业总产值分别增长了 1.2 倍和 2.9 倍，正在带动着整个黄泛沙区的治理与开发。

你看那里，河南人民胜利渠试验区，针对黄淮海平原灌区普遍存在的工程不配套、疏于管理、效率不高的问题，中国水科院在那里树立了一个灌区科学管理的示范样板。

以上 12 个试验区累计面积 21.7 万亩，区内盐碱地面积下降了 70%，林木覆盖率提高到 14% ～ 20%，1989 年试区粮食平均亩产 527.7 千克和人均收入 734.8 元，分别比 1985 年增加 93% 和 56%。

在 369 万亩示范区，粮食平均亩产 411.6 千克和人均收入 596 元，分别比 1985 年增加了 62% 和 107%。在 724 万亩的扩散区，粮食亩产由 250.5 千克提高到 310 千克，5 年累积平整土地 471 万亩，改良盐碱荒地 190.3 万亩，盐碱地面积由 368.37 万亩下降到 148 万亩。

由于科技攻关成果的及时推广，节约耕地 14.2 万亩、化肥 3.7 万吨、农业用电 7.1 亿度、农业用水 63.1 亿方。

此处所附照片是曲周试验区的“七五”攻关现场验收会情况。

黄淮海“七五”科技攻关曲周试验区现场验收（1990 年 5 月）

第二战线是 5 项重大和超前技术及 1 项软科学攻关，是分别进行验收的。

第 1 项是区域水盐运动监测预报技术。

黄淮海平原旱涝盐碱的综合防治和水资源合理利用的关键是对水盐运动的正确认识与科学管理，而科学管理的重要依据是对区域水盐运动的监测与预报。面对此世界科技前沿与难题，以及黄淮海平原十分复杂的水盐运动，专题组进行了长达十年的攻关。在区域水盐运动基础性研究基础上，建立了土壤水分与盐分、地下水位与水质四个子系统模型，依其物质流和能量流的流向与流量构成了系统预报模型。监测预报是从实验室模拟到实地，从单点和多点的预报，并攻克了向面上扩展的技术难关，实现了全程计算机自动化操作的短期实时预报。

此项研究是在总面积为 2 821 平方千米的 6 个水盐运动测报试区进行的，技术鉴定达到了国际领先水平。此项技术对将对区域水盐平衡产生较大影响的所有水利工程的设计及科学管理都具有重要意义，特别是以后的“南水北调”。

第 2 项是低压管道输水灌溉技术。

水源缺乏严重制约着农业发展，节约用水和提高灌水效率始终是黄淮海平原的一个重大命题，当时最迫切的是寻求一种高效实用的输水系统。为此，针对黄淮海平原特点，进行了低压管道输水系统的管材、管件和灌溉工程设计的研究。研制成系列的薄壁 PVC 塑料管和内光外波纹 PVC 双壁管，原材料消耗较轻工部

部颁标准降低 40% ～ 50%。研究中提出了管网优化设计和微机监控系统，使渠系水利用效率由 40% 提高到 90% 以上，节约土地 2%，节电 23 度 /（年 · 亩）。

此项研究是在总面积为 4.8 万亩的 5 个试验示范区中进行的，至 1990 年，PVC 管推广 30 万亩，现浇管 20 万亩，预制管 10 万亩，年净增效益 2 192 万元。此项成果获国家科技进步二等奖（1991 年），在黄淮海平原和我国北方地区具有广泛推广价值，水利部和轻工部组织了此成果的推广工作。

第 3 项是优化施肥技术。

黄淮海平原普遍存在土壤瘠薄，且施肥效益不高的现象。此项研究在高、中、低三种肥力水平土壤和麦、棉、玉米和水稻四种作物上进行的 885 个田间试验以及大量盆栽试验的基础上，建立了 41 个施肥模型和提出了最佳施肥方案。此项研究的最后成果是“计算机优化施肥推荐系统（CCFs-90）”，已在 5 个县的 216 万亩土地上推广应用。与传统方法的同等施肥量相比，小麦和玉米产量增幅分别为 8% ～ 22% 和 14% ～ 17%，1986—1990 年累计经济效益 6 900 万元。CCFs-90 系统可在黄淮海平原及我国北方地区广泛推广应用。

第 4 项是种植制度改革与优质高产抗逆栽培技术。

作物产量形成的诸要素中，科学的种植制度和栽培技术占有重要位置。黄淮海平原光、温、水资源丰富且水热同季，而现种植制度则未能充分利用。研究中提出了两项重大改制和相应技术：一是发展小麦 - 夏玉米两茬平播，并配以中低等肥力水平土壤上的双高产“吨粮田”技术，可大幅提高复种指数和粮食产量。此成果在河北沧州已推广 20 多万亩，较传统种植制度和方法增产粮食 20% 以上，亩净收入提高 5 倍以上；二是在盐碱土中低产区发展小麦 - 夏播棉两熟制，可以大幅提高复种指数和农民收入，其技术关键是选用适应盐碱地种植的夏播早熟的棉花品种，以及抗逆高产、早熟优质的栽培技术。全生育过程的化学控制技术也取得了良好效果。

此外，建立了粮、棉、油等七种主要农作物的 17 种规范化配套栽培模式。

第 5 项是农田综合防护林体系建设的配套技术。

当时黄淮海平原林木覆盖率仅 7%，盐碱土和皖北砂姜黑土等中低产地区几乎无林，有林地区也是树种单一、结构不合理、生长缓慢或效益很差。因此，研究和提出一个不同条件下建设农田综合防护林体系的配套技术是当务之急。

此项研究是采用 60 多个试验树种在 13 种立地类型、4 个万亩试验区、166 块固定标地上进行的。针对黄淮海平原不同条件的中低产地区，筛选出适生用材树种 20 种、经济树种 9 种、灌木 3 种；研究提出了不同立地类型农田综合防护林的优化配置比例、林种结构、树种搭配以及相应的栽培抚育更新技术。此成果已推广 1 100 万亩，林木覆盖率由 10% 左右提高到 20.4%，投产比为 1 : 10.8。此项研究首次在我国提出了“空间上有层次，时间上有序列”的多树种、多林种和

多层次的生态经济型综合防护林体系的试验示范优化模式。

第 6 项是关于农业发展战略的软科学研究。

这是涉及黄淮海平原农业发展前景及战略的综合性软科学研究。包括对麦、豆、棉和玉米四大作物潜在生产力的系统分析、建设四个全国性成片商品基地的方案及论证、建设多蛋白源农牧结合种植制度和集约持久型种植制度，以及以黑龙港区域、天然文岩渠流域和涡河流域三地为样板，进行资源分析和农村经济发展战略研究四项成果。这些成果对国家和地方考虑和制订黄淮海平原综合治理和农业开发方略有重要参考价值。

在完成 18 项专题验收后，农业部科技司下发了“关于‘七五’国家科技攻关课题‘黄淮海平原中低产地区综合治理’验收会的通知”，主文是：

“根据国家计委科技司、国家科委综合计划司、财政部工交司计科函（1990）026 号文《关于印发‘七五’国家重点科技攻关验收办法》和计科函（90）034 号文《关于‘七五’国家攻关计划验收委员会名单审批函》的精神要求，（75—04—01）“黄淮海平原中低产地区综合治理”课题所属 18 个专题，经过五年努力已全部完成攻关任务，并验收完毕。现决定对该课题完成情况进行验收。”

验收会时间是 1991 年 2 月 25—26 日，地点是北京农业大学。由我代表课题组作了“七五”科技攻关工作及成果汇报。

黄淮海课题“七五”科技攻关鉴定验收会，1991 年 2 月

下面是验收组在验收报告中对试验区验收情况的表述：

“试验区总面积21.7万亩（原计划12万亩），粮食亩产达到441～741千克；皮棉亩产达到64.9～77.2千克；人均收入600～1 447元，畜牧业产值在原基础上增加了4～7个百分点，全面完成或超额完成合同书中的指标（合同任务书上的上述四项指标分别是400～700千克；60～75千克；700～1 500元和3～4个百分点）。通过试验、示范和扩散，带动了1 093万亩中低产田的改造。试验区5年累计增产粮食205.6万吨，皮棉78.5万吨，油料19.8万吨，肉类3.1万吨，获得了明显的经济效益。”

“通过对黄淮海中低产区的盐碱土区、沙区、砂姜黑土区三个主要类型的治理开发研究，提出了相应的综合治理配套技术，并建成了12个综合治理样板。试验区的生态环境、生产条件和社会经济状况均发生了巨大变化；灌溉除涝面积扩大，盐碱地面积减少70%，农田抗旱抗涝功能增强，土地肥力增加，土地生产率提高。从而发挥了应有的示范作用，对国家农业综合开发工作产生了有力的推动作用。”

验收组在验收报告中写道：

“完成了课题各专题合同书的主要技术经济指标，12个试验区的面貌发生了重大变化。”

“完成了课题可行性论证报告中规定的各项专题的研究任务。”

“取得了116项研究成果。其中有两项达到国际领先水平，19项达到国际先进水平，45项居国内领先。五年来在国内外学报和期刊发表论文448篇；向国家和地方政府提交或发表建设性咨询论证报告或建议76篇，在国际和国内都产生了较重大的影响。据不完全统计，5年来仅推广技术成果即达81项，累计推广面积1.08亿亩，获经济效益34亿元。”

“本课题攻关目标明确，研究内容总体设计体现了远近结合，宏观微观结合，治理与开发结合，研究与示范推广结合。专题分解和设置合理，技术路线可行。”

“在加强课题的组织管理方面，采取了建立专职办公室与各系统各单位科管部门结合，认真执行了各项管理办法，搞好对各专题的服务，以及定期召集各类会议和编好攻关信息刊物等，保证了黄淮海农业综合治理攻关这项庞大而复杂的农业系统工程得以顺利实施和完成。”

“本课题各项专题均完成或超额完成了任务，技术资料齐全，数据可靠，验收鉴定工作抓得及时，课题总体研究水平达到国际先进。验收组一致同意通过验收。”

1991年2月26日《科技日报》头版头条以醒目的标题报道了黄淮海课题通过验收的消息。

科技日報

SCIENCE AND TECHNOLOGY DAILY

1991年2月26日 星期二 辛未年正月十二 国内统一刊号 CN11－0078 代号1－97

世界空前的科技攻关大协作——

黄淮海中低产地区综合治理研究通过验收

共取得科技成果116项，2项居世界领先地位，19项达国际先进水平；创经济效益34.02亿元，节约耕地14.2万亩，增产粮食205.6万吨

《科技日报》头版头条报道了黄淮海课题通过验收的消息

课题验收完成后，农业部组织专家组进行了技术成果鉴定。专家组主任委员是教授级高工薛松，委员有农业部农业司教授级高工张世贤、北京林大教授闫树文、中科院研究员左大康、中国农科院研究员林葆、北京师大教授李天杰、北京农大副教授程序、北京市农科院研究员陈国平、清华大学教授惠士博。

鉴定专家组对课题成果做了全面的技术审议，给予了很高的评价，在《科学技术成果鉴定证书》的最后写道：

“该项综合治理和开发研究总体设计合理，技术路线正确，方法先进，资料翔实，规模宏大。研究成果丰硕，综合性、针对性、实用性强。为黄淮海平原普遍开展综合治理和开发提供了先进实用配套技术、可行的治理模式和关键性的重大超前成果。建立了具有巨大示范意义的12个综合治理开发样板，也为国家进一步开展其他类型地区的综合治理在组织管理方面提供了宝贵经验。经济、社会、生态效益显著。在理论上和关键技术上均有许多重大突破性进展，在国内外已产生重大影响，是农业科研领域中一项少有的大规模的综合性多学科重大成果，在同类研究中居国际领先水平。”

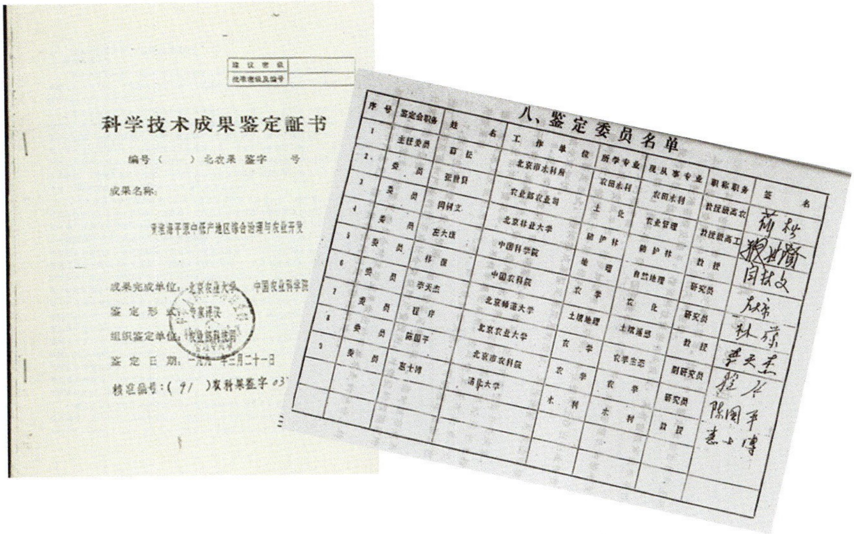

黄淮海“七五”科技攻关课题的科技成果鉴定证书

本回书写至此，可谓是：

奋攻关六五七五，历十年春华秋实。
六利剑游走三河，十二葩各献一方。

44 获特奖项目荣光，画句号急流勇退

“七五”总结验收之始，我就考虑到自己的年龄与校长岗位，已不适合继续主持黄淮海“八五”攻关课题，老兵该退役了。我向洪绂增副部长提出了这个想法，得到了他的同意。

摆在即将退役面前的第一个问题是，谁来接替我作为课题主持人？

当时我对接替人设想的条件是：年龄在40～50岁之间，为人正派、身体好，知识面宽，有实践经验，有领导能力，还有重要的一条是相容性强，因为要与校内外的许多单位和个人打交道。当时黄淮海课题的主要科技骨干年龄多在60岁上下，从中很难找到合适人选。学校虽人才济济，但要找到合适人选也不容易。

1989年秋天，刘巽浩教授在学校主楼门前对我说，想从北京市农科院调一位科技骨干，是搞农业生态和耕作学的，叫程序。看材料后，感觉不错，于是请人事处办理调动手续。次年春季，我要与几位教师到东北农垦农场考察，这可是了解程序同志业务能力的一次最好机会，于是邀请他参加。从北京到哈尔滨的火车上，与他一路交谈不断，天南海北，无所不谈。

在东北农垦农场的近一周考察期间，走过许多地方，每到一处，离开前都会安排一次与当地干部和技术人员的座谈。座谈会最后，一般是由我发表意见，提出建议，这次是每到一地的座谈，我都让程序讲了我再讲，这是最好的现场考察。整个考察结果都很满意。以我所设8项接替人条件衡量，多项都能得高分，特别是他在北京郊区农村蹲点8年的可贵经历。一个黄淮海课题“八五”科技攻关主持人在我心目中产生了。

作为这样一个国家重大科技攻关课题主持人，要与中科院、农科院、水科院以及地方打交道，最好有一个适当的行政职务。此时正值我的校长一届任期结束，进入二届任期，主管科研副校长位置虚悬，程序也就顺理成章地进了校领导班子。此处所附照片是1991年我与程序的一次谈话。

退役前要处理好的第二件大事是协助制订好“八五”科技攻关计划，这件事进展顺利。1991年冬天，在北京西苑的一个饭店里，我以专家组名义主持论证了黄淮海“八五”科技攻关计划，如此也就有了交代。

1991 年国庆节期间与程序同志谈话

退役前要处理好的第三件大事就是请奖。

我参加国家科技奖和农业部科技奖的评奖工作多年，像黄淮海项目这样一个由国家四部委主持，204 个中央和地方科技单位的 1 141 名科技人员参加，持续近 20 年之久的一个大型、综合和多学科的国家科技攻关项目，在改变我国第一大平原和重要农区面貌上作出的如此显著成绩，以及“黄淮海效应”对全国中低产地区治理开发产生如此重大影响，是极少能出其右的。紧张的验收和专家组的技术鉴定与评价更增加了我对黄淮海战役辉煌战绩的自信。

再则，我在高校校长岗位工作多年，深知获奖对一个科技人员何等重要，这与职称、晋级、工资、住房的关系太密切了。黄淮海如能得一奖项，是对千余名参战将士的一种国家层面的承认与鼓励。

于是我坚定了请奖的念头。

1991 年初的一天，农业部主管科技和教育的副部长洪绂曾在北京农大继续教育学院召开全国部属农业高校校长会议期间，在会外我与他有过下面一段对话。

“洪部长，我们打算给黄淮海项目请奖。”

“好啊！应该报奖。”

“我们想报国家科学技术进步特等奖。”

“特等奖！对，可以试试。”

“那得先报农业部的特等奖，否则国家奖评委会说，农业部都没给特等奖，国家怎么给特等奖。”

“那倒也是！可是农业部的最高奖项是一等奖，没有特等奖。”

“没有可以设嘛！只要部党组和奖励委员会同意，修改奖励条例就行。”

当时我就想过，部党组书记是何康部长，他是黄淮海项目的最初的倡导者和最热心的支持者，肯定会支持。果然，黄淮海项目获农业部 1992 年度科技进步特等奖，随即准备报国家科技进步特等奖。当时没有把握，弄不好可能评个一等奖什么的。那段时间，我尽全力做好申请和答辩准备工作。

1993 年 9 月 27 日，通知我去答辩。

当时什么消息也没有，突然，也就是前一天通知我答辩时间和地点，只允许单人前往，地点在偏僻的北京市昌平镇的一处招待所。评委有科学院副院长李振声、农科院院长卢良恕等十多人。给我的汇报时间是 40 分钟，那时的讲演或汇报工具已经由幻灯片进步到透明胶片，我准备了 60 多张胶片，边放边讲。这些透明胶片至今仍全部保存着。此处所附照片是当时汇报用的透明胶片和文字说明。

汇报的第一部分内容是项目背景。

重点介绍了黄淮海平原的重要地位和旱涝盐碱的严重危害，其间演示了黄淮海平原的盐碱土图和地下咸水图，以及冀、鲁、豫、苏、皖五省 500 年间的旱涝灾害的频率，即平均每三到四年一次大旱，一年半到三年一次大涝。也汇报了新中国成立后的治理情况和因方针失误造成的严重后果。

黄淮海项目申报国家科技进步特等奖答辩中用的透明胶片及文字汇报材料

汇报的第二部分内容是项目的研究设计、内容和主要成果。

“理论性研究”是在黄淮海平原易溶盐的古代和近代地球化学过程，以及水盐的时空变化规律研究基础上，应用系统分析方法揭示了旱涝盐碱和地下咸水之间复杂的内在关系，建立了概念模型和数学模型，提出了“半湿润季风气候区水盐运动理论”。

然后汇报了黄淮海平原的旱涝盐碱综合治理区划成果，在区划的不同类型地区部署的 12 个综合治理试验区，以及 12 个试验区分别研究提出的综合治理模式及经济效益；汇报了 5 个重大和超前技术和 1 个软课题的设置依据和研究成果。

汇报的第三部分内容是黄淮海项目攻关的“效益、鉴定和获奖情况”。

有比较才有鉴别。为了突出黄淮海平原治理开发的成就，特别制作了两张透明胶片，一张是黄淮海平原课题与国内的三江平原、黄土高原、旱地农业三个课题的比较；另一张是黄淮海项目与国外的巴基斯坦 SCAP 管井计划、埃及尼罗河三角洲暗管排水工程、美国 CV 计划、欧洲蒂萨计划的比较。也就是将视野由黄淮海平原扩大到全国和全球的同类治理工程作类比，黄淮海项目确是最优秀的，这两张透明胶片很重要。

提问和回答大约用了半个多小时。

事后得到了一份由国家科技进步奖考察小组起草的报告，以下是部分摘引：

“该项目总体达到国际领先水平。就应用基础理论、综合配套治理和重大关键技术三个方面取得了 143 项科技成果，其中 80% 以上达到国内或国际先进或领先水平。（随后归纳提出了 12 项主要成果。此处略，作者注）

“该项目在推动科技进步上的作用是十分明显的。MM 理论（指“半湿润季风气候水盐运动理论”。作者注）、12 项综合治理和开发配套技术、重大和超前技术均处国内国际先进或领先地位，获国家和部委级奖励 34 项。这些技术在各自专业领域已经起了明显的推动作用，覆盖面和效益相当可观。80 年代初吸引和建立了世界银行和联合国农业发展基金会贷款近 1 亿美元，已完成 360 万亩土地的综合治理。1988 年，党中央和国务院提出和实施的‘区域治理和农业开发’重要战略决策，黄淮海科技攻关成果起了重要作用。

“该项区域治理和农业开发成果起始最早，效果突出，作法与经验得到国家有关部门的肯定，因而在‘六五’后，国家‘七五’重点科技攻关项目中增加了黄土高原、北方旱区、三江平原三个地区的治理开发攻关，‘八五’又上了南方红黄壤地区及东北松嫩平原。

“该项目技术路线正确、规模大、时间长，研究成果丰硕、综合性、实用性强，有许多重大突破性进展，推动了农业科学技术进步，为国家进一步开展其他类型地区综合治理和农业开发提供了宝贵经验，经济、社会、生态效益显著，在国内外已产生重大影响。是农业研究领域中少有的综合性多学科的重大成果，在同类领域研究中居国际领先水平。

“考察组认为，农牧渔业行业组推荐的‘黄淮海平原旱涝盐碱沙薄的综合治理与农业发展’项目符合特等奖条件，建议授予国家科技进步特等奖。”

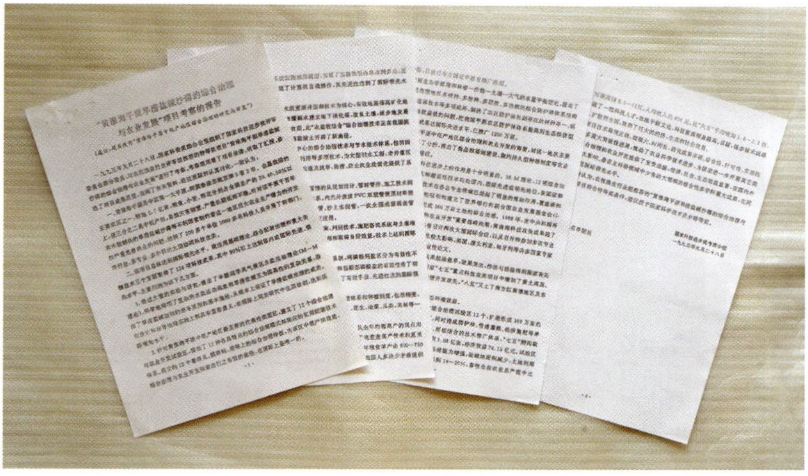

国家科技进步奖考察小组起草的报告（1993 年）

这份考察小组的报告给予黄淮海项目很高评价，认为符合国家科技进步奖的特等奖条件，建议授奖。经评审组评议和投票，黄淮海科技攻关项目获得了“1993 年度国家科技进步特等奖”。

颁奖大会是 1994 年 3 月 18 日下午在人民大会堂举行的。

按会议通知，我和贾大林同志 3 月 16 日到北京双盛楼饭店报到，17 日有工作人员给获奖代表详细介绍大会安排和注意事项，18 日下午 1 时许驱车奔赴人民大会堂。

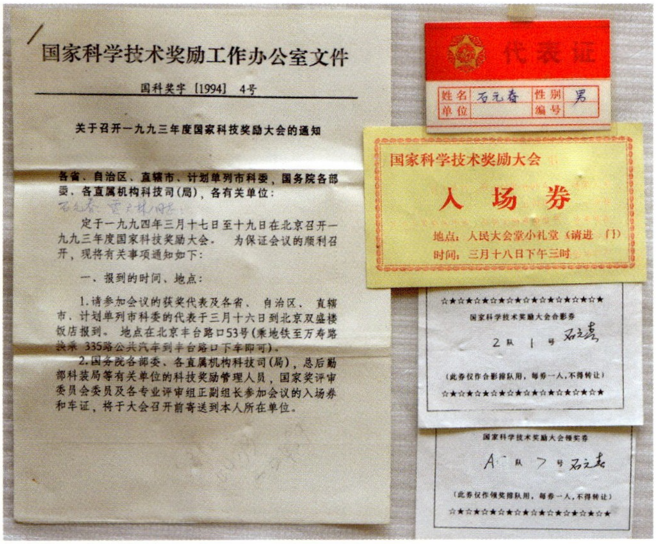

参加授奖仪式的通知、入场券、代表证等（1994 年 3 月 18 日）

颁奖大会前，党和国家领导人在接待大厅接见获奖代表并合影。每个代表都发给一张合影站位的号码，合影的第一排是国家领导人，我是2排1号，即2排的正中，江泽民主席与李鹏总理身后，我的右边是老贾，左边是解放军获奖代表。接见时代表按位站好后，江泽民和李鹏等国家领导人出场，与站在前排的代表一一握手。握手时李鹏总理还对我说了一句："我去过你们曲周实验站。"

然后全体合影。

合影后由接待大厅陆续进入会场，大会堂前四五排坐的都是获奖代表，胸前戴有红花，我和老贾坐第一排中间。3时正式开会，科委主任宋健主持，李鹏总理讲话，宣布获奖项目名单，然后就是一批一批地上台领奖。给我上台领奖的顺序号是A队7号，即第一批正中位置，由江泽民主席授奖，回身照相，回到座位。此处所附是合影前国家领导人与获奖代表握手、合影和颁奖后回到座位的三张照片。

合影前获奖代表与江泽民主席和李鹏总理握手

获奖代表与国家领导人合影，江泽民主席和李鹏总理身后是石元春和贾大林

领奖后回到座位，石元春手上捧奖杯、贾大林手上握奖牌

颁奖后，我代表 1993 年度全体受奖项目和人员作了 5 分钟大会发言。大意是感谢党和人民给予的荣誉；感谢改革开放给予的机会；成绩是在前人工作基础上由集体做出的；最后，对年轻一代科技工作者提出了期望，希望对他们精心培养，严格要求，大胆使用，让他们脱颖而出，早日担负起历史重任云云。此处所附照片是“获奖代表发言稿”。

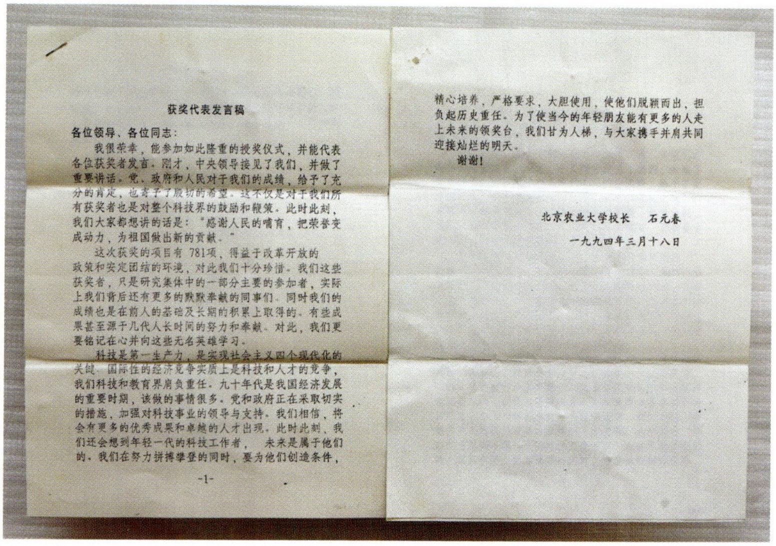

获奖代表发言稿

各位领导、各位同志：

我很荣幸，能参加如此隆重的授奖仪式，并能代表各位获奖者发言。刚才，中央领导接见了我们，并做了重要讲话。党、政府和人民对于我们的成绩，给予了充分的肯定，也寄予了殷切的希望。这不仅是对于我们所有获奖者也是对整个科技界的鼓励和鞭策。此时此刻，我们大家都想讲的话是：“感谢人民的哺育，把荣誉变成动力，为祖国做出新的贡献。”

这次获奖的项目有 781项，得益于改革开放的政策和安定团结的环境，对此我们十分珍惜。我们这些获奖者，只是研究集体中的一部分主要的参加者，实际上我们背后还有更多的默默奉献的同事们。同时我们的成绩也是在前人的基础及长期的积累上取得的。有些成果甚至源于几代人长时间的努力和奉献。对此，我们更要铭记在心并向这些无名英雄学习。

科技是第一生产力，是实现社会主义四个现代化的关键。国际性的经济竞争实质上是科技和人才的竞争，我们科技和教育界肩负重任。九十年代是我国经济发展的重要时期，该做的事情很多。党和政府正在采取切实的措施，加强对科技事业的领导与支持。我们相信，将会有更多的优秀成果和卓越的人才出现。此时此刻，我们还会想到年轻一代的科技工作者， 未来是属于他们的。我们在努力拼搏攀登的同时，要为他们创造条件，

-1-

精心培养，严格要求，大胆使用，使他们脱颖而出，担负起历史重任。为了使当今的年轻朋友能有更多的人走上未来的领奖台，我们甘为人梯，与大家携手并肩共同迎接灿烂的明天。

谢谢！

北京农业大学校长　石元春

一九九四年三月十八日

石元春代表 1993 年度全体获奖人员在大会上的发言稿

大会后，全体获奖代表乘车返回驻地。

获奖后要做的第一件大事就是由黄淮海项目办公室立即将授奖情况和证书正

式通报参加黄淮海科技战役的所有单位和全体人员，并由黄淮海项目主持单位北京农业大学分发受奖证明。

荣誉归于每位参战将士。

1994 年全国科技奖励颁奖大会后不久的 6 月，中国科学院第七次院士大会暨中国工程院第一次院士大会在北京隆重举行，李鹏总理、周光召院长和朱光亚院长做了大会报告。当天下午是两院联合举行的两院院士学术报告会，会上安排了两个学术报告，一个是潘家铮院士报告的“长江三峡工程重大科技问题研究”；一个是我作的“以黄淮海平原为例谈区域资源开发和持续利用”报告。该文发表在 1994 年中国科学院院刊上。

石元春在“两院”全体院士大会的学术报告发表在《中国科学院院刊》上（1994 年）

两院院士大会的闭幕会议上，还为 7 位院士举行了 1993 年度陈嘉庚科学奖颁发仪式，我获该奖项的农业科学奖。

从 1973 年 6 月到 1994 年 6 月，在黄淮海科技战场上我整整工作了 21 年，七千多个日日夜夜，终于画上了句号，翻过了我科学生涯中厚重的一页，我时年 63 岁。

下篇书写至此，思绪万千，可谓是：

凡七年曲周面壁，前哨战蹉跎艰辛。
逢盛世改革开放，大战役悄然打响。
四年整建军备战，组队伍区划先行。

引外资筹措粮饷，集结号吹响济南。
初领军六五出征，试验区区区过关。
搞军演部队练兵，摆阵势国际大会。
喜六五初战告捷，谋七五两线再战。
李总理一线犒军，众将士斗志昂扬。
北戴河休假颁奖，国务院再擂战鼓。
黄淮海效应突显，在全国两级放大。
庆七五硕果累累，黄淮海战绩辉煌。
获特奖项目荣光，画句号急流勇退。

45 除三害廿年检验，新双魔又布阴云

斗转星移，日新月异，自黄淮海项目获特奖至今，20多个春秋又已逝去。

“旱涝盐碱治理的效果巩固和农业发展了吗？”有人会担心地问。

“黄淮海啊！近30年你过得还好吗？”有人会关切地问。

“也好也不好。”黄淮海亦喜亦忧地答道。

“此话怎讲？”

“也好，是指旱涝盐碱综合治理的效果彰显稳定，农业发展得很好，令人欣喜；也不好，是旧矛盾缓解了，新的矛盾又上来了，令人担忧啊！”黄淮海的感受与心情十分复杂。

20世纪60年代的黄淮海大地，十旱九涝，土地泛盐，农业萧条，粮歉民贫。七八十年代，乘改革开放之风，国家组织了一场长达28年的、试验研究与治理实践紧密结合的“黄淮海科技战役”，从科学认识黄淮海，到求索治理发展之路，使“三害”渐消，产量和农民收入趋增，近一二十年日子确是过得红红火火。

曲周实验站的第六任站长郝晋珉教授的近作，《黄淮海平原的土地利用》为我们提供了近一二十年的一些有价值的资料，是对黄淮海战役很好的检验。

2000—2009年的10年里，黄淮海平原的耕地每年减少5万公顷（总耕地面积的0.26%），水浇地面积、作物播种面积和粮食播种面积都有减少，但因旱涝盐碱的渐消，农业投入和技术水平的提高，粮食单产由每公顷5吨增加到6吨以上，总产由11 037万吨提高到14 630万吨，平均每年新增399万吨。看到下文附图上面的粮食单产和总产两条曲线就能一目了然了。

横向一比，更是了得。同样是在这10年里，全国粮食平均每年新增763万吨，其中400万吨，即52%出自黄淮海平原，贡献过半。附图最下面的红色曲线表示，在全国粮食总产中，黄淮海所占份额由2000年的23.9%上升到2009年的27.6%。也就是说，黄淮海生产了全国1/4以上的粮食，这能不说国之粮仓由南而北地移到了黄淮海，现在是“黄淮海熟，天下足”了吗？

这10年里，黄淮海平原的皮棉总产也由179万吨增加到234万吨，占全国皮棉总产的36.7%，三分天下有其一；油料、水果、蔬菜等也都有较大幅度增长。

从上述资料中，黄淮海平原在我国农业生产中举足轻重的地位可见一斑。

此外，黄淮海平原农民年人均纯收入的增长也高于全国。由 1995 年的 1 629 元提高到 2009 年的 5 767 元，年均增长率为 18.1%，比全国高两个百分点。

除“三害”，粮丰民富，可喜可贺，40 多年前开始的那场黄淮海科技战役功不可没。

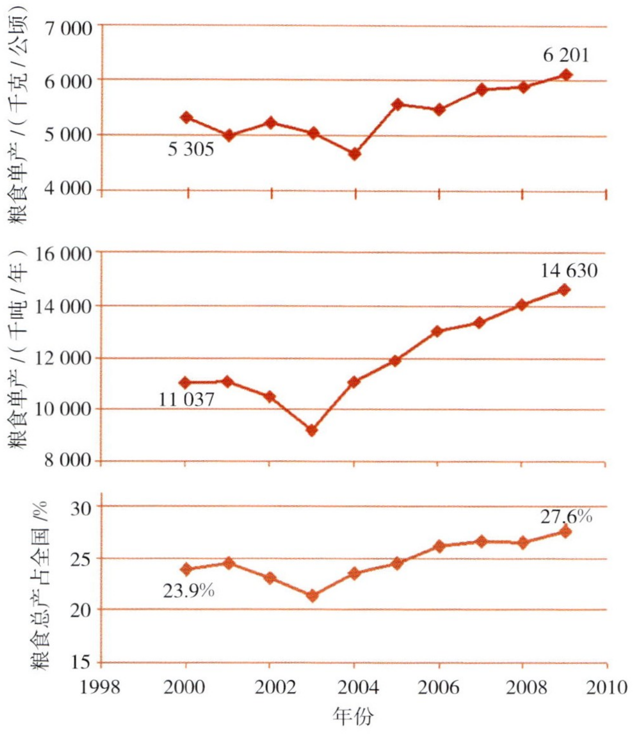

黄淮海平原粮食单产、总产和占全国份额状况（2000—2009 年）

旧矛盾渐消，新矛盾又生。旱涝盐碱“旧三害”刚消，更为严重的“新二害”又起。

先说水生态危机。

黄淮海平原是全国人均水资源量最低的地区。近 20 年在工农业快速发展的同时，过度消耗了十分稀缺的水资源，导致平原水生态全面恶化，成为一大“新害”。

1982 年我发表的《黄淮海平原的水盐均衡分析》文章（北京农业大学学报，1982 年 8 月）提出，黄淮海平原年可利用水资源量是 2 209 亿立方米，2013 年郝晋民的资料为 1 868 亿立方米。也就是说，黄淮海平原每年可利用的水资源“家底”大体在 2 000 亿立方米。

按郝晋珉研究，可利用的1 868亿立方米中，农业用水量、工业/生活用水量和最小生态用水量分别为1 006、298和564亿立方米。根据计算，1 006亿立方米农业用水可满足7 915万吨的粮食生产量，即黄淮海平原水资源的“粮食产量承载能力”约为8 000万吨。而2009年的粮食总产是14 630万吨，是水承载能力的184.8%，超载的6 715万吨粮食约需多耗水557亿立方米。除少量的增源与节水外，多是挤占了生态用水，从而导致水生态状况恶化，请看下面一些惊人数据（前5条资料来源于郝晋珉，2013）。

——河流的适宜利用水量一般在30%左右，而海河达80%～90%，45%的河段常年断流；漳河、漳卫新河、大清河、子牙河断流280天以上；北京的永定河干流多年平均过流仅10天；著名的京杭大运河南运河段常年干枯。

——白洋淀、北大港、南大港、团泊洼、千顷洼、草泊、七里海、大浪淀等大片湖沼湿地面临干涸，周边土地沙化面积扩大。

——近10年黄淮海平原年均地下水开采量约400亿立方米（79%为浅层地下水，21%为深层地下水），年度开采量为补给量的120%以上，超采区164处，大面积地下水降落漏斗51处，总面积7 600平方千米。其中海河平原33处，累计超采地下水约900亿立方米，为流域地下水资源量的3.8倍，漏斗区面积占流域平原面积的47%。

——北京城近郊区地下水超采量每年3亿～8亿立方米，地下水位以年1～2 m速度下降，地下水漏斗区2 500平方千米；石家庄因超采使地下水位自1970年的7～8 m下降至目前的32.5 m，地下水漏斗面积5 475平方千米；沧州漏斗面积4 860平方千米，其他有郑州、唐山、邯郸、安阳、商丘等众多浅层地下水漏斗。深层地下水降落漏斗14处，开采深度多大于200米，深者近千米。

——超采地下水漏斗直接增加了成井深度/成本与提水能耗、出水量减少，并导致地面沉降。天津市1950—2007年累计地面沉降3.2 m；沧州漏斗面积中心区地面累计沉降量1.7 m；北京东南部的朝阳－顺义一带累积沉降1.0 m。地面沉降导致城市基础设施和建筑物损坏，并造成如莱州湾的大面积海水入侵，使地上和地下水质恶化，土地荒废。

——工业和城市污水排放，农业灌溉退水，以及化肥、农药、动物饲养排泄物等面源污染导致河流水质恶化。据2012年《中国环境状况公报》，全国10大流域水质监测的国控断面中，黄河、淮河和海河分别排在末三位（见下文图）。排在倒数第一位的海河流域的64个国控断面中，Ⅰ～Ⅲ类水质占39.1%，Ⅳ～Ⅴ类水占28.1%，劣Ⅴ类水占32.8%。受重度污染的马颊－徒骇河系的6个国控断面中，Ⅳ～Ⅴ类水和劣Ⅴ类水各占50%。

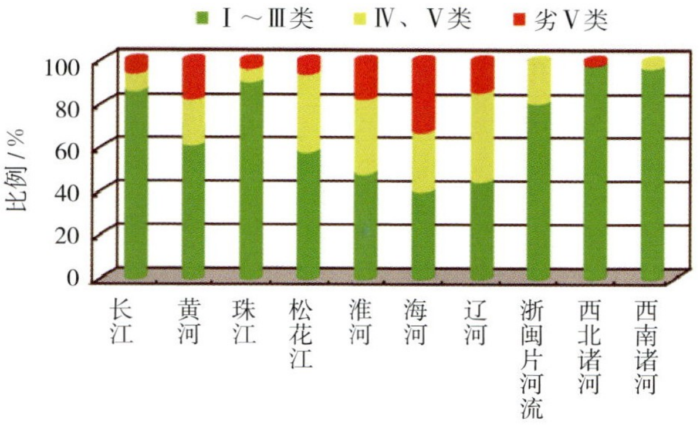

中国 10 大流域水质状况图（引自 2012 年《中国环境状况公报》）

常言道："福无双至，祸不单行"。

水生态状况恶化的同时，空气质量也趋严重恶化。

国家工业化进行得热火朝天，黄淮海地区冲锋在前。进入 21 世纪，国家以煤为主的化石能源消费量激增，黄淮海地区也是遥遥领先。

1900—2000 年全国煤炭年均消费量 2 648 万吨，2000—2010 年为 18 024 万吨，后十年比前十年增长了 6.38 倍；冀、鲁、豫三省分别增长了 3.6 倍、19.9 倍和 6.6 倍，合计占全国的 46%。此处附图中的我国部分省市煤炭消费数据曲线清楚地显示，前十年是稳定期，后十年是高增长期；高增长期间，冀、鲁、豫为高增长地区，鄂、粤为对照区，京、津为自保而将煤炭消费向冀、鲁、豫转移，不增或微减，故称"转移区"。三组曲线，一目了然。

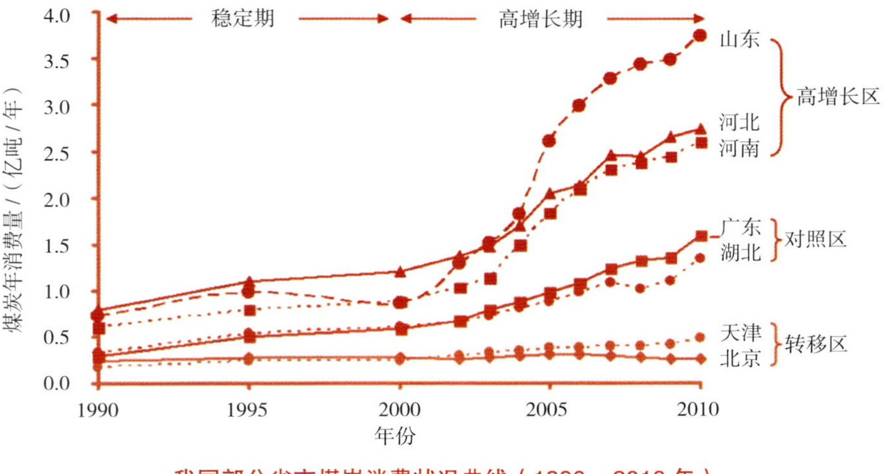

我国部分省市煤炭消费状况曲线（1990—2010 年）

种瓜得瓜，种豆得豆。

烧煤越多，温室气体和粉尘排放越多，空气污染越重。

2013年7月11日，国家发改委在官方网站上的一份报告称，2013年初以来，中国发生大范围持续雾霾天气，受影响区域有华北平原、黄淮、江淮、江汉、江南、华南北部等地区，受影响面积占国土面积的1/4，受影响人口约6亿。

同年8月初，国家环保部发布的2013年全国74个城市上半年空气质量状况报告中，京、津、冀地区平均达标天数比例为31.0%，低于全国平均水平14.2个百分点。全国污染最重的前10个城市是邢台、石家庄、邯郸、保定、唐山、济南、衡水、西安、郑州和廊坊，其中9个都在黄淮海地区，太令人触目惊心了。

此处附了一张图片，该图是国家环保部发布的2013年全国74个城市上半年空气质量状况报告中的插图，概括而形象。近些年冬春之交我国部分地区PM2.5浓度的卫星影像，经常能看到整个黄淮海平原被高浓度PM2.5雾霾所笼罩的情景，可与图中的“京津冀达标天数比例31%”相互呼应和印证。

2013年上半年我国74城市质量状况图解

2010年，中国煤炭消费量占全球消费总量的48.3%（《BP世界能源统计报告·2011》），即世界近一半的煤是在中国烧掉的，而中国1/3的煤炭消费又是在京、津、冀、鲁、豫，太集中了。2010年，京、津、冀、鲁、豫的煤炭消费量（10亿吨）接近于美国（11亿吨），而上述地区总面积只是美国国土面积的1/50，

加以有燕山和太行山环绕阻隔，不大量生成雾霾才怪，何况还有急剧增长的汽车用量与尾气排放。

2013 年 8 月 17 日科技日报头版，有标题为《加大空气污染对人体健康影响研究的力度》的文章，报道了在北京举行的“空气与健康”科学传播沙龙，钟南山院士等专家在沙龙上发表的高见。我国大部分城市空气中 PM2.5 和氮氧化物浓度比欧美国家空气污染最高容许度高出 5 ～ 10 倍；一份同年 7 月来自欧洲 9 国的研究报告，空气中 PM2.5 每增加 5 微克 / 立方米，患肺癌风险增加 18%；目前我国肺癌已占到恶性肿瘤的 33.1%，北京近 10 年肺癌发病率增加了 60%。报道中还指出，空气中 PM2.5 每增加 10 微克 / 立方米，心血管病发病率增加 40%，死亡率增加 10% ～ 11%。

将这两部分材料放在一起解读，就是因为雾霾而我国约 1/4 国土面积的空气质量和 6 亿人口的健康和生命已经受到威胁，特别是京、津、冀、鲁、豫和整个黄淮海平原地区已经十分严重。1873 年 12 月 7—13 日伦敦的一场雾霾造成千余人死亡，1952 年 12 月 5—9 日及其后两个月里，又夺走了 1.2 万人的生命。而北京和我国中东部雾霾范围之广，时间之长，污染之重，都会使震惊世界的英国伦敦、比利时马斯河谷（1930 年）和美国洛杉矶（1950 年）的雾霾望尘莫及。

“人命大于天”，我们应当珍惜每一个生命。每有地震、洪水、泥石流等重大自然灾害，我们的总书记和总理总是在第一时间发出命令，将抢救生命放在第一位。而现在亿万国民的健康与生命已经受到威胁，中央能不着急吗？

2013 年 2 月 28 日我在《科技日报》发表文章，阐述了“雾霾是一种化石能源病”“能源病要靠能源治”，以及“舍鸩酒而饮琼浆”的应对之策。

如果说 20 世纪后期，黄淮海平原发生的旱涝盐碱“三害”严重影响了农业生产，而当前的水生态危机及空气污染的“新二害”则直接危及数亿国民的生命与健康，影响到经济社会的安定和可持续发展。40 年前我们曾成功地组织过一次黄淮海科技战役，新世纪的一二十年代还会为治理“新二害”和发展现代农业而组织另一次黄淮海科技战役，为我国第一大平原和农业产区力挽狂澜吗？

中共中央十八大报告指出：“面对资源约束趋紧、环境污染严重、生态系统退化的严峻形势，必须树立尊重自然、顺应自然、保护自然的生态文明理念，把生态文明建设放在突出地位，融入经济建设、政治建设、文化建设、社会建设各方面和全过程，努力建设美丽中国，实现中华民族永续发展。”我们相信新一届政府一定会让美丽的黄淮海平原更加美丽。

再说两句多余的话。

一句是，东线西线“引江”工程有可能救黄淮海平原水生态危机于水火。

一句是，生物质产业有可能在黄淮海地区的除霾、现代农业和城镇化方面建立奇功。

最后，学杨慎《临江仙》[①] 填词三首，结束全书对黄淮海科技战役的追忆。

科技战役

浩浩平原东向海，阳光雨泽大地，旱涝盐碱群魔舞。
规律依旧在，当靠科学伏。
科技战役二十载，治理生产双荣，利国为民获殊奖。
古今多少事，留写青史中。

科技战士

悠悠科海苦作舟，立志攀登险峰，一纸大地写春秋。
科魂当常在，虚名不可求。
蹉跎坎坷二十春，青丝顿生华发，一片丹心图报国。
三害初遁去，双魔再降伏。

怀念战友[②]

悠悠上天降奇才，德惠国家人民，一抔净土撒曲周。
实践治盐碱，立说泛生态。
献身农水气轩昂，大林竞放异彩，不惧裹革披肝胆[③]。
道德人皆颂，文章万世传。

① 杨慎原词：滚滚长江东逝水，浪花淘尽英雄。是非成败转头空。青山依旧在，几度夕阳红。白发渔樵江渚上，惯看秋月春风。一壶浊酒喜相逢。古今多少事，都付笑谈中。

② 怀念战友辛德惠和贾大林。

③ 贾大林高龄、高血压，当时坚守科技一线时说：“我已做好马革裹尸准备”。

附：黄淮海科技战役大事记（按本书内容）

（1973—1993 年）

1973 年（参加黑龙港科技大会战）

1 月	国家科学技术委员会领导和组织的“黑龙港流域地下水合理利用”国家科技大会战项目在河北省启动。
5 月下旬	国务院业务领导小组成员王观澜在河北邯郸召开全国植棉工作会议期间，指示北京农大副校长沈其益在邯郸地区东北部盐碱地区设置盐碱地改良试验点。
6 月 1 日	沈其益副校长打电话给石元春，速到邯郸研究建点事宜，3 日沈、石二人到曲周县北部考察盐碱地现场。
7 月中旬	石元春、辛德惠、林培、雷浣群等 6 人到曲周考察，决定将基点设在盐渍化最重的张庄村一带。
9 月 5 日	石元春、辛德惠、林培、毛达如、雷浣群、陶益寿、黄仁安 7 人进驻张庄村，开始建立旱涝碱咸综合治理曲周试验区。
9—11 月初	大量收集资料与调研，制订综合治理方案。
11 月 8 日	制订和上报了《邯郸地区曲周县旱涝碱综合治理样方规划草案说明书》。
11 月中旬到 12 月底	曲周试验区 1973 年冬季农田水利工程暨旱涝碱咸综合治理工程全面施工。
12 月 11—16 日	石元春首次参加河北省“黑龙港流域地下水合理利用”国家科技大会战衡水工作会议。

1974 年（开局之年百事待举，综合治理之战打响）

2 月 10—12 日	农大驻点老师春节休假后返回张庄，讨论和制订了《邯郸基点 1974 年工作计划草案》，内容包括生产、科研和开门办学三个部分。
2 月中旬开始	周斐德、戴汝良、蒋以操、周长海等到张庄开始筹建化验

	室；一代试验区水盐动态监测网建设也开始启动。
2 月 14—18 日	石元春参加河北省在邯郸召开的“农业学大寨”大会。
3 月 3 日	王观澜同志来曲周试验区视察和作重要指示。
3 月 20 日	根据曲周试验区制订的《邯郸基点开门办学的初步意见》，“曲周农民大学”一年制长训班开学，学员 30 名。
3 月 25 日—4 月 16 日	开展曲周试验区土壤调查。
3 月	确定旱涝碱咸综合治理试验的总体构想是“突破地下咸水禁区”，采取“浅井深沟体系，农林水并举”的综合治理工程。
3 月—11 月	按综合治理的总体设计全面展开试验区水盐运动调节和治理试验，治理效果突出，张庄、大街两大队当年粮食总产翻番，单产“上纲”。
10 月 4 日	曲周县召开水利工作会议，石元春在大会介绍了试验区做法与成果。
11 月 12 日	编写和上报《利用改造咸水，综合治理旱涝碱咸试验工作初报》。

1975 年（“浅井风波”骤起）

1—7 月	完成题为《运用浅井－深沟体系，综合治理旱涝碱咸》的首篇总结报告初稿，4 月 15 日正式上报省地县，7 月以“土化系曲周基点”署名发表论文于华北农业大学《教育革命通讯》1975 年第 1 期。
2 月 25 日—3 月 5 日	石元春、辛德惠二人在曲周县文化馆全力准备参加河北省黑龙港项目工作会议的汇报用展版。
3 月 6—10 日	河北省黑龙港项目衡水工作会议，曲周试验区汇报展板因“浅井”二字不准展出并大会点名批评，“浅井风波”顿起。
4 月 12 日	曲周农民学校领导机构成立，曲周县委马洪宾书记任校长，1975 级长训班正式开学。
6 月 9 日	中共曲周县向邯郸地委上报《曲周县旱涝碱咸综合治理工作报告》，汇报曲周试验区综合治理成果显著，要求扩大试区范围。
6 月 27 日	邯郸地区春季大旱，石元春在“邯郸地区打井抗旱，除涝治碱会议”上介绍曲周试验区咸水利用的经验与方法。
7 月	王观澜同志秘书到张庄通报农大老师，河北省委向国务

	院反映北京农大曲周试验区的“浅井”提法违反河北省委治水方针。
8 月	北京农大工宣队到张庄，指令农大老师回校参加“大批判”，数日后曲周县委李立身书记明确表态，支持和欢迎农大老师在曲周工作。
9 月初	“邯郸地区农业学大寨大会”上，石元春代表曲周试验区作题为“分析矛盾，促进转化，加快速度，为大上快上农业多做贡献”的大会发言。
9 月 16 日	河北省科委召开黑龙港项目经验交流会，石元春第一个在大会介绍曲周试验区经验，这是省科委对“浅井风波”的一种回应。
11 月	完成和上报 1975 年科研工作总结报告，题为《掌握水盐运动规律，综合治理旱涝碱咸》。

1976 年（“战事”节节推进）

1 月	在农业部政研室王远同志帮助下，从学习毛主席哲学思想的角度撰写了题为《昔日老碱窝，两年过黄河》的文章，发表在 1976 年 2 月的中共北京市委机关刊物《前线》上。
2 月	曲周县委新书记冯文海到任和到张庄看望农大老师。
3 月	曲周县革委会向邯郸地委呈报《将曲周试验区经验推广到曲周县北部的 23 万亩盐碱地区》的报告。
4 月	北京农大曲周试验区给校领导上报《关于设置水盐运动试验场》报告。
5 月	国务院在西安召开“我国北方干旱半干旱地区水利资源开发利用科研规划会议”，部署“五五”计划期间，曲周旱涝盐碱综合治理曲周试验区面积由 6 000 亩扩大到 40 000 亩。
9 月	曲周试验区的题为《掌握水盐运动规律，综合治理旱涝碱咸》的学术性文章在《中国农业科学》杂志第 3 期刊出。
10 月 6 日	“四人帮”被打倒，“文革”结束，黄淮海科技战役进入新阶段。

1977 年（试验区四年治理大总结）

1 月 2 日	完成和上报《曲周旱涝碱咸综合治理试验区规划说明书（草案）》。

4月1日	邯郸地区春季大旱，曲周试验区向邯郸地委递交了《把咸水利用起来，抗旱夺丰收中广辟水源》的建议书。
5月	总结上报《利用改造咸水，综合治理旱涝碱咸》科研报告（1974—1976）。
11月	阶段性地完成了试验区旱涝碱咸综合治理“四年治理期”的全部治理实践和试验研究计划。
12月	全面总结1973—1977年旱涝碱咸综合治理期的工作与试验研究，编写了《四年工作总结报告》和20余万字的技术总结《旱涝碱咸综合治理的研究》。

1978年（黄淮海项目入选国家《八年规划纲要》）

1月17日	完成《中共曲周县委关于23万亩旱涝碱咸综合治理区及其规划报告》。
4月	河北省科委副主任赵华为1975年“浅井风波”事正式向北京农大曲周试验区表示道歉。
6月	河北省委书记刘子厚视察北京农大曲周试验区。
8月	完成黄淮海盐碱旱涝综合治理曲周23万亩试验区规划草案。
9月	《河北农业科技》杂志1978年3期刊载了北京农大曲周试验区撰写的文章《旱涝碱咸综合治理效果好》。
9月	农业部杨立功部长视察曲周试验区，次日到石家庄与河北省委书记刘子厚商议部、省各出500万元扩大曲周试验区。
10月	颁布了《1978—1985年全国科技发展规划纲要（草案）》，108项重点科学技术研究项目中，黄淮海盐碱旱涝地区等低产地区的综合治理被列为第5项，由农业部等6部委主持。
11月	冬季农田水利建设中完成了以王庄为中心的第二代试验区的打井和土方工程。
12月	制订了《半干旱半湿润季风区旱涝碱咸综合治理》科研项目1979年工作计划草案。

1979年（黄淮海战役全面启动）

1月15日	根据《1978—1985年全国科技发展规划纲要》（简称《八年规划纲要》），国家农委和国家科委在河南商丘召开了

	黄淮海平原旱涝盐碱综合治理工作会议，石元春作大会发言介绍曲周试验区。
3月	农业部将联合国粮农组织FAO的援助项目——“举办全国农业遥感培训班”交北京农大土化系和曲周试验区承办，李连捷教授任中方项目组长。
4月下旬	农业部副部长何康来曲周试验区视察和落实杨立功部长为扩大曲周试验区拨款事宜。
4月下旬	何康副部长在邯郸宾馆给黄淮海项目组布置制订“黄淮海平原旱涝盐碱综合治理区划”任务，贾大林和石元春负责。
5月	旱涝碱咸综合治理曲周试验区被列入联合国教科文组织的《人与生物圈》研究计划中的第881项。
6月2日	河北省召开全省科技成果奖励大会，北京农大曲周试验区获一等奖。
10月19日	给农业部科技局上报了《一个科学实验站的建立和发展》的报告，农业部为曲周试验区拨下50万元基建款。
11月11日	《全国农业现代化综合科学实验基地工作会议》在河北省栾城召开，石元春作了题为“黄淮海平原旱涝碱综合治理问题”的大会发言，后由河北省科技情报所根据录音整理全文发到省内有关单位。
12月28日	国务院在京召开“国务院关于表彰农业财贸教育卫生科研战线全国先进单位和全国劳动模范大会”，“曲周县张庄旱涝碱咸综合治理试验区科研组”被评为全国先进单位，获国务院总理华国锋签署的嘉奖令。

1980年（“开放”花开黄淮海）

2月2日	曲周试验区在《1979年粮食生产情况专门报告》中预报二代试区王庄大队当季小麦亩产将较上季增产100%～200%，请求上级届时验收。
3月15日	河北省黑龙港项目领导小组办公室主任许铁城以《应予平反的科学冤案》为题给河北省委领导上书。
4月27日—5月27日	农业部派石元春、辛德惠和杨守春赴匈牙利考察盐渍土改良。
5月22日	曲周试验区给校领导递交《成立北京农业大学曲周实验站的报告》。

6月17日	联合国国际农业发展基金（IFAD）副总裁阿金斯到曲周试验区考察，考察后当场表示他本人同意支持此国际贷款项目。
7月1日	河北省黑龙港项目领导小组办公室主任许铁城撰写《登攀高峰，贵在坚持》专文，系统介绍曲周试验区成果与经验。
7月18日	曲周试验区发出《1980年夏季简报》，报道张庄和王庄两个大队的当季小麦产量实现了2月《专门报告》的预测。
7月中旬	《黄淮海平原旱涝盐碱综合治理区划》终审会在河南商丘召开，石元春代表项目组作《区划》编写报告。10月上交了正式报告及图幅。
7月23日	参加国家农委“全国农业区划工作会议”，石元春作“搞好专题区划，为综合治理黄淮海平原旱涝盐碱提供科学依据”的大会交流发言。
8月7日	《光明日报》头版头条以《加快治理黄淮海平原》为标题报道了《黄淮海平原旱涝盐碱综合治理区划》终审会议。
9月	曲周县完成《联合国农业发展基金会投资项目：曲周县旱涝碱咸综合治理和农业综合发展规划方案》初稿。
9月29日	北京农业大学向农业部呈报关于建立曲周实验站的申请报告。
12月	农业部以黄淮海平原旱涝碱综合治理的研究成果授予北京农大学土化系土地资源教研组技术改进一等奖。

1981年（综合治理成果彰显，IFAD项目派专家组两次调研）

2月	中国农业工程研究设计院立题开始“黄淮海平原盐碱地综合治理工程典型规划设计的研究”，1983年结题，1984年通过鉴定。
5月中旬	新建曲周实验站（四町村）建成启用，北京农大老师由张庄迁入。
6月7日	世界银行派农业经济学家丁文波率领评估组一行七人，对曲周县北部23万亩项目区进行预评估考察。
7月6日	《文汇报》头版头条以《黄淮海平原旱涝碱制服有望》为题，“六个实验区的自然面貌和生产条件经综合治理发生根本变化”为副标题报道了黄淮海平原综合治理成就。
7月27日	世界银行再派地下水专家安德逊考察项目区地下水资源

状况。

8 月 7 日　河北省科委［冀科农字（1981）019 号］文，《关于转发〈张庄试验区半年试验简报〉的通知》发到各地、市科委及各院所高校。

12 月 13 日　上报《1981 年旱涝碱咸综合治理曲周试验区工作汇报》和《1981 年重大科研项目年度执行情况及 1982 年进度计划表》。

1982 年（誓师大会在济南召开）

1 月　国家农委、国家建委、财政部、农业部、水利部、地质部在北京联合召开黄淮海平原综合治理工作会议，决定于 1982 年上半年召开一次全国性的黄淮海平原治理与开发的学术会议。

2 月　国家农委下达“黄淮海平原农业发展战略研究”，由石元春、贾大林和刘巽浩主持。

3 月 5 日　曲周县上报《曲周县人民政府关于国家拨付治理盐碱地四百万元使用情况报告》。

6 月 16 日　何康副部长到曲周试验区视察小麦并准备黄淮海战役下一重要行动。

6 月 18—27 日　“黄淮海平原农业发展学术讨论会”在济南开幕，中央有关部门和五省二市领导和专家等 370 余人出席会议，国务院副总理姚依林、国家农委副主任何康作了重要讲话。这是黄淮海科技战役的誓师会。

8 月 25 日　《人民日报》1982 年 8 月 25 日发表题为《加快黄淮海平原农业的发展》的社论。

10 月 3 日　农业部下发［（82）农（人）字第 15 号］文，正式批准成立北京农业大学曲周实验站。

10 月　世行贷款“华北平原农业项目”正式立项，覆盖鲁、豫、皖三省 9 县 300 万亩盐碱低产农田，贷款总额 6 000 万美元，实施建设期 5 年。

8 月 23 日　国家科委在浙江金华召开黄淮海项目课题组负责人会议，石元春代表曲周试验区参加并做大会发言。

12 月 17 日　河北省科委以《成效显著，攻关有望》为题介绍曲周县北部 23 万亩综合治理的情况。

1983 年（“六五”科技战役启动）

1 月	黄淮海项目正式列为国家“六五”38 项科技攻关项目中第 2 项（“农业区域综合增产技术”）的第一课题（“黄淮海平原中低产地区的综合治理与农业发展”），1983 年开始正式实施。
1 月	在黄淮海平原综合治理项目带动下，“六五”国家科技攻关计划中，新增了“松嫩－三江平原”项目。
2 月	国家科委、农业部、林业部、水利部、中科院联合在北京召开第三次“黄淮海平原综合治理与综合开发”工作会议。主持单位农业部分别与各专题承担单位签订合同任务书，1983—1985 年黄淮海课题研究总经费 1 500 万元。
2 月 22 日	曲周县北部 23 万亩综合治理的联合国国际粮食发展基金（IFAD）项目在罗马正式签署生效。
3 月 31 日	农业部、中国农学会和首都六大新闻单位联合在京举行了“农业科技人员为农村服务座谈会”，表彰了 11 位长期深入农村的农业科技人员，陵县试验区的王守纯和曲周试验区的石元春受到表彰。
5 月 13—16 日	“全国高等农业院校教学、科研、推广三结合经验交流会”在河北邯郸召开，来自全国 30 个省市（区）近百位代表于 13 日参观曲周试验区现场，14 日石元春代表曲周试验区在大会交流。
5 月	《黄淮海平原的水盐运动和旱涝盐碱的综合治理》一书由河北人民出版社正式出版，这是曲周试验区近 10 年试验研究的总结。
8 月	完成和上交《黄淮海平原农业发展战略研究》报告，1984 年获奖。

1984 年（建黄淮海科技攻关专家组加强领导）

6 月 2 日	国家科委协调攻关局发文（国科攻字 024 号文），正式成立黄淮海科技攻关课题专家组，组长石元春，副组长贾大林和左大康，组员有罗焕炎等 21 人。
7 月中旬	国家科委攻关局在郑州召开黄淮海平原中低产区综合治理和综合发展科技攻关专家组第一次会议暨 9 个课题组主要技术负责人会议。黄淮海“六五”科技战役正式启动。

8 月　　黄淮海课题专家组组长石元春提出召开盐渍土改良国际会议，提高黄淮海课题科技人员整体素质的意见，得到农业部何康部长的支持。

10 月　　邀请前国际土壤学会盐碱土专业委员会主席，匈牙利土壤研究所所长 I. 萨博尔奇教授访华，作为召开国际会议的科学顾问。

1985 年（开国际会，大振军威）

1—4 月　　石元春等紧张准备济南国际会议。

5 月 12 日　　由农业部主持，北京农大和中国农科院承办的“国际盐渍土改良学术讨论会”在济南召开，有来自美、澳、加、匈等 12 个国家专家 30 人，中国专家 50 人参加。

5 月 13—16 日　　济南国际会议野外科学考察了曲周、禹城和陵县三个试验区。

5 月 17—21 日　　“国际盐渍土改良学术讨论会”在济南开幕，学术报告 4 天。

6 月　　国务院总理李鹏、国务委员陈俊生和 9 个部委领导亲临视察中国科学院山东禹城试验区。

7 月 13 日　　《光明日报》头版头条以《中国的盐渍土改良工作是世界一流的》为大标题报道了济南国际会议。

10 月　　美国土壤学会前理事长 D.R.Nielsen 教授根据《会议纪要》撰稿，在《国际土壤学会会员通讯》1985 年第 2 期介绍了在中国召开的济南会议，高度评价中国黄淮海平原的盐渍土改良成就。

1986 年（验收“六五”，计划“七五”）

2—4 月　　国家科委和农业部陆续组织了黄淮海课题的各专题的验收工作，其中北京农大承担的 7 个专题全部通过验收。

4 月上旬　　国家科委和农业部主持，由石元春与贾大林负责组织编写黄淮海“七五”科技攻关计划，提出了由 12 个试验区和 6 个重大技术研究专题组成的“两线作战”的总体作战部署。

4 月 29 日　　经 19 位专家组成的专家组论证正式通过了黄淮海课题的“七五”科技攻关计划，同年 8 月 11 日和 14 日，农业部与国家科委分别审查批准。

5 月 15 日　　北京农业大学获国家计委、国家经委、国家科委和财政

	部联合颁发的，关于北京农业大学在黄淮海平原综合治理与农业增产“六五”科技攻关中成绩显著的奖状。
6 月	由于黄淮海科技攻关的成功，国家“七五”科技攻关计划再增黄土高原和北方旱区，“八五”攻关又增南方红黄壤丘陵区，在全国形成以黄淮海平原为“龙头”的 5 大中低产田综合治理区的大格局。
12 月	基于曲周试验区“六五”研究成果，《盐渍土的水盐运动》一书正式出版。

1987 年（“七五战役”拉开帷幕）

3 月	国家计委在北京友谊宾馆开会研究制订全国中低产田地区农业综合发展计划，石元春被邀请到会做黄淮海平原综合治理的情况和经验报告。
4 月 8—10 日	在京召开《黄淮海平原中低产地区综合治理》课题的专题负责人会议，宣布北京农大为黄淮海课题主持单位，中国农科院为参加主持单位，石元春和贾大林为课题主持人。
9—10 月	由 13 人组成的黄淮海课题检查组对 12 个试验区和 6 个关键超前技术专题进行历时 25 天现场检查，贯彻北京“四月会议”精神与要求。
12 月 26 日	黄淮海课题“七五”科技战役第二次工作会议在京召开，总结 1987 年工作，讨论部署 1988 年工作。

1988 年（总理视察，做客北戴河）

1 月	国务院于 1988 年开始实施《1988—2000 国家农业区域综合开发规划》。以黄淮海平原、河西走廊、湘南、赣西南以及沿海滩涂等十大片作为重点农业综合开发区，涉及 20 个省市、3.8 亿人口和 4.7 亿亩耕地。该计划对我国粮食总产迈上 5 亿吨台阶和转变缺粮历史作出了重要贡献。
6 月 14 日	李鹏总理视察旱涝碱咸综合治理曲周试验区，在北京农大曲周实验站听取了站长辛德惠教授汇报。
7 月	国务院作出了“关于表彰奖励参加黄淮海平原农业开发试验的科技人员的决定”，并以李鹏总理名义邀请参加黄淮海平原综合治理的科技人员代表到北戴河休假。参加休假活动的有石元春、贾大林、辛德惠、黄荣翰、王遵

亲等十余人，国务院颁发了奖励证书。

11月　北京农大曲周试验区的“盐渍土水盐运动研究”获国家教委1988年度科技进步一等奖。

1989年（中国年赴苏交流，黄淮海再出国门）

2月　接国家科委通知，派石元春作为中国科学家代表团成员于7月访苏，参加中国在苏联举办的“中国年”的科技成果展览及报告会。

7月11日　中国科学家代表团一行随团长宋健主任同机由北京抵莫斯科。

7月14日　“中国科技展”在苏联国家展览中心正式开幕，曲周试验区综合治理模型在农业科技展台展出。石元春作了题为“中国黄淮海平原的综合治理和农业开发”的科学讲演。

1990年（“七五”战果验收鉴定）

5月中下旬　国家科委和农业部组织专门队伍对12个试验区分别进行现场验收，均获验收通过。

6月28日　在北京召开的“七五”区域水盐运动监测预报技术专题鉴定会，专家组鉴定该项研究达到国际领先水平。

9月中下旬　国家科委和农业部组织专门队伍对6个关键超前技术专题分别进行验收和全部获得通过。

1991年（黄淮海课题通过验收）

2月25—26日　在完成18项专题验收后，国家科委和农业部组了黄淮海课题的验收，石元春代表课题组作了“七五”科技攻关工作及成果汇报。

2月26日　《科技日报》头版头条以醒目标题报道了黄淮海课题通过验收的消息。

3月　农业部在北京农大召开部属农业高校校长会议休息期间，石元春向洪绂曾副部长提出黄淮海课题报特等奖的建议。

11月　国家科委和农业部组织制订黄淮海“八五”科技攻关计划。

12月　北京农大黄淮海平原水盐运动研究团队总结十多年研究成果，出版《黄淮海平原水盐运动的监测预报》一书，学界反响很好。

1992 年（申报和获得农业部科技进步特等奖）

1 月	黄淮海“八五”科技攻关论证会在西苑宾馆召开，石元春担任专家组组长。
7 月	黄淮海“八五”攻关全面实施。
10 月	“黄淮海平原中低产地区综合治理与农业开发”获农业部颁发的科技进步特等奖。

1993 年（申报和获得国家科技进步特等奖）

3 月	黄淮海课题组申报国家科技进步特等奖。
9 月 27 日	石元春代表黄淮海课题组到国家奖励委员会对申报奖项作呈述与答辩。
9 月 28 日	国家科技进步奖考察小组正式提交了《黄淮海平原旱涝盐碱沙薄的综合治理与农业发展项目考察报告》认为“该项目符合特等奖条件，建议授予国家科技进步特等奖”。

1994 年（国家科学技术奖励大会授奖）

3 月 18 日	国家科学技术奖励大会在人民大会堂举行，“黄淮海平原旱涝盐碱沙薄的综合治理与农业发展”项目获国家科技进步特等奖。石元春、贾大林代表受奖，石元春并作为全体获奖代表在大会发言。
6 月	中国科学院第七次院士大会与中国工程院成立大会于 1994 年 6 月 3—8 日在北京同时召开，石元春在两院院士大会上作题为“以黄淮海平原为例谈区域资源开发和持续利用”的学术报告。
8 月	《中国科学院院刊》9 卷 3 期刊载了石元春在两院院士大会上的报告。